물리법칙의 발견

양자정보로 본 세상

물리법칙의 발견
양자정보로 본 세상

초판 1쇄 인쇄 2011년 9월 20일
초판 1쇄 발행 2011년 9월 27일

지은이 · 블라트코 베드럴
옮긴이 · 손원민
펴낸이 · 양미자
편집 · 김수현
디자인 · 이수정

펴낸곳 · 도서출판 **모티브북**
등록번호 · 제313-2004-00084호
주소 · 서울 마포구 합정동 412-7 2층
전화 · 02)3141-6921 | 팩스 02)3141-5822
전자우편 · motivebook@naver.com

ISBN   978-89-91195-48-6 93420

DECODING REALITY
the universe as quantum information

블래트코 베드럴 지음 | 손원민 옮김
VLATKO VEDRAL

물리법칙의 발견
양자정보로 본 세상

모티브북

차례

1994년 가을, 나는 런던에서 학부 졸업반으로 공부를 하고 있었다. 다음 학기에 있을 다소 지루한 강의를 들을 준비를 하던 중에 책 한 권을 읽게 되었는데, 거기에서 내 일생에 중대한 영향을 준 한마디를 만나게 되었다. 나는 그때부터 물리학을 공부하며 살아오는 내내 그 말의 의미를 끊임없이 생각하게 되었다. 처음에는 정확하게 알지 못했지만, 곱씹으며 계속해서 생각하는 동안 그 말의 의미가 점점 더 명확해졌다.

나는 어렸을 때부터 여러 가지 규칙과 법칙, 원리들을 배워야만 했다. 물리에서의 뉴턴의 법칙, 생물에서의 광합성의 순환, 불어의 문법 규칙, 경제학에서의 수요와 공급의 법칙 등등이었다. 그러한 법칙들은 관련된 주제 내에서는 아주 특수한 법칙처럼 보였지만, 시간이 흐르면서 나는 그 법칙들이 더욱더 광범위하게 적용될 수 있는지 생각하게 되었다. 과연 그 법칙들은 어디에서부터 비롯된 것인지, 법칙의 근원에 대한 의문 또한 떨쳐버릴 수가 없었다. 진정 우리의 현실이 아무런 연관도 없는 규칙들의 무작위적인 집합들로 이루어진 것일까? 아니면 저 어딘가에는 그러한 법칙들의 근원이 되는 궁극적 실마리가 존재하는 것일까?

문명의 기원에서부터 인류는 그러한 궁극적 실마리를 찾아내기 위해 노력해왔다. 떨어지고 있는 사과와 행성의 궤도를 연결함으로써 달까지의 여행도 가능해졌다. 우리가 가진 분자에 대한 이해를 공학적으로 이용함으로써 다양한 경우에 신체 복구를 성공적으로 수행할 수 있었고, 그로 인해 인간의 삶을 연장할 수 있었다. 인간 자체에 대한 이해를 통신이론과 결합시킴으로써 우리는 세계적으로 상품을 교환하는 글로벌 시장을 가지게 되었고, 우리가 어느 나라 말을 하는지와 관계 없이 서비스를 받을 수 있게 되었다. 이렇게 현실에서 벌어지는 다양한 현상들에 대한 이해와 그들을 연결해내려는 시도들은 우리의 삶에 명백하게 큰 도움을 주었다.

이렇듯 현실에 대한 이해가 높아질수록 새로운 진보가 계속되리라는 것은 충분히 예상할 수 있다. 우리가 얼마나 현실을 잘 해석하느냐와 우리가 배운 것들을 잘 연결시키느냐 하는 것에 미래의 발전이 달려있다는 것은 의심의 여지가 없다. 더욱더 정교한 연결 고리들을 만들어냄으로써 우리는 모든 것을 잘 아우르는 법칙을 발전시킬 수 있고, 그러한 법칙을 통해서 비로소 자연을 더 잘 이해할 수 있게 된다. 다른 말로 하면, 먼저 우리는 우리가 주변에서 보는 것을 잘 정리하고 해석함으로써, 비로소 그 정보를 더 명확하고 잘 정돈된 그림을 그리는 데 이용할 수 있는 것이다. 물론 우리가 그러한 정보들을 얼마나 연결해낼 수 있는가와, 우리가 살고 있는 우주를 기술해낼 수 있는 하나의 궁극적 법칙이 존재하는가 라는 위대한 질문은 여전히 우리에게 숙제로 남아 있다.

그러한 모든 철학적 질문들과 함께, 가장 흥미있고 궁극적인 질문은 '자연이라는 것은 왜 존재하며, 과연 어디에서부터 시작된 것일까' 하는 것이다. 다시 말해, 왜 모든 것들이 잘 연결되어 있는가를 말하기 전에 왜 모든 것들이 궁극적으로 존재하기 시작했는지에 대해 질문해 볼 필요가 있다. 나는 이 책에서 '정보'라는 것이 그러한 질문에 좋은 답이 될 것이라 주장하려 한다. 신기하게도 이러한 주장은 정보가 우주에서 물질이나 에너지보다도 더욱 중요한 궁극적인 양量이 될 것임을 의미한다. 만약 우리가 자연을 정보의 조각들로 인식할 수 있다면, 자연의 존재나 그러한 존재들의 내재적 연결성은 더욱더 명백해질 수 있을 것이다. 당신이 일반인이든 과학자든 이 사실은 여러 가지 면에서 우리에게 큰 영향을 미칠 수 있다.

　"정보는 물리적이다Information is physical"라는 말은 나의 관점을 영원히 바뀌게 했다. 그것은 어쩌면 잊혀져버렸을지 모르는 난해한 어느 책 속에 매우 흥미로웠던 한 장의 제목이었다.

1장
무에서의 창조

인류의 모든 문명권에는 창조 신화가 존재한다. 인간은 자신의 근원 뿐만 아니라 주변의 모든 것들의 근원을 이해하려는 뿌리 깊고 끊임 없 는 욕망을 가지고 있다. 모든 신화가 그렇지는 않을지라도 대부분의 신 화는 인류의 출현 이래로 우주의 모든 것의 존재 및 작용과 어떤 초자연 적인 존재가 밀접하게 관련되어 있다고 이야기한다. 현대인들은 여전 히 우주의 궁극적 기원에 대해 여러 가지 다른 견해를 가지고 있으며, 대표적인 종교인 기독교나 이슬람은 우리가 볼 수 있는 주변의 모든 것 이 하나의 창조주로부터 기인한다는 입장을 견지하고 있다.

전 세계 인구수의 1/6을 차지하는 사람들의 종교인 가톨릭에서는 모 든 우주는 창조주에 의해 무에서부터 창조되었다는 것이 우세한 믿음 이다. 무에서의 창조라는 이름으로 (좀 더 공정히 하자면, 모든 가톨릭 교도 들이 이를 믿는 것은 아니지만 그들이 교황을 따른다면 이를 믿어야 한다) 초자연 적인 것을 가정하는 것은 자연의 근원에 대한 질문을 초자연적인 존재를 설명하는 것으로 대신할 뿐, 자연을 설명하는 데 진정한 도움이 되지 못한다. 이 문제에 있어서는 종교가 아닌 것만이 진정한 대답을 줄 수 있다.

만약 과학자들은 우주의 기원을 종교에서와는 다르게 이해하고 있다면 다시 한 번 잘 생각해볼 필요가 있다. 고백컨데, 대부분의 과학자들은 아마도 무신론자들이겠지만 (흥미롭게도 영국에서는 95% 이상이 그렇다) 이러한 사실이 창조라는 것이 무엇이고, 우리 주위의 모든 것이 어디로부터 왔는지에 대한 신념이 없다는 것을 의미하지는 않는다. 그러므로 왜 자연이 존재하며 어디로부터 왔는지를 설명하는 관점에서는 종교적이거나 그렇지 않거나가 전혀 다르지 않다. 우리에게는 여전히 똑같이 어려운 질문으로 끝날 뿐이다.

세상에 관한 종교적 혹은 철학적 견해를 담은 책을 읽을 때마다 나는 거기에 있는 대부분의 아이디어들이 과학에 있는 아이디어와 연관되어 있다는 것을 알게 되었다. 예를 들면, 환원주의적 관점은—세상의 모든 것이 아주 간단한 원인으로부터 기인한다는 견해—종교적이거나 과학적인 사고에서 매우 흔한 것이다. 종교에서 세상의 모든 것이 하나의 신성에 기인한다고 보는 것과 같은 방법으로 과학에서도 모든 것을 아우를 수 있는 통일이론을 향해 열심히 나아가고 있다. 사실상 모르는 것들에 대해 더 잘 알고자 하는 우리의 내적 갈망은 우리가 하는 대부분의 일 속에서 찾아볼 수 있다. 그렇다면 우리는 왜 그러한 갈망을 하는 것일까?

내게 이런 환원주의는 두 가지 이유 중의 하나 때문에 생기는 것처럼 보인다. 첫 번째는 인간으로서 우리는 아주 제한된 상상력을 가지고 있으며 우리가 세상을 이해하려고 사용하는 방법은—과학, 종교, 철학, 예술, 그것이 무엇이건 간에—결국 우리 주변에서 볼 수 있는 한정된 생각들을 사용하기 때문이다. 미국의 뛰어난 심리학자 아브라함 마슬로Abraham Maslow가 지적했듯이, 당신의 도구가 망치라면 모든 문제는 다 못과 같이 생겼을 것이다. 마찬가지로 인간은 모두 사회적 존재라는 사실과, 그러므로 예술가, 과학자, 수도사와 모든 평범한 대중들은 모두 서로서로 그 생각을 나누고 있다는 사실 때문에, 아마도 우리 모두가 비슷한 방법을 따른다는 것이 크게 이상할 것은 없다.

비록 나는 생명이 다른 모든 우주와 연결되어 진화했다고 믿지만, 그것의 근원을 조금 다른 방식으로 생각하기를 좋아한다. 우리는 우주의 다른 부분을 형성하는 것과 같은 법칙을 통해 형성되었다는 생각이다. 그것은 우리의 상상력이 세상을 창조하고 형성하는 자연과 밀접하게 연관되어 있음을 의미한다. 독일의 철학자 루드빅 퓨어백Ludwig Feuerbach에 따르면, "인간은 먼저 부지불식 간에 자기 자신의 이미지 안에 신을 만들었고, 신을 바탕으로 자기 자신의 이미지 안에 의식적이고 의도적으로 인간을 창조했다." 우리가 신을 자연과 동의어로 간주한다면 자연과 자연에 대한 인간의 인식은 사실상 동떨어질 수 없다. 그러므로 우리의 모든 생각들이 다 한 곳을 향한다는 것은 그리 놀라운 일이 아니다. 어떻게 자연의 서로 다른 면들 사이에 상호연관성이 형성되고 그것이 물질의 전반적인 변화에 어떤 역할을 하느냐가 이 책의 중요한 주제다.

과학자들이 아주 중요하게 생각하는 오캄의 '면도날'의 비유는 어떤 이론을 전개할 때 가정이 필요 이상으로 여러 개여서는 안 된다고 이야기한다. 14세기 영국의 논리학자이자 프란체스코 수도회의 수사인 윌리엄 오캄William of Occam의 말을 다시 정리하면, 가장 간단한 설명이 항상 더 낫다는 것이다. 물론 단순성은 전적으로 주관적인 것이라고 논쟁할 수 있지만, 10장에서 나는 보편적으로 이야기될 수 있는 객관적 단순성의 관점을 보여줄 것이다.

오캄의 극단적인 사고를 빌리자면, 아마도 우리는 우주에 있는 모든 것들을 설명할 수 있는 하나의 통합적인 원리를 유추해낼 수 있어야 한다. 그것이 우리의 삶을 얼마나 편하게 만들지를 상상해보라. 사랑에 빠지는 일, 행성의 움직임, 주식시장의 변화, 그 모든 것들이 하나의 포괄적인 원리를 통해 설명될 수 있다면……. 하지만 오캄보다 한발짝 더 나아가보자. 왜 하나의 최종 원리조차도 단순화시켜버림으로써 아무런 원리도 없이 모든 것을 유추해낼 수는 없는 것일까? 그렇게만 될 수 있다면 이는 문제를 더욱 더 쉽게 만드는 일일 뿐 아니라 오캄의 논리에 의거하면 자연에 대한 더 올바른 이해를 할 수 있는 것이 아닌가? 미국의 유명한 물리학자 존 휠러John Wheeler는 (오캄을 뛰어넘는 아무런 원리도 없는 추론을) '법칙없는 법칙'이라 불렀다. 그는 만일 우리가 물리법칙들을 어떠한 선험적 물리법칙에 의존하지 않고 설명할 수 있다면 우리는 세상의 모든 것을 잘 설명할 수 있는 좋은 위치에 있는 것이라고 설명했다. 이것이 바로 일반 과학자들이 흔히 취하는 무에서의 창조라는 관점이다.

독일의 수학자이자 철학자이며 대수학의 수학적 기술을 발명한 고트프리트 라이프니치Gottfried Wilhelm Leibniz는 이런 논리 자체를 신의 존재를 증명하는 데 사용했다. 그는 아무것도 없는 것이 훨씬 더 간단한 상태라는 전제하에서도 우주가 텅 비어 있는 것이 아니라 그 어떤 것이 존재한다는 놀라운 사실을 발견했다. 무언가가 존재하는 유일한 이유는 어떤 독립적인 개체가 그것을 창조했기 때문이고, 그 사실은 그에게는 외부적인 영향력을 행사하는 존재, 즉 신의 존재를 주장하는 충분한 근거가 되었다.

최초에 아무런 법칙을 가정하지 않고 모든 것을 설명하는 법칙이 존재하기 어려운 이유는 휠러의 제자였던 영국의 물리학자 데이비드 도이치David Deutsch에 의해 잘 설명되었다. 그에 관해서 독자들은 다시 한 번 이야기를 들을 수 있을 것이다. 이 주제에 관해 도이치는 다음과 같이 이야기한다. "만일 과학의 방법에 의해 도달할 수 있는 모든 설명 가능한 물리법칙이 존재하지 않는다면 그것은 아마도 궁극적으로 과학에 의해 도달할 수 없는 자연의 어떠한 면이 존재한다는 것을 의미한다." 다시 말하면, 우리가 세상을 아우르는 원리를 발견할 수 없다면, 과학은 자연을 설명할 수 없으며 과학의 궁극적 목표를 달성할 수 없게 된다. 도이치는 하나의 원리 P로 자연을 설명해낼 수 없다는 것은 합리주의에 직접적으로 배치되며 이제껏 이 문제의 발전에 큰 추진력이 되어왔던 물리학이 보편적인 과학이라는 우리의 견해와도 배치되기 때문에 우리는 쉽게 물리학을 버릴 수 있게 될 것이다.

그러나 도이치가 지적하듯이 그런 견해의 이면에는 여러 가지 문제가 있다. 만일 물리학 내에 모든 것을 설명 가능한 원리 P가 존재한다면 그것의 기원은 영원히 풀어낼 수 없으며 어떠한 법칙도 그것의 기원이나 형성을 설명할 수 없을 것이다. 그것은 에어컨에게 "너는 왜 의자가 아니고 에어컨이니?" 하고 묻는 것과 같다. 에어컨은 그저 그러한 방식으로 만들어졌기 때문에 명백하게 그 답은 에어컨 밖에 있다. 그러므로 모순적이게도, 물리의 궁극적 원리 P는 물리의 '법칙'이 될 수 없으며 그의 근원 역시 물리 밖에 존재해야 하며, 그러므로 휠러가 말한 자기모순적 표현인 '법칙없는 법칙'이 되어버린다.

도이치의 논리는 우리가 자연을 하나의 원리로부터 설명하려고 할 때 걸어야 하는 명백한 길을 보여주고 있다. 하지만 그 원리가 설명하려고 하는 자연이란 정확히 무엇인가? 의자나 에어컨과 같이 존재하는 모든 사물을 이야기하려는 것일까? 사랑에 빠지는 사회적 현상을 설명하려는 것일까, 혹은 물질의 기본적인 구성 요소와 같이 더욱더 궁극적인 것을 이야기하려는 것일까? 물론 이상적으로야 모든 것을 설명할 수 있어야 하지만 그러기 위해서는 세상의 모든 현상을 통합하는 공통의 연결 고리가 필요할 것이다. 다시 말해, 우주는 무엇으로 만들어졌을까 하는 것이다.

이 책은 정보(물질도, 에너지도, 사랑도 아닌)가 자연에 가장 궁극적인 실체라 주장하고자 한다. 정보는 경제나 사회현상 같은 거시적 상호작용에 성공적으로 적용될 수 있기 때문에 물질이나 에너지보다 훨씬 더 궁극적이다. 또한 정보는 에너지나 물질과 같은 미시적인 상호작용들의 근원과 행동 방식을 설명하는 데도 이용될 수 있다. 이 책의 각 장들은 정보가 그러한 모든 것에 공통적 연결 고리라는 나의 견해에 무게를 더해줄 것이다.

정보라는 관점은 도이치나 휠러가 논의했던 바와 같은 문제점을 우리에게 남겨놓는다. 우주의 궁극적 구성 요소에 무슨 일이 일어나든지 여전히 궁극적 근원을 설명할 필요가 있다. 다른 말로 하면, '무에서의 유'라는 질문은 여전히 남아 있는 것이다. 여기서 우리는 이 질문을, 어떻게 정보가 아무런 정보가 없는 속에서 생성될 수 있는가를 설명하는 문제로 환원할 수 있다. 일단 이 설명을 잘하고 나면 자연의 다른 부분을 설명하는 일은 훨씬 더 명백해질 수 있다. 물질과 에너지와 다르게 정보라는 것은 현재로서는 자연의 근원을 설명할 수 있는 유일한 개념일 것이다.

정보는 자연을 이해하는 자연스러운 방법인 반면에, 정보의 감소는 우리가 살고 있는 현실 세계에 대한 더 나은 이해를 돕는다. 이는 직관적으로 우리가 어떤 것을 이해했을 때 몇 가지 기본적 원리들로 그것을 더 쉽게 요약할 수 있다는 사실에서도 알 수 있다. 우리는 우주에서 계속적으로 생성되는 정보와 맞닥뜨리고 있다. 이것은 단지 더 많은 일들이 우주에서 일어나고 있다는 사실의 결과일 뿐만 아니라, 우리가 잘 이해했다면, 우주의 정보는 항상 증가할 수밖에 없다는 더욱 궁극적인 주장이다. 이 주제는 5장에서 다루어질 예정이다.

이러한 관점에서 정보를 압축하는 우리의 열망(자연에 대한 우리의 이해를 더욱더 포괄적인 원리로 추출하는 일)과 우주에서 정보의 자연적 증가(우리가 이해해야 할 총 양의)라는 이분법만이 존재한다. 정보 압축의 열망과 우주 정보의 자연적 증가는 사실 초기에는 독립적인 과정들처럼 보였는데, 그것은 사실이 아니었다. 그것은 동전의 양면과도 같은 일이었다. 우리가 정보를 압축하고 자연을 지배하는 궁극적 원리을 발견하고 나면, 그 원리는 얼마나 더 많은 정보가 우주에 존재하고 있는지를 우리에게 알려준다. 포이어바흐가 "사람이 먼저 신을 창조하고 그리고 신이 사람을 창조했다"고 말한 것과 같은 방법으로, 우리는 정보 압축은 궁극적 법칙을 밝혀내고 그러한 궁극적 법칙은 어떻게 정보가 생성되었는지를 설명하게 된다고 이야기할 수 있다.

모든 사람이 동의하지는 않는다 하더라도, 나는 자연이 정보의 압축으로 정의될 수 있다는 관점이 과학의 정신뿐만 아니라 실제적인 적용에도 더 다가서 있다고 믿는다. (소위 말하는 과학적 방법론은 10장과 12장에서 자세히 논의될 것이다.) 그것은 또한 '정보는 우리의 지식 체계의 불확실한 정도를 반영한다'고 하는 정보의 과학적 의미와도 더 근접해 있다. 이는 3장에서 논의할 것이다.

아마도 여기서 이야기하는 우주에 대한 견해는 '무에서의 창조'와는 반대로 '모든 것의 소멸'이라는 말로 더 적절히 표현되며 자연을 정의하는 데 더 잘 압축될 수 있을 것이다. 이 모든 것은 이 책의 3부에서 자세히 설명될 것이다.

● 이 장의 주요 논점

- 우리는 이 장에서 자연의 실체에 대한 개념을 제시했는데 그것은 바로 우주에 대한 우리의 이해를 말한다고 할 수 있으며, 이는 우주 속에서 어떤 일이 가능하고 어떤 일이 가능하지 않는가 하는 것을 구분해낸다. 자연의 실체에 대한 우리의 이해는 우리가 진화해갈수록 발전한다.
- 이 장에서 우리는 우주를 모두 설명해낼 수 있는 궁극적인 법칙이 존재할 수 있는가라는 문제와 어떻게 무에서부터 자연이 탄생할 수 있는가 하는 문제에 관한 논의를 시도해보았다.

2장

사계를 위한 정보

: 다양한 분야에서 정보의 역할

만일 당신이 파티에 늦어 다른 사람들은 이미 다 도착해 있는 원탁에 앉게 되었다고 가정해보자. 주인이 당신을 자리로 인도하였는데 그 주변에 있는 사람들이 어떤 종류의 게임을 하고 있는 것처럼 보였다. 주인은 그저 자리를 잡고 그들과 함께하라고 이야기해줄 뿐이다. 당신이 포커 게임을 좋아하고 그런 자리에 참여하는 것을 즐기지만 당신은 그 게임이 포커가 아니라는 것을 쉽게 알아챌 수 있었다. 게임에 참가하기는 했지만 당신은 어떻게 게임이 돌아가고 있는지 아무것도 알 수가 없었다. 주인에게 물어보려고 했지만 그는 이미 사라진 상태이다. 큰 숨을 쉬고는 조용히 앉아서 게임을 계속 관찰했는데, 그것은 다른 사람들에게 당신이 그 게임을 모른다는 사실을 알리고 싶지 않아서였다.

당신이 처음으로 알아차리게 된 것은 거기에 있는 누구도 한마디 말조차 할 수 없다는 사실이었는데, 그 때문에 실제로 게임이 진행되고 있는지조차도 명확하지 않았다. 무언가가 조금 이상하게 느껴졌는데 그냥 그것이 게임의 일부분이려니 생각하며 그냥 게임에 임했다. 모든 경기자들은 같은 뭉치의 카드를 사용하고 있음을 발견했는데 그 카드는 타로 카드 (특이한 그림이 그려져 있는 카드, 예를 들면 사자를 죽이는 전사나 쌍칼을 들고 있는 여인의 그림) 같은 것이었다. 잠시 후, 경기자들은 한 번에 한 장씩의 카드를 돌아가며 펼치고 있음이 분명해졌다. 각각의 연속된 카드가 이전 것 옆에 펼쳐지면 다른 경기자들은 펼쳐지는 카드를 유심히 관찰하며 그 카드의 의미를 전달하는 참가자의 몸짓도 잘 살펴보고 있었다.

　이제 당신 옆에 앉은 사람이 카드를 펼칠 차례가 되었다. 그의 카드는 칼을 머리 위로 쳐들고 죽은 사자 위에 서 있는 왕이었는데 그 카드를 보고는 생각해보았다. "이 사람이 사자를 죽인 특정한 왕에 관해 이야기하는 것일까?", "그가 일반적인 충성심에 관해 이야기하고 있는 것일까?", 혹은 "이 카드가 어떤 개인적인 승리에 관한 은유를 하는 것일까?" 그 카드에 관한 생각을 하던 중에 붉은 용이 그려진 다음 카드가 펼쳐졌다. 원래 당신은 그것이 위험에 관한 은유라고 생각했는데 그 카드를 같이 보니 아마도 그들은 웨일즈의 왕을 나타내려 했거나(붉은 용은 웨일즈 국가를 상징한다) 아니면 위험에 처해 있는 어떤 힘 있는 자를 의미하려 했을지 모른다는 생각이 들었다. 그 다음에 펼쳐진 세 장의 카드는 두 개의 교차된 칼과 강, 그리고 거지였다.

　그들은 카드와 몸짓을 통해 서로서로에게 어떤 의미를 전달하려는게 명확했다. 그리고 이 게임의 의미는 충분히 많은 카드를 보기 전까지는 알기가 힘들 것이 분명했다. 하지만 당신은 그들이 정확히 무엇을 하려는 것인지, 그 게임이 과연 어떤 것인지를 계속 알아내려 했다. 그들은 자신들의 인생사를 이야기하고 있는 것일까, 아니면 카드의 조합은 점수를 나타내는 것일까? 만일 그것이 게임이라면 어떻게 하면 이기는 것인지, 만일 그것이 게임이 아니라면 그 점수는 무엇인지?

이러한 종류의 이야기는 이탈로 칼비노Italo Calvino라는 유명한 이탈리아 소설가에 의해 상상되었다. 이 이야기의 요점은 각 경기자는 다른 사람에게 자신의 인생에 관해 이야기하려 하지만 그들은 단지 카드에 그려져 있는 그림, 독창적인 몸짓과 표정만을 이용해야 한다는 것이다.

그의 책에서 칼비노는 카드 게임을 인생에 대한 중요한 은유로 사용하고 있다. 과연 왜 그랬던 것일까? 물론 저자가 정말로 하고 싶었던 이야기가 무엇인지를 추측하는 것은 매우 어려운 일이다. 작가는 예술가이며 예술은 애매모호하기 때문에 사람들은 그의 작품의 요점을 두고 여러 가지 다른 방법으로 해석한다. 그에 비해 나는 과학자이기 때문에 칼비노와 비슷한 생각을 하고 있기는 하지만 칼비노의 카드 게임이 의미하는 바가 자연에 대한 우리의 이해가 생성되는 과정과 다르지 않다는 점을 이야기하고자 한다.

칼비노의 카드 게임은 자연 혹은 우주에 관한 우리의 논의와 비슷하다. 책상에 앉아 있는 각 경기자는 자연의 서로 다른 면을 의미하며 당신은 관찰자가 된다. 예를 들면, 어떤 경기자는 경제학이고 어떤 경기자는 물리학이며 다른 이는 생물학이나 사회학이 될 수 있다. 각 경기자는 시간이 지남에 따라 차례로 그들의 규칙과 행동 양식을 조금씩 드러내 보인다. 자연은 그 경기자와 같이 조용하지만 주변 환경과 사건들을 통해 그 의도를 드러낸다. 당연하게도 자연이 사용하는 언어는 '정보'이다. 과학에서 우리는 그 원자들을 '비트bit' 혹은 이진수binary digits라 부른다. 비트에 관해서는 3장에서 더 자세히 논의할 것이다.

칼비노의 두 번째 메시지는 아무리 그 의미가 명확하다 할지라도 그 카드들은 관찰자(이 카드 게임의 경우 당신이나 다른 경기자)에 의해 해석되어야만 한다. 해석은 경기자가 전달하려고 했던 의미와 부합할 수도 있고 그렇지 않을 수도 있으며, 다른 관찰자에게는 아주 다를 수도 있고 더 나아가서는 관찰자 자신 안에서도 자신이 본 것에 대한 몇 가지 서로 다른 관점이 존재할 수도 있다. 그것은 우리가 자연을 관찰할 때 발견하게 되는 내재적인 불확실성과 동의어가 될 수 있는데, 다른 두 사람은 완전히 다른 해석을 하게 될지도 모른다.

흥미롭게도 당신의 차례가 되었을 때 당신은 경기자가 되며, 반대로 자연은 관찰자가 된다. 당신이 카드를 내려놓으면 그것은 자연에 반영되게 된다. 이때 이중성이 존재하게 되는데 당신은 그 경기에 영향을 미치지 않으면서 그 자리에 앉아 있을 수는 없다. 이것이 칼비노의 세 번째 메시지이다. 현실의 삶에 있어서 당신은 관찰자인 동시에 경기자이기도 하다.

칼비노의 이야기가 주는 네 번째 메시지는 같은 카드도 다른 어떤 카드와 함께 놓여졌는지에 따라 다른 의미를 가질 수 있다는 것이다. 누가 그것을 관측하든 각 카드는 그 자체가 가지고 있는 내재적 불확실성을 가지고 있는데, 똑같은 붉은 용 카드는 어떤 카드와 같이 있느냐에 따라 위험, 불안, 혹은 웨일즈의 표상을 동시에 의미할 수도 있다. 모든 카드가 펼쳐지고 나면 문맥 내에서 각 카드의 의미는 명확해진다. 그러므로 칼비노의 두 번째와 네 번째 관점에 따르면, 카드들은 누가 그들을 해석했느냐와 어떤 카드들과 같이 뽑혔느냐에 달려있게 된다. 이런 점에서 우리는 개별적인 카드만을 볼 수가 없다. 그들은 뽑힌 일련의 카드들의 문맥상에서 해석되어야만 한다. 과학에서 그러한 점은 '전후 관계con-textuality'라는 이름으로 알려져 있다.

전후 관계와 관련된 아주 놀라운 결론 중의 하나는 하나의 새로운 정보가 이전까지 우리가 가진 관점을 모두 틀리게 만들 수 있으며 그 메시지의 핵심을 완전히 변화시킬 수도 있다는 점에서 자연에 관한 우리의 해석이 완전할 수 없다는 것이다. 예를 들면, 과학에서 천 번의 실험적 결과가 특정한 이론에 부합한다 하더라도 뒤따르는 단 하나의 결과가 그 이론을 반증할 수 있으며 자연이 전달하는 의미를 완전히 오해했다는 것을 가리킨다. 칼비노의 이야기에서는 마지막 카드가 완전히 펼쳐지기 전까지는 카드들의 의미를 절대 확신할 수 없음을 의미한다. 마지막 카드가 이야기 전체를 완전히 변화시킬 수도 있다. 이는 "아무도 죽기 전까지는 그 사람이 행복했다고 말할 수 없다"라는 고대 철학자 소크라테스의 말을 연상시킨다. 당신은 당신 인생에서 대부분이 행복했다고 하더라도 마지막 숨을 거둘 때까지는 당신이 행복했는지 확신할 수 없다. 과학적 지식의 전체 체계는 잔인하게도 이런 종류의 논리를 따른다는 것을 보게 될 것이다.

칼비노의 게임을 좀 더 잘 살펴보면 우리가 자연을 관찰하는 것과 유사한 점이 많다는 것을 알 수 있다. 그 이야기에서 관찰자처럼 우리 인간은 경기에 늦게 도착했다. 경기를 인생에 비유하자면 만일 그 경기가 10년 동안 지속되었다고 할 때 우리는 단지 몇 분 전에 도착했을 뿐이다. 자연의 어떤 부분은 물리와 같이 처음부터 거기에 있었다. 그래서 엄청난 양의 정보는 이미 생성되었으며 우리가 자연에 대한 모형을 가지게 되었다는 사실은 아직 고려되지 않았다.

칼비노는 경기자들을 당연시한다. 장면은 이미 다 결정이 되어 있지만 칼비노는 왜 그 경기가 시작되었는지 누가 경기에 초대받았는지 이야기하지 않는다. 그는 자연이 그저 그대로 존재하는 것과 같이 그 질문을 답하지 않은 채로 남겨둔다. 이는 그들이 어디서 왔는지와 같은 문제를 제기하며 최초의 창조자에 대한 문제로 귀결된다.

물론 자연에는 칼비노의 이야기에서 묘사된 것보다 훨씬 더 많은 이야기들이 존재한다. 자연은 어떻게 정보가 계량화되어 실제 상황에 적용돼야 하는지와 같은 구체적인 세부 사항에 대해 아무런 이야기도 하지 않는다. 예를 들면, 타로 카드의 정렬이 하나의 단정적인 이야기를 유추할 수 있도록 우리를 인도하지는 않는다. 그렇다면 우리는 어떤 이야기가 다른 것보다 더 그럴 듯한지를 결정할 수 있을까? 혹은 어떤 한 가지 이야기를 선택하지 않고 각각의 이야기들을 조합한 피상적인 이야기를 선택해야 하는 것일까?

자연이 우리에게 정보를 제시하는 방법과 칼비노의 이야기를 비교할 때 칼비노의 이야기에서 빠져있는 또 한 가지 중요한 점은 칼비노의 야이기에서 각 카드가 놓여지면 그것은 바뀌지 않는다는 사실과 연관이 있다. 각 카드는 그 카드에 그려진 그림이 가지고 있는 정확한 상태를 가지고 있으며 설령 그것이 다른 식으로 해석된다 할지라도 한 번 놓여지면 그림이 바뀌거나 하는 일은 발생하지 않는다. 예를 들어, 붉은 용이 그려진 카드가 다음 카드가 꺼내진 순간에, 혹은 누군가에 의해 관찰된 그 순간에 마술처럼 다른 카드로 바뀐다든가 하는 일은 발생하지 않는다. 조금 이상하게 들릴지는 모르지만 그러한 카드들 사이, 혹은 카드와 경기자 사이의 상호작용에 대한 언급이 빠져있는 것은 우리가 자연에 대한 가장 적합한 물리적 기술, 즉 양자역학을 논의하는 데 있어서 가장 중요한 부분이 될 것이다. 이 점은 이 책의 2부에서 논의할 것이다.

이 책의 독자들은 아마도 정보가 무엇인지에 대한 생각을 희미하게 나마 가지고 있을지 모른다. 통상적으로 정보는 지식과 동의어로 사용되고 있다. 우리는 별 모순 없이, 충분히 길게, 일정 정도의 깊이로 누군가에게 어떤 것에 대해 이야기할 수 있다면 그것에 대해 알고 있다고 믿는다. 그러나 이것이 '알고 있음'에 대한 일반적인 의미라고 할지라도 과학자들이 말하는 지식은 아니다. 과학자에게 있어서 지식은 항상 미래에 대한 지식을 의미한다. 그러므로 역사가는 과학자가 아니다. (물론 그렇다고 그들이 하는 일이 가치가 없다는 것은 아니다.) 양자역학의 창시자 중 한 사람인 닐스 보어Neils Bohr는 이 부분에 대해 다음과 같은 농담을 했다. "예측을 한다는 것은 어려운 일이다. 특히 그것이 미래에 관한 것일 때는 말이다."

역사가들은 과거에 대해 예측하지만 과학자들은 미래에 관해 예측한다. 무엇이 일어날지 추측하는 것에는 항상 위험이 따른다. 우리가 미래에 관해 예측하려 할 때에는 항상 상상력을 발휘해야 하는데, 이는 미래가 내재적으로 불확실하거나, 혹은 우리가 충분한 정보를 가지고 있지 않기 때문이다. 불확실성은 이미 칼비노에 의해 언급되었듯이 마지막 카드가 펼쳐지기 전까지는 그 의미에 대해 확신할 수 없다는 것을 의미한다. 마지막 카드는 전체의 이야기를 바꿔놓을 수도 있다. 유한한 개수의 카드가 있는 칼비노의 이야기와는 사뭇 다르게 자연은 무한정 카드를 내놓는다. 불행하게도 이는 자연이 전달하려고 하는 메시지를 수많은 카드들의 모양이 명확해졌을 때에만 추측할 수밖에 없다는 것을 의미한다. 결과적으로 다음 카드에 의해 그 오류가 증명되더라도 이전에 발견된 사실들은 과학이 어쩔 수 없이 짊어질 수밖에 없는 위험 요소인 것이다.

특히 물리학자는 원자에 대한 연구를 할 때 종이와 펜을 이용해 계산하거나 종종 컴퓨터의 도움을 받는다. 그러고는 실험실로 가서 여러 가지를 측정한다. (실제로 최근에는 계산하는 사람들과 측정하는 사람들이 따로 있지만, 꼭 그럴 필요가 있는 것은 아니다.) 그런 다음 물리학자들은 그의 이론을 측정 결과와 비교하고 두 결과가 충분한 정확도로 일치를 한다면 그 현상에 대한 이해가 옳은 것이라며 만족한다. 만일 실험 결과가 이론과 모순된다면—실험에 큰 오류가 없다고 확신할 때—그 이론, 즉 자연이 전달하고자 하는 메시지의 해석은 재고되어야 한다.

이것이 바로 400년 동안 우리에게 자연의 다양한 면들을 이해할 수 있도록 도움을 준 과학적 방법론의 근간이다. 또한 이같은 방법론이 아마도 현대 문명을 정의하는 한 가지 방법으로 여겨질 수 있을 것이다

이제껏 우리는 '왜 우주에 정보라는 것이 존재하며 어떻게 우리는 자연에 있는 정보들과 소통하는가'라는 질문에 대해 논의했지만, 우리의 궁극적 의도는 '정보는 우리가 관찰하는 자연을 기술하는가'를 보여주는 데 있다. 우리는 이를 로저 베이컨Roger Bacon의 금언 '분석과 합성'의 방법을 따라 설명하고자 한다. 통합적인 청사진으로 합성하기에 앞서 자연을 떠받치고 있는 기둥들을 개별적으로 분석하는 방법으로 말이다.

우리는 먼저 자연을 구성하는 각 기둥들(칼비노의 이야기에서의 경기자

들)이 어떻게 정보를 형성하며 전달하는지를 분석할 것이다. 그 구성 요소들은 연구되어왔으며 인간의 지식 내에 체계화되어 있다. 여기서 나는 각 구성 요소들로부터 오는 메시지들을 나의 정보중심적 방법으로 이야기하고자 하는데, 그 메시지들은 과학계에서는 잘 정립된 것들이다. 독자들은 자연의 정보화에 대한 나의 관점에 동의하지 않을지도 모르지만 개별적 이야기들로부터 얻게 될 지식들은 꽤 유용할 것이다.

우리가 논의할 주요한 구성 요소들은 다음과 같다.

4장 - 경기자1: 생물학

가장 중요한 정보의 적용은 생물학에서 발견할 수 있는데, 특히 유전학의 경우에는 정보 저장과 전달과 같은 언어를 사용해 발전해왔다. 여기서 정보는 쉽고 명확하게 이해될 수 있고 잘 정립된 의미를 가진다. 생물학적 정보는 그 내구성으로 널리 알려져 있는데 사실 그에 내재된 원리는 상당히 보편적이다. 우리는 성공적인 사업을 운영하기 위한 새로운 관점들을 제공하는 데 그들을 이용할 것이다.

5장 - 경기자2: 열역학

물리와 정보는 오랜 관계를 맺고 있는데 나는 이를 그 악명 높은 열역학 제2법칙을 이야기하는 데 사용할 것이다. 이 법칙은 우주가 혼돈을 향해 가려고 한다는 경향성을 말하고 있다. 나는 이것이 어떻게 정보라는 개념으로 이해될 수 있는지를 설명할 것이며, 왜 이것이 정보의 생물학적 저장과 모순되지 않는지도 설명하고자 한다. 여기서 나는 정보를 지구온난화라는 환경론적 주제에 관해서도 논의할 것이며, 어떻게 다이어트를 계획해야 하는지에 대한 새로운 방법론도 제시하고자 한다.

6장 - 경기자3: 경제학

생물학과 물리가 모두 정보에 관한 것이라면 인간의 행동 역시 정보이론적 원리에 근거를 두고 있다. 특히 카지노나 주식시장과 같은 무작위적 행위에 돈을 거는 일은 정보이론의 원칙을 따를 때 최대화된다. 여기서 우리는 얼마나 성공적으로 투자를 하는지가 정보 법칙에 근거한다는 것을 보일 것이다.

7장 - 경기자4: 사회과학

도시의 분산, 시민의 부의 분배, 그리고 사회질서와 같은 더욱더 복잡한 사회구조 역시 정보이론가의 눈으로 통찰될 수 있다. 이 장은 여러 가지 현상들의 종합적 관점을 제시하는 이 책 1부의 최고점이 될 것이다.

8장 - 경기자5: 양자역학

이 책의 2부에서 나는 실재 세계의 정보가 언뜻 보이는 것과는 다른 종류로 존재한다는 것을 설명할 것이다. 비트로 정량화되는 정보는 우리가 생각했던 것보다 훨씬 더 강력한 것이다. 이는 궁극적으로 세상이 양자역학적으로 구성되어 있기 때문이다. 이 장에서는 다소 희안하기도 하고 급진적이기도 한 양자정보이론의 기본적인 내용들을 설명할 것이다. 여기서 우리는 CIA요원들조차 도청해낼 수 없는 아주 안전한 정보교환에 대해서도 살펴볼 것이다.

9장 - 경기자6: 컴퓨터 과학

양자역학에 근거를 둔 새로운 형태의 정보는 우리가 여태껏 이용해왔던 PC들(소위 말해 고전적 컴퓨터라고 일반적으로 불리는) 중 어떤 것보다도 빠른 속도로 계산할 수 있게 해준다. 여기서는 양자 컴퓨터를 통해 어떻게 당신의 은행 계좌의 비밀번호를 몇 초만에 풀어낼 수 있는지, 생물학적 시스템이 어떻게 양자 컴퓨터의 단순한 형태를 구현해낼 수 있는지를 설명한다.

10장 – 경기자7: 철학

만약 우주가 양자정보를 그 중심에 가지고 있다면 ─여기서 내가 주장하고자 하는 바인─아주 고전적인 문제인 결정론과 자유의지에 대한 문제를 다시 한 번 논의할 수 있다. 우리는 진정 우리 자신의 의지로 행동하는 것일까, 아니면 우리의 모든 행동은 이미 결정된 것일까? 여기서 나는 확률적임과 결정론적임이 서로 모순되지 않다는 것을 보여줄 것이다. 일례로 우주 공간으로 물체를 전송하는 일이 어떻게 가능한지를 보이려고 한다.

물론 어떤 순수주의자는 자연에는 유일한 하나의 경기자만이 있으며 그 경기자는 물리학이라고 주장할 수도 있다. 물리학이 어떤 카드를 제시하느냐에 따라 모든 다른 경기자들의 선택도 달라진다는 것이다. 그러나 이 책에서 나는 그 카드들이 경기에서 가장 중요한 부분이라고 주장한다. 그러므로 각 경기자들은 그들이 주는 메시지가 반복적일지라도 모두 똑같이 다뤄져야 한다. 즉 경제학자들이 우리에게 일러주는 인간의 본성들 중 어떤 부분은 이미 생물학으로 설명될 수 있기 때문이다.

우리의 분석에 대한 결론을 내리고 나면 11장과 12장에서는 그 메시지들을 종합해보고자 한다. 종합의 결과는 자연의 실체가 될 것이며 결론적으로 독자들은 자연이 정보의 조각들로 이루어져 있음을 알게 될 것이다. 여기서 우주는 자연을 구현해내는 상상할 수 없이 큰 프로그램을 수행하는 거대한 양자 컴퓨터로서 보여질 수 있을 것이다. 프로그래머들은 칼비노의 카드 게임을 하는 경기자들이며 그들의 소프트웨어는 그들이 경기로부터 배워낸 모든 것을 요약한 요약본이다. 같은 방법으로, 우리는 인간의 두뇌를 포함한 모든 물체들에 저장되어 있는 정보의 양을 계산해낼 수 있다.

이 책의 3부에서는 정보가 궁극적인 모든 것의 기초가 되는 이론에 가장 적합하며 또한 유일한 것이라는 사실을 논의하게 될 것이다. 정보는 중력이 단지 양자론의 결과라는 관점(양자론과 중력의 통합은 현대 물리학의 가장 큰 난제로 알려져 있다)을 제시할 뿐만 아니라 어떻게 정보가 '법칙없는 법칙'을 만들어낼 수 있는지에 대해서도 제시할 것이며, 그로 인해 천지창조의 고르디우스의 매듭을 끊어낼 수 있는지도 보일 것이다.

마지막 장에서 제시된 몇 가지 사실들은 주의 깊게 고려되어야 하는데, 이는 여전히 과학계에서 논의가 진행되고 있는 문제들이기 때문이다. 그러한 문제들이 나올 때마다 나는 미리 그 사실을 지적할 예정이다. 그러한 사실들 중 몇 가지는 틀린 것으로 판명날지도 모르지만 여전히 독자들이 지적 여정을 충분히 즐기기를 바랄 뿐이다. 이에 대해 11세기 유명했던 페르시안 시인이자 천문학자였던 오마 하이얌Omar Khayyam의 말을 인용하며 이 장을 마치고자 한다

모든 문자들과 모든 과학을 정복했던 자들,
그리고 그 뛰어났던 자들은 불빛처럼 빛났네
얽혀진 더미들 속에서 실마리를 찾아내지 않으면,
단지 그들은 이야기만을 남기고 잠들 뿐이네.

- 칼비노의 카드 게임은 우리가 자연을 관찰하고 이해하기 위한 효과적인 비유가 될 수 있다.
- 정보는 자연이 메시지를 전달하는 데 사용하는 언어이며 불연속적인 단위로 이루어져 있다. 우리는 그 단위를 이용해 자연을 재구성해낸다.
- 칼비노의 카드 게임에서 경기자들은 자연의 다른 면들을 바라보는 관찰자를 상징한다. 여기서는 주요한 경기자들로 생물학, 열역학, 경제학, 사회학, 양자물리학, 컴퓨터 과학, 그리고 철학을 택했다.
- 그 경기자들로부터 얻을 수 있는 주된 메시지들을 이후의 장들에서 정보라는 관점에서 살펴보게 될 것이다.
- 각 경기자로부터 얻어지는 주요 메시지들의 조합이 결국 어떻게 자연이 형성되고 암호화되는가를 결정하게 된다.

제1부

3장

기초로의 회기

: 비트와 조각들

오늘날 정보의 개념은 누구도 피할 수 없을 정도로 아주 광범위하게 자리잡고 있다. 이는 우리가 세상을 바라보는 관점을 바꿔버릴 정도로 혁신적이었으며 우리가 정보화 시대를 살고 있다는 사실을 모르는 사람이 있다면 과연 그들이 지난 30년 동안 어디에 있었는지 궁금해할 수 있을 정도이다. 이런 정보화 시대에는 더이상 증기기관이나 자동차 때문에 고생하는 것이 아니라, 더 빠른 컴퓨터, 원거리 사이에 더 효과적인 정보교환, 더 균형잡힌 금융시장, 그리고 더 효율적인 사회와 같이 정보처리 능력을 이해하고 향상시키는 일에 고심하고 있다. 정보화 시대를 바라보는 보편적인 오류 중에 하나는 정보화 시대가 단지 기술적이기만 하다는 견해이다. 하지만 이 관점은 옳지 않다. 정보화 시대의 중심에는 자연이 우리에게 던져주는 여러 가지 일들을—물리학적, 생물학적, 사회과학적 등등 어떻게 이름을 붙이든 간에—이해하고 그것들에 다시 영향을 미치는 일들이 있으며, 우리는 결코 이것들을 피해갈 수 없다.

　많은 사람들이 우리가 정보화 시대에 살고 있음을 받아들이기는 하지만 놀랍게도 정보라는 개념 자체에 대해서는 종종 잘못 이해하고 있는 경우가 있다. 사실 왜 이런 현상이 발생하는지를 이해하기 위해서는 아마도 우리의 전前세대인 산업화 시대를 돌아볼 필요가 있다. 18세기 초반에 북부 잉글랜드에서 시작되었던 산업화 시대에 중심이 되는 개념은 일work과 열heat이다. 오늘날 사람들은 일과 열의 개념과 응용성은 매우 직관적으로 받아들이고 있을 뿐만 아니라 정보화 시대에 정보가 하는 역할보다 훨씬 더 쉽게 이해하고 있다. 산업화 시대에 일과 열의 유용한 응용은 기계나 공업, 건설, 조선이나 철도 등과 같은 결과적 기계화를 통해 대부분 명백한 것들이었다. 손으로 집어서 이것이 산업화 시대의 표증이야라고 말하는 일은 어렵지 않았다.

　리즈(잉글랜드 북서부의 상업 도시)를 예로 들면, 홀백이라는 지역에 있는 파운드리 거리를 걸어다녀보면 산업혁명의 흔적이 여전히 잘 남아 있다. 존 마셜John Marshall의 템플 밀Temple Mills과 매튜 머레이Matthew Murray의 라운드 파운드리Round Foundry는 특이한 예인데, 그 건물들은 아주 많은 사람들이 한꺼번에 일할 수 있도록 설계된 웅장하고 인상적인 건물들이다. 그곳의 대형 시계 주변은 당시 사람들이 잘 먹고 입고 돌아다닐 수 있었음을 보여준다. 머레이는 18세기 전형적인 산업 기업가의 모습을 보여주는데 그는 리즈에서 전차와 증기기관, 섬유기계와 같이 열을 이용해 일을 하는 여러 가지 기계들을 생산함으로써 큰돈을 벌 수 있었다.

　열을 이용해 유용한 일을 할 수 있는 에너지 생산의 과정은 매우 간단하고 직관적이다. 엔진에 뜨거운 석탄을 넣고 뜨거운 증기 열을 만들어 내 그 열로 기차의 바퀴를 돌리는 과정을 이해하는 일은 그리 어렵지 않아 보인다. 하지만 왜 정보화 시대를 산업화 시대와 비슷한 방법으로 이해하는 것은 쉽지 않은 것일까? 내게 있어서 정보의 개념은 훨씬 더 광범위하게 응용될 수 있으며 일이나 열보다는 훨씬 더 쉽게 이해될 수 있는 개념인데, 왜 정보의 개념을 이해하는 것이 이토록 혼란스러운 것일까? 그 이유를 독자들이 이 책을 다 읽었을 때쯤엔 (내가 책을 잘 썼다면) 정보의 역할을 머레이의 공장에서 사용되는 일이나 열처럼 쉽게 이해할 수 있을 것이다. 거기에 덤으로 정보가 더욱더 궁극적이며 광범위한 유용성을 가지고 있음을 발견하게 될 것이다.

그렇다면 우리가 정보라고 이야기할 때 그 정보가 의미하는 것은 과연 무엇일까? 정보란 이해하기 그리 어려운 개념은 아니지만 그 단어가 여러 문장 안에서 쓰일 때 종종 혼란을 주곤 한다. 더욱더 어려운 점은 정보에 대해 잘 다루고 있는 글이 많지 않다는 점이다. 최근 들어 많은 책이 나왔지만 대부분은 상당히 기술적으로 쓰였으며 일반인들에게는 다분히 어렵게 느껴지는 것들이다. 몇몇 과학과의 대화라는 이름으로 정보에 관해 논의하는 경우들이 있는데 사실 좀 혼돈스럽고 추천할 만한 것들은 그리 많지 않았다. 다행히도 지난 15년 동안 내가 나 스스로에게 그리고 내가 만났던 많은 사람들에게 정보란 무엇인가를 설명해보고 나서야 정보를 어떻게 설명하는 것이 가장 효율적인지를 조금이나마 알 수 있게 되었다.

정보의 개념을 이해하기 어려운 이유를 대략 두 가지로 말할 수 있다. 첫 번째는 정보를 정의하는 방법이 여러 가지로 존재한다는 점이다. 예를 들면, 정보를 어떤 유용한 일을 하는 데 쓰일 수 있는 양으로 정의할 수도 있지만, 반대로 우리에게 전혀 불필요한 양을 정보라고 부를 수도 있다. 그렇다면 정보는 주관적인 개념일까, 아니면 객관적인 개념일까? 예를 들면, 하나의 똑같은 메시지나 뉴스는 서로 다른 두 사람에게 똑같은 정보를 주는 것일까? 정보라는 것은 사람에게만 해당되는 것일까, 아니면 동물들도 정보처리를 할 수 있을까? 나아가 정보를 많이 가지고 처리를 빨리할 수 있는 것이 좋은 것일까? 이러한 질문들은 모두 다 정보를 적절하게 정의하는 데 큰 도움을 준다.

정보에 대한 두 번째 문제점은 그것이 정확하게 잘 정의되고 난 후에도 수학을 사용하지 않고서는 잘 전달하기 어려운 방법으로 존재한다는 점이다. 당신은 아마 과학자들도 자기가 익숙하지 않은 방정식들에 대해 사고하는 데 어려움을 겪는다는 말을 들으면 놀랄 것이다. 그 때문에 전문가나 비전문가나 마찬가지로 이 개념을 자세하고 정확한 방법으로 논의하기를 꺼려해왔다. 스티븐 호킹Stephen Hawking조차 그의 베스트셀러인 『시간의 역사A Brief History of Time』를 쓸 때 편집자로부터 다음과 같은 충고를 들었다는 실화가 유명하다. 그가 그의 책에 방정식을 하나 쓸 때마다 팔리는 책의 양은 반씩 줄어들게 될 것이라는 사실 말이다.

이 모든 어려움에도 불구하고 객관적이며 일관적이며 광범위하게 응용 가능한 명백한 정보의 정의가 존재한다. 모든 것을 다 설명하지는 않더라도 정보의 의미가 무엇인지는 몇 페이지의 글로 요약할 수 있다.

어쩌면 당연하게도 우리가 가진 현대적 정보의 개념의 근거를 고대 그리스에서 찾아볼 수 있다. 고대 그리스인은 정보를 정의하는 방법으로 어떤 사건에 담겨 있는 정보의 내용은 그 사건이 일어날 가능성이 얼마나 있는지 하는 확률과 관련있는 것이라고 제안했다. 아리스토텔레스와 같은 그리스 철학자들은 하나의 사건으로 하여금 우리가 더 많이 놀라워할수록 그 사건은 더 많은 정보를 전달한다고 사고했다. 이러한 논리에 따르면 잉글랜드에서 아주 따사로운 가을날을 맞이한다는 것은 매우 놀라운 사건인 반면에 그 기간에 아주 변덕스러운 이슬비를 맞게 될 것이라는 예상은 하나도 놀라운 일이 아니다. 이는 말하자면 잉글랜드의 가을은 어떤 특정한 시간에 비가 올 가능성이 매우 높기 때문이다. (저자는 이 글을 쓰는 지난 9일 동안 잉글랜드 북부 지방 리즈에서 오락가락하는 비가 내렸음을 확인했다!) 이로 유추해보자면, 발생하기 어려운 종류의 일들은 우리를 더욱더 놀라게 하며, 그러므로 더 많은 정보를 전달하게 된다.

이런 자연스런 논리로 따져보면, 정보는 확률의 반비례하는 양이라는 결론을 내릴 수 있는데, 즉 낮은 확률로 발생하는 사건들은 더 많은 정보를 담고 있는 것이다. 이러한 방법으로 정보는 단지 확률로써 표현될 수 있고 확률에 인간의 주관적 해석이나 다른 어떤 외적인 요소와 무관한 객관적 의미를 부여할 수 있다. (당신이 영국에서 비가 많이 내린다는 사실을 좋아하지 않는다고 할지라도 비가 올 확률 자체를 바꿀 수 없다는 사실을 의미한다.)

정보의 또 한 가지 중요한 성질은 객관성인데 이와 같은 성질로 인해 현대적 개념의 정보의 측정 방법을 제시한다는 점이 매우 중요하다. 서로 연속되는, 하지만 독립적인 두 사건 속에 담겨 있는 정보를 살펴보자. 예를 들면, 오늘 내가 어떤 확률로, 이를 테면 70%의 확률로, 외출을 하게 된다고 했을 때, 또 어떤 확률로, 이번에도 70%의 확률로, 나의 휴대전화로 전화가 걸려온다고 하자. (전화가 올 확률은 내가 외출을 하는 것과는 무관하게 일어날 수 있다.) 그렇다면 내가 외출하고 그 외출을 한 사이에 전화를 받게 될 확률은 얼마일까? 두 사건이 같이 일어날 확률은 각 확률의 곱인 49%의 확률로 일어난다. (70/100×70/100)

그렇다면 두 독립적 사건이 가지게 되는 정보의 양은 얼마일까? 만약 당신이 한 사건에 이미 조금 놀라고 있고 다른 사건이 그 이후에 독립적으로 일어난다면 당신이 놀라는 정도는 단지 새로운 일이 일어날 확률에 비례하여 증가한다. 그러므로 두 확률들의 곱이 두 사건에 담겨 있는 정보의 힘과 같다는 공식으로 정보의 총량을 도출할 수 있다. 조금 복잡할지도 모르지만 곰곰이 생각해보면 이해될 것이다. 놀랍게도 로그함수만이 이러한 성질을 가진 함수로 유일하다.

독자들은 로그함수라는 양에 아주 크게 신경 쓸 필요는 없다. 그래도 그 함수의 기원이 매우 흥미롭기 때문에 여기서 잠시만 언급하고 넘어가자. 로그함수는 스코틀랜드의 수학자 존 네이피어John Naiper에 의해 발명되었는데 아주 긴 곱셈들을 단순화시키는 데 매우 유용하다. 18세기 유명한 수학자였던 피에르 시몽드 라플라스Pierre Simon de Laplace는 그에 관해 다음과 같이 언급했다. "그러한 어려움을 덜어냄으로써 천문학자들의 생명을 두 배로 연장시킬 수 있었다." 당시의 천문학자들은 행성과 다른 물체의 궤적을 손으로 계산해야 했는데, 전체 계산 과정을 적기 위해서는 아주 많은 양의 종이를 필요로 하곤 했다. 물론 오늘날엔 곱셈을 할 때 계산기와 컴퓨터를 이용하기 때문에 역설적으로 로그함수의 출현이 매우 구식대적인 것으로 여겨지기도 한다.

그래서 정리하자면 정보의 현대적인 정의는 다음과 같다. '어떤 사건

의 정보의 양은 그 사건이 일어날 확률의 로그에 비례한다.' 이 정의는
매우 유용한 것인데 이는 정보를 정의내리는 데 있어서 단지 두 가지 조
건만을 사용했기 때문이다. 하나는 사건의 존재이고 (정보가 존재하기 위
해선 어떤 사건이 존재해야 한다) 다른 하나는 그 사건이 일어날 확률을 계
산해내야만 한다는 사실이다. 사실 이것은 우리 주변에 일어날 수 있는
모든 일들을 인식하는 데 필요한 최소한의 필요조건이다. 예를 들자면,
생물학에서 사건이란 환경에 자극을 받은 유전자의 변형이 될 수 있다.
한편으로 경제학에서 사건이라는 것은 주식의 폭락일 수도 있다. 양자
역학에서 사건이라는 것은 레이저를 켰을 때 빛이 발생하는 일이 될 수
있다. 그 사건이 어떤 것이든 정보이론을 적용할 수 있다! 그리고 이것
이 정보는 우리가 자연에서 볼 수 있는 모든 과정에 근본이 되는 이유인
것이다.

  이제 우리는 그리 복잡하지 않은 정보의 개념을 정의내렸는데 그 정
의를 가지고 실제 세계의 문제들을 풀어내는 아주 단순한 정보의 응용
에 대해 살펴볼 수 있다. 이 이야기는 1940년 미국 뉴저지에 있는 저명
한 벨 연구소의 엔지니어였던 클로드 섀넌Claude Shannon에서 시작한다.

  섀넌 이전부터 벨 연구소는 이미 유명한 연구소로 정평이 나 있었다.
벨 연구소는 1900년대 중반에 이름을 떨치던 기관이었는데 과학자와
엔지니어들의 여러 가지 기술의 발명에 힘입어 (생각해보라. 전파 천문학,
트랜지스터, 레이저, 유닉스 운영 시스템, C 프로그램 언어 등이 벨 연구소에서 개
발되었다) 5개의 노벨상을 비롯하여 괄목할 만한 상들을 많이 받았다.

  저명한 발명가 알렉산더 그레이엄 벨Alexander Graham Bell의 이름을 딴
벨 연구소의 자부심의 원천은 항상 전화 통신에 있었다. 이는 섀넌이 일

을 하던 분야였는데 그의 역할은 통신을 안전하게 만드는 것이었다. 예를 들어, 알리스가 봅에게 전화를 할 때 그녀는 섀넌과 같은 사람에게 의존해 인가되지 않은 사람에 의해 그녀의 전화를 도청당하는 일이 없도록 하는 것이었다. 그 시대에 이는 매우 중요한 일이었는데, 왜냐하면 미국이 2차세계대전으로 진입하던 시기였기 때문에 통신의 안전보장은 이루 말할 수 없이 중요한 사항이었다. 몇 달 간의 연구 끝에 섀넌은 어떠한 통신도 인가되지 않은 도청자에게 누설되지 않는 완벽한 보안을 보장하는 조건을 찾아낼 수 있었다. (흥미롭게도 그의 보안이론은 현대 정보보안의 기초를 형성했다―당신이 현금 서비스 기계에서 매번 돈을 찾을 때마다, 혹은 인터넷에서 물건을 살 때마다 섀넌에 감사해봄 직도 하다.)

이러한 도전을 통해 섀넌은 (전화망과 같은) 제한된 물리적 시스템을 통해 사람들이 얼마나 많은 양의 정보를 교환할 수 있는지에 관심을 가지게 되었다. 그는 아마도 한 전선의 전화 연결을 통하여 둘 혹은 셋, 아니 그 이상의 정보를 보내는 방법을 생각해보았을 것이다. 물론 이는 전적으로 학문적인 차원에서 이루어진 일은 아니다. 당신이 세계에서 가장 큰 회사에서 일을 하고 있다고 가정해보자. 이 회사의 기본 구조를 바탕으로 더 많은 이윤을 창출해낼 수 있는 그 어떤 일이라도 당신에게 도움이 될 것이다. 어쨌든 이러한 질문을 좀 더 자세히 분석함으로써 섀넌은 우리가 전에 살펴보았던 정보의 엄밀한 정의에 도달할 수 있었다. (정보는 어떤 사건이 일어날 확률의 로그함수에 비례한다.)

그는 1949년 발간된 유명한 그의 논문에서 정보에 관한 발견을 요약했다. 이 논문은 현대 정보이론이라는 분야를 탄생시켰고 전신전화의 모습을 영원히 변화시킬 수 있었다. 그가 발견한 이론은 섀넌의 정보이론으로 잘 알려져 있다.

새넌은 전화선을 통해 서로 정보를 교환하는 사용자인 알리스와 봅을 가정했다. 그가 알아낸 사실 중에 하나는 알리스와 봅이 교환한 정보를 분석하기 위해서는 그 자신이 가능한 한 아주 객관적이어야 한다는 사실이었다. 새넌은 알리스가 봅에게 "난 당신을 사랑해" 혹은 "나는 당신을 미워해"라고 말을 했는지를 중요하게 여기지 않았는데, 그에게 있어서 두 메시지는 똑같은 길이의 문장이고 벨 연구소가 그 메시지로 인해 벌어들이는 돈도 다르지 않았기 때문이었다. 이미 논의했듯이 인간의 감정은 인간의 언어와 마찬가지로 객관적인 성질의 것이 아니기 때문에 새넌은 그러한 성질을 모두 버려버렸다.

벨 연구소는 알리스나 봅이 영어로 이야기하든 스페인어나 스와힐리어로 이야기하든지 간에 거기에서 이윤을 남겨야만 했다. 다른 말로 하자면, 정보의 양은 우리가 그것을 표현하는 방법의 선택과 무관해야 할 뿐만 아니라 아주 궁극적인 표현이 존재해야만 한다. 새넌은 그가 찾는 궁극적인 표현법이 이미 한 세기 전에 조지 불George Boole이라는 초등학교 영어 교사에 의해 개발되었다는 사실을 알게 되었다.

불은 1854년에 출판된 『인간 사고의 법칙 Laws of Thought』에서 자신의 거대한 이론을 연구하던 중에, 모든 인간의 생각은 단지 0과 1의 조합으로 귀결될 수 있다는 사실을 발표했다. 불의 책은 다음과 같이 시작을 한다. "다음과 같은 규약의 설계는 유추를 진행하는 인간의 사고를 작동하게 하는 궁극적인 법칙을 탐구할 수 있게 하는데, 이는 해석학의 기호적 언어를 표현할 수 있게 하며 과학적 논리와 그것을 가능하게 하는 방법론을 수립할 수 있도록 기초를 제공한다." 그는 당신이 할 수 있고 또 하고 싶어하는 모든 수리적 연산을 단지 두 개의 숫자 0과 1만을 이용해 할 수 있음을 보였다. 0이나 1이라는 숫자는 이진수 혹은 줄여서 비트라 일컬어졌다. 섀넌은 이러한 개념을 그의 정보이론을 발전시키는 데 이용했다.

사족을 달자면, 재밌게도 고대 그리스인들이 정보이론을 발전시키지 못한 이유는 그들에게 0의 개념이 없었기 때문이었다. 고대 그리스에는 0의 개념이 존재하지 않았는데 이는 '무無'라는 개념에 숫자를 부여해야 한다는 생각을 하지 못했기 때문이다. 0은 사실 기원전에 인도 사람들에 의해 발견되었는데 인도 사람들은 그들의 지식을 중세 때 페르시안과 아랍인들에게 전했으며 이것이 이후에 유럽인들에게 전해지게 되었다. 유럽인들은 0이라는 개념과 고대 그리스인으로부터 배운 지식으로 장황한 로마의 숫자법보다 훨씬 더 유연성이 뛰어난 수체계를 현재와 같은 모습으로 가질 수 있게 되었다. 이러한 수체계는 수학과 과학의 발전에 아주 중요한 역할을 하게 되었는데, 이는 오늘날 우리 사회의 모습을 현재와 같이 바꾸어 놓은 르네상스의 중요한 기폭제가 되기도 하였다. 0이라는 숫자의 이야기는 그 자체로도 흥미로울 뿐 아니라 여기서 잠시 소개한 것처럼 이 책 전반에 걸친 주제와 잘 맞는 이야기이기도 하다.

알리스와 밥 사이의 통신을 최적화하는 섀넌의 문제로 돌아가보자. 불이 만든 보편적 글체계로 무장해 알리스는 "나는 너를 사랑해"라는 메시지를 '1'이라는 기호로, 그리고 "나는 너를 싫어해"라는 메시지를 '0'이라는 기호로 표현할 수 있다. 여기서 우리가 알아야 하는 것은 알리스가 '0'을 보낼 확률과 '1'을 보낼 확률뿐이다. 다른 말로 하면, 얼마의 확률로 그녀는 봅을 사랑하며 얼마의 확률로 그를 싫어하는지 하는 것이다.

예를 들어, 봅이 아주 확실하게 (90%의 확률이라고 하자) 알리스가 그에게 '0'을 (그를 싫어한다는 메시지를) 보낼 것임을 확신하고 있다고 하자. 그런데 그가 전화를 들었을 때 전화선을 통해 '1'이라는 소리를 들었다는 상황을 상상해보라. 그렇다면 그는 그렇게 낮은 확률의 정보가 (단지 10%의 확률) 전달되었다는 사실에 매우 놀랄 것이고, 그러므로 이 메시지는 더 많은 정보를 담게 된다. (물론 알리스와 봅은 실제로 '0'과 '1'을 가지고 통화하지는 않는다. 알리스가 "나는 너를 사랑해" 혹은 "나는 너를 싫어해"라 말하고 그것이 그쪽 전화기를 통해 비트들로 변환된 다음, 다른 한쪽에서는 그 비트를 원래의 메시지, 즉 "나는 너를 사랑해" 혹은 "나는 너를 싫어해"로 환원시키는 식으로 실제 통신은 이루어질 것이다.)

물론 이러한 방식은 예를 들어 "런던 트라팔가 스퀘어에 있는 넬슨 동상 앞에서 만나자"와 같은 좀 더 복잡한 메시지 경우로 확장될 수 있으며, 그 메시지는 00110010101000과 같은 비트들의 나열로 표현될 수 있다. 어쩌면 당연하게도 우리는 가능한 한 그 메시지에 좀 더 적은 수의 0과 1들을 사용함으로써 전화선의 효율적인 사용을 꾀하려 할 것이다. 즉 메시지를 전화선으로 보낼 때 좀 더 압축적인 방법을 이용할 수 있다. 섀넌이 한 추론의 중요한 원리는 자주 사용되지 않는 메시지는 더 긴 코드를 이용하며 자주 사용되는 메시지는 짧은 코드를 이용해 통신한다는 것이다. 그 이유는 전화선의 용량을 최대한 절약한다는 점 때문이다. 아주 명쾌하지 않은가?

만일 우리의 언어를 통신수단으로 본다면 그 수단은 자연스럽게 더욱더 최적화된 상태로 발전하게 될 것이다. 예컨데, '그', '~의', '그리고', '에게'와 같이 우리가 가장 많이 사용하는 단어들은 매우 짧은데 이는 그들이 우리의 언어에서 나타날 확률이 아주 높기 때문이다. 우리가 상대적으로 잘 사용하지 않는 단어나 문장들은 대체로 긴데, 이는 아주 낮은 확률로 그것이 사용되기 때문이다. 이러한 방법으로 본다면 영어가 독어나 불어, 혹은 스와힐리어에 비해서 얼마나 효율적인가 하는 것은 가장 일반적으로 사용되는 단어나 어구들을 전달하는 데 있어서 얼마나 적은 문자들을 필요로 하는가에 연관된다. 흥미롭게도 1949년 조지 지프George Zipf는 정보이론과는 무관하게 언어들을 분석하면서 이와 비슷한 논의를 하게 되었는데, 그는 어떤 단어의 실제 사용 빈도는 빈도표에 있는 순위에 반비례한다는 것을 발견했다. 이는 가장 자주 사용되는 단어는 두 번째로 자주 사용되는 단어보다 대략 두 배 이상 더 많이 사용되며, 두 번째로 많이 사용되는 단어는 네 번째로 많이 사용되는 단어보다 그 빈도가 두 배 정도 된다는 사실이다.

비슷한 방법으로 섀넌은 벨 연구소의 이윤을 최대화하기 위해서 통신 채널의 용량을 최대화하는 방법을 생각해내야만 했다. 섀넌이 알아낸 것은 채널 용량의 최적화가 그 사건이 발생하게 되는 확률의 역수에 로그를 취한 값과 같은 길이를 가진 메시지로 암호화함으로써 달성할 수 있다는 것이었다. 이는 우리가 이미 논의한바 있었던 정보의 양이라는 것이 어떤 종류의 통신 채널을 사용하는지와 관계없이 가장 최적화된 채널의 용량을 정량적으로 기술하는 데 이용될 수 있다는 것을 가리킨다.

다양한 분야에서 직접적으로 혹은 간접적으로 섀넌의 정보이론을 확장하는 일들이 수없이 진행되어왔다. 예를 들어, 나는 1990대 말엽쯤 어떻게 섀넌의 정보이론이 양자역학에 적용될 수 있는가 하는 연구로 학위 논문을 썼다. 그 논문에서 나는 그의 정보이론의 기본적 가정들이 최신 물리이론들과 어떠한 연관성이 있는지를 보였다. 이 부분에 대해서는 이 책의 2부에서 더 자세히 이야기하게 될 것이다.

내 졸업논문을 마쳤을 때 나의 친구들과 동료들은 자신들의 서명을 담은 섀넌의 사진 액자를 선물해주었다. 그들은 섀넌의 일이 내게 얼마나 많은 영향을 미쳤는지를 알고 있었으며, 내가 나의 동료들과 보낸 시간보다 섀넌의 이론과 더 많은 시간을 보냈다는 사실을 상기하며 그의 사진이 아주 좋은 선물이라고 생각한 모양이다. 그 사진 속에서 섀넌은 매우 사려 깊고 특별한 과학자처럼 보였는데, 그는 과학을 한다는 것이 그의 지적 호기심을 만족시킬 뿐 아니라 세상을 더욱더 발전시키는 데 크게 이바지한다는 확신에 찬 모습을 하고 있었다. 이는 정말 유익한 생각이다.

나는 이 장을 재미있는 이야기 하나로 마무리하고자 한다. 섀넌은 그의 발견을 정보의 양이라 부르지 않고 엔트로피entropy라고 불렀다. 우리가 이제껏 섀넌의 정보로 소개했던 것은 사실상 공학자, 수학자, 계산과학자, 그리고 물리학자 사이에선 섀넌의 엔트로피로 알려져 있다.

엔트로피라는 단어는 섀넌이 '확률의 역에 로그' 공식을 유도할 때 쓰게 되었다. 섀넌은 유명한 동시대 헝가리 출신의 미국 수학자, 존 폰 노이만john von Neumann에게 그가 새로 발견한 양의 이름을 무엇으로 할지 자문을 구하기 위해 찾아간 적이 있었다. 폰 노이만은 섀넌에게 엔트로피라는 단어를 제안했다고 한다. 일설에 따르면 폰 노이만이 그렇게 제안한 이유는 엔트로피가 무엇인지 아는 사람이 아무도 없기 때문에 샤넌이 모든 과학적 논쟁을 피해갈 수 있을 거라는 단순한 믿음 때문이었다고 한다. 폰 노이만은 항상 재치있는 말을 잘하는 사람으로 알려져 있기 때문에 이 이야기는 사실일 가능성이 충분히 있다. 그래도 나는 샤넌이 이야기했던 양과 같은 것이 물리에서 이미 존재하고 있었다는 것이 진짜 이유일 것이라고 믿는다. 물리학에서 엔트로피의 개념은 샤넌보다 100년 앞선 독일 과학자 루돌프 클라우시스Rudolf Clausius에 의해 엔트로피라고 불렸다.

물론 물리적 엔트로피는 처음 볼 때 정보교환이나 채널의 용량과 같은 것과 무관해 보이지만 그것이 같은 형태를 취하고 있다는 것은 우연이 아니다. 이것이 우리가 열역학 제2법칙을 논의하고자 하는 이유이며 이는 우리에게 경제적 현상뿐 아니라 사회학적 현상에도 큰 통찰력을 제공한다.

요약컨데, 채널 용량을 최적화하려는 문제를 풀기 위해서, 그리고 정보이론을 유도해내기 위해서, 아이작 뉴턴Issac Newton의 유명한 문구를 빌리자면, 샤넌은 다른 많은 거장들의 어깨 위에 우뚝 섰다고 할 수 있다. 그 거장들은 고대 그리스인들을 비롯해 조지 불, 존 네이피어, 존 폰 노이만이다. 그렇다고 해서 그것이 샤넌의 획기적인 성과를 폄하하지는 않는다. 과학과 전혀 상관없는 클린트 이스트우드의 말처럼, 지식의 세계에서 진정한 혼자란 없기 때문이다. 샤넌은 지적 자각을 통해 여러 아이디어들을 통합함으로써 20세기에 가장 위대한 발견을 할 수 있었던 것이다.

- 정보의 개념은 궁극적인 면을 가지고 있다. 거기에는 객관적인 의미가 부여될 수 있다.

- 정보화 시대에 있어서 우리가 가진 많은 문제들은 일과 열을 거슬러서 정보를 최적화하는 문제와 직접적으로 연결될 수 있다.

- 정보의 기본적인 단위는 비트인데, 그 값은 0 혹은 1이 되는 이진수이다.

- 정보는 어떤 것이 얼마나 놀라운가를 측정하는 척도이다. 나타날 것 같지 않은 낮은 확률의 사건은 많은 양의 정보를 담고 있으며, 흔히 나타나는 높은 확률의 사건은 매우 적은 양의 정보를 담고 있다.

- 만일 두 사람이 그들 사이의 메시지를 더욱더 효율적으로 소통하기를 원한다면 그들은 자신들의 메시지를 섀넌의 개념에 따라 암호화해야 할 것이다. 낮은 빈도의 메시지는 더 긴 0과 1의 부호로 암호화해야 할 것이며 높은 빈도의 메시지들은 짧은 코드에 담겨야 할 것이다.

4장

디지털 사랑

: 인생(Life)은 네 음절의 단어

존 레넌과 폴 메카트니는 〈인생은 흘러가네〉라는 연주로 그 시대의 오래된 금언을 이야기했다. 1968년 이후 아름다운 선율로 유명한 《화이트 엘범》의 음악은 가장 단순하면서도 심오한 가사로 우리에게 잘 알려져 있다. 언뜻 듣기에는 아름답기만한 이 금언은 아주 심오한 메시지를 담고 있다. 지구가 형성된 시기부터 지구상에 생명이 존재했다는 사실은 생명의 강인함을 말해주고 있으며, 다른 한편으로는 매일매일 우리가 볼 수 있는 개개의 생명체들은 매우 연약한 존재이기도 하다는 인상적인 사실을 담고 있다. 그래서 과학계에서 반복적으로 나오는 질문은 '어떻게 그리도 불완전한 존재가 이리도 오래 살아남을 수 있는 가' 하는 것이다. 이는 생물학의 큰 미스터리로 남아 있다.

흥미롭게도 그 질문에 중요한 진전을 이루었던 사람은 생물학자가 아니라 수학자였다. 그 수학자는 우리가 이미 언급한 바 있는데, 그는 섀넌이 그의 정보 함수를 '엔트로피'라는 단어로 정의하려 할때 자문을 구했던 존 폰 노이만이다. 폰 노이만이 풀었던 문제는 완전한 어떤 것이 불완전한 구성 요소로부터 형성될 수 있는가였다. 흥미롭지 않는가? 아마도 완벽한 어떤 것을 만들어내기 위해서는 그것을 구성하는 각각의 조각 역시 완벽해야 한다고 생각하는 것이 당연할지도 모른다. 이것은 살아있는 개체에 있어서는 아주 중요한 문제이다. 하지만 어떻게 수학자가 어떤 실험적 증거도 없이, 아니 좀 더 정확히 하자면 생물에 대한 지식조차 거의 없이, 생명에 관해 그렇게 잘 이해할 수 있었던 것일까? 여기에 그 답이 있다.

폰 노이만은 원래 "어떻게 우리가 아주 짧은 삶을 사는 조각으로부터 긴 기간을 존속할 수 있는 어떤 것을 만들어낼 수 있을까?"라고 질문했다. 우리가 다음 10만 년 동안 존재할 수 있는 어떤 메시지를 적어냈고, 모든 미래 세대가 그로부터 큰 이득을 보았다고 하자. 예를 들어, 내가 영속적 행복을 이룰 수 있는 비밀(물론 나는 여러분들과 마찬가지로 그것이 무언지 잘 모르지만 가끔은 그 답이 시가와 싱글 몰트위스키 사이에 있지 않나 생각한다)을 발견하고는 그 비밀이 나의 손자의 손자에게 전달되어 그 지혜가 그들에게 행복을 가져다주기를 원한다고 하자. 이때 나는 어떻게 영영 오게 되지 않을지도 모르는 까마득한 시간까지 내가 전달하고자 하는 메시지가 지속할 수 있으리라는 것을 확신할 수 있을까?

눈치 빠른 독자는 이미 이 문제가 섀넌에 의해 1장에서 논의됐던 앨리스와 밥 사이의 정보 통신과 어떤 식으로 연결될 수 있을지 생각하게 될 지도 모르겠다. 여기서는 앨리스 대신에 내가 중요한 메시지의 정보 생성자이고 전화선이라고 이야기했던 정보 전달 채널은 이번엔 시간이 될 것이다. 더 나아가, 밥이라 일컬어졌던 정보의 수취인은 이제 먼 미래에 우리가 메시지를 전달하고 싶어하는 새로운 세대의 사람들이다. 이러한 비유가 가능하다는 것은 정보교환 채널과 그 사용자의 의미를 얼마나 폭넓게 해석할 수 있는지를 잘 보여준다. 이러한 점을 좀 더 보강하고자 이 책을 둘러싼 관계로 생각해보자면, 여러분들은 이 책의 저자인 나를 알리스로, 그리고 이 책을 내가 나의 생각을 소통하고자 하는 채널로서 '정보가 담긴 어떤 존재'로, 그리고 당신 자신은 내 생각의 수취인으로서 독자 봅이 될 수도 있을 것이다.

아마 당신은 메시지의 수명을 연장하는 일이 그리 어렵지 않을 것이라고 말할지 모른다. 아마 아주 튼튼한 금고를 하나 만들고 거기에 메시지를 넣고 잠든 다음 시간이 흐르기를 기다리면 될 거라고 생각할지 모른다. 그러나 이때 메시지는 금고의 구조가 잘 유지될 수 있는 기간 동안에만 유효하다. 인간에 의해 혹은 자연에 의해 일어나는 재앙들, 풍토병과 각종 질병들, 혹은 다른 여러 요소들은 우리의 메시지가 얼마나 오랫동안 존속할지를 크게 좌우한다. 이집트 사람들은 피라미드가 매우 견고한 것이라 생각했다. 하지만 피라미드도 지난 6세기에 걸쳐 상당히 빠른 속도로 침식되고 있고 몇 세기 이후엔 더이상 존재하지 않을지도 모른다. 사실상 지구조차도 멀지 않은 장래에 완전히 파괴될지도 모르는 여러 위험들이 존재하고 있다. 이 모든 것들을 생각했을 때, 나는 나의 메시지가 나의 자손들에게 높은 확률로 전달될 수 있으리라는 것을 어떻게 확신할 수 있을까?

세대를 통해 전달되는 메시지의 이야기는 폰 노이만이 자신의 질문을 만들 때 염두해두었던 것이다. 이 질문은 살아남는 것이 그 존재의 목적인 생명에게는 아주 아름다운 비유가 될 것이다. 이전의 논의에서 메시지를 담는 튼튼한 금고를 사용하는 일은 아주 근시안적인 방법이 될 것임을 이야기했다. 금고는 궁극적으로 환경의 변화에 아주 민감한 것이기 때문이다.

우리가 필요로 하는 것은 환경의 변화로부터 영향을 받지 않으면서 도 그 속에 담겨 있는 것에 잘 반응할 수 있도록 고안된 어떤 것이다. 그 것은 적용 가능하고 움직일 수 있으며 어떤 장애물과 그를 위협하는 위험을 피할 수 있어야만 한다. 또한 그것은 그 자체의 허약함도 잘 이겨 낼 수 있어야 한다. 이러한 정보 전달체가 무엇으로 만들어지건 간에 그 것은 유한한 지속성을 가질 수밖에 없다. 어떠한 배터리도 영원하지 않 으며 어떠한 심장도 영원히 뛰지는 않는다.

예를 들어 우리가 영원히 살아서 정보를 전달할 수 있는 로봇을 만들 수 있다고 가정해보자. (그것은 영구 수명의 배터리와 절대 녹슬지 않는 부품들 로 만들어져야 할 것이다.) 더욱이 이 로봇은 복잡한 환경을 잘 다룰 수 있 으면서도 자신이 고장났을 때 스스로 고칠 수 있는 능력을 가지고 있다 고 가정해보자. 문제는 그러한 기계를 과연 만들 수 있느냐는 것이며 (언급했듯이 영구 배터리나 영원히 멈추지 않는 심장을 만들 수 있느냐 하는 것이 며) 그리고 그것들을 만들었다손 치더라도 기계가 어떤 순간에 정지해 버릴 가능성은 배제할 수 없다. 모든 가능한 위험과 환경의 영향을 이겨 낼 수 있는 로봇을 만든다는 것은 거의 불가능한 일이다.

그렇다면 로봇 하나를 만드는 대신 백 개나 천 개를 만드는 것은 어떨 까? 이는 그 메시지를 지속시키기 위해 좋은 아이디어인 것 같지만 궁 극적으로 유한한 숫자의 로봇만을 만들 수 있기 때문에, 그리고 그 숫자 는 시간이 지나면서 줄어들 것이기 때문에 썩 좋은 방법이 못 된다. 조만간 복제된 로봇들은 하나둘씩 그 동작을 멈추고 말 것이다.

그러나 여기에 아주 기발한 방법이 하나 있다. 한번 스스로 생각해보라. "자기 자신을 여러 번 복제해낼 수 있는 로봇을 만드는 일은 어떨까?" 이 경우 복제될 때마다 메시지를 전달하고 그 복제된 로봇은 다시 자신과 똑같은 복제를 만들어 그 메시지를 다음 복제에 전달하는 방식은 무한히 반복될 수 있다. 그렇다면 각 세대들은 메시지를 가지고 있을 뿐만 아니라 그것들을 복제할 수도 있게 되어 메시지를 무한한 시간 만큼 유지할 수 있는 기회를 가지게 된다.

이것은 원래 폰 노이만이 자체 복제Self-reproducing를 하는 오토마타 automata에 관한 논문에서 연구했던 바이다.〔자기 확률을 재생산해내는 메커니즘. 특정 확률을 가지고 존재하는 하나의 개체가 일정한 확률을 가지고 자기 복제를 시도할 때 나타나는 결과는 상당히 복잡한 형태로 전개된다. 이때 그 개체를 오토마타라고 부른다.-옮긴이〕 그의 주된 기여는 불완전한 조각으로부터 어떻게 자체적으로 복제가 가능한 로봇이 만들어질 수 있는가였다. 이러한 접근은 폰 노이만 시대에 수립된 과학적 토대에서는 그리 모순적인 것이 아니었다.

자체 복제에 관해서는 두 가지 주요한 반론이 있었다. 한 가지는 폰 노이만의 말을 빌자면, "만일 오토마타가 다른 자신을 만들어낼 수 있는 능력이 있다면, 모체에서 복제체로 가는 과정에서 복잡성의 감소가 있어야만 한다. 이는 만일 A라는 개체가 B라는 자손을 만들어낸다면 그 A는 어떤 면에선 B에 관한 완벽한 기술을 담고 있어야 하기 때문이다. 그런 점에서 본다면, 이 복제 과정에서는 정보가 감소되는 경향성이 존재해야만 하는데, 이는 하나의 오토마타가 또 다른 오토마타를 만들어낼 때 복잡성의 감소가 있게 된다는 것이다." 이는 우리가 일상생활에서 경험할 수 있는 것과 크게 모순되는 것처럼 보이는 아주 중요한 반증이다. 생명은 단순화되기보다는 점점 더 복잡한 방식으로 진화하는 것처럼 보인다.

폰 노이만이 오토마타의 '복잡성complication'이라고 불렀던 것은 정보의 양과 밀접한 관련이 있다. 복잡한 오토마타일수록 그것을 정확하게 기술하기 위해 요구되는 정보의 비트 수는 더 늘어난다. 생물학적 복잡성을 이야기하는 다른 많은 방법들은 이 책의 다른 부분에서 언급하게 될 것이다.

자체 복제의 두 번째 중요한 반론은 이전의 논의와 연관이 있는데, 이것은 경험적인 반증이라기보다는 논리적인 모순에 기인한다. 만일 A가 B라는 다른 기계를 만들어내야 한다면, B는 A의 초기 상태 안에 존재해야 하는 것처럼 보인다. 하지만 B가 C를 만들어내는 상황을 상상해 보자. 이것은 C는 B 안에 그 요소가 담겨 있음을 의미하고, 그렇기 때문에 C의 요소는 A 안에 담겨 있어야 한다. 궁극적으로 우리가 어떤 것이 수백 번의 세대에 걸쳐 지속할 수 있다고 한다면 그것은 초기 상태 안에 연달아 나오는 복제체들의 요소를 미리 모두 담고 있어야 하는 것처럼 보인다. 이 사실을 무한 개의 복제체들을 통해 일반화한다면 초기의 모체는 무한한 양의 정보를 담고 있어야 하는데, 이는 분명히 불가능한 일이다.

이 두 번째 반증은 암울한 수용소에서 세상의 모든 상세한 세부적인 이미지까지도 모두 포함한 완벽한 그림을 그려내려고 마음먹은 어느 수용자의 이야기를 연상시킨다. 그는 그림의 시작을 자신이 있는 암울한 수용소의 정원을 그려내는 것에서부터 시작했는데 얼마가 지난 후 그는 자신의 그림이 만족스럽기는 했지만 무언가가 빠져 있음을 알아차렸다. 그 정원에서 그림을 그리는 자신의 모습이 빠져 있었던 것이다. 세부 사항과 완벽한 복잡성을 재현한 전체 정원을 그려내는 동안 그는 그 (화가) 자신을 그림에서 빠뜨린 것이다. 이를 교정하기 위해 그는 자기 자신의 모습을 그림에 그려넣었는데 그러고 나서도 그 그림이 불완전함을 발견했다. 그 자신은 여전히 그 그림 밖에 존재하는 것이다. 그가 그림 속에 자신을 그려넣기는 했지만 그림을 그리는 실제 화가를 그림 속에 넣어야 할 필요가 있었던 것이다. 이를 교정하기 위해 그는 정원에서 캔버스에 그림을 그리고 있는 화가를 그려넣었다. 고민 고민을 한 끝에 그가 발견한 것은 그 그림이 아직도 불완전하다는 점이었다. 더욱더 놀라웠던 것은 그가 그 그림을 영원히 끝낼 수 없다는 것을 발견한 것이다. (내가 있는 물리학과 사람들 중 절반이 늘상 말하듯이, 미쳤다는 것이 지적이라는 사실을 배제하지는 않는다.) 그 화가는 수학자들이 말하는 무한 회귀infinite regression라는 것을 이해하게 된 것이다.

1장에서 우리는 휠러와 도이치가 모든 다른 법칙의 기원이 되는 자연의 궁극적인 법칙을 논의할 때 같은 문제를 본 적이 있다. 그들은 그것을 설명하기 위해 법칙 밖의 어떤 법칙을 필요로 하지 않는 완전한 법칙을 원했다. 이를 화가에 비유를 하자면 그 모순은 화가가 아무리 정교하게 법칙을 그려낸다고 할지라도 우리는 모든 것을 다 담아내는 청사진을 만들어낼 수는 없는데, 이는 자기 자신을 고려하는데 항상 어려움이 있기 때문이다.

자연 또한 살아있는 것들을 재창조하는 문제에 당면하면 같은 문제에 직면하는 것처럼 보인다. 하나의 살아있는 생명체는 그의 자손의 복제를 자신 안에 저장하고 있어야 하는 것처럼 보이는데, 그 자손은 또 그 자손의 복제를 가지고 있는 식이다. 어떻게 하면 우리는 이 무한대의 연속으로부터 탈출할 수 있을까? 우리가 알고 있는 생명이란 정녕 논리적으로 불가능한 것일까?

폰 노이만이 논문을 쓰게 된 이유가 바로 그 자신이 이에 대한 반론을 잘 알고 있었으며 적절한 논거를 제시할 수 있었기 때문이었다. 논문에서 그는 어떻게 새로운 세대들에 대한 복잡성을 만들어내지 않는 재생산이라는 것이 논리적으로나 실질적으로 가능한가를 보이고자 했다. 폰 노이만이 생물학에 대한 정식 교육을 받은 적도 없었고 단지 추상적 생각의 힘만을 빌렸다는 점을 생각하면 그가 성취한 결과는 참으로 놀라운 것이 아닐 수 없다.

폰 노이만의 주요 아이디어는 각 생성 과정의 다른 요소들 사이에는 명백한 분리가 존재한다는 사실에 근거를 두고 있다. 만일 어떤 사물(예를 들어, 집이나 차, 혹은 냉장고와 같은)의 복제를 생성하기 위한 모든 설명을 담고 있는 메시지가 있다고 하자. 그 설명서를 이용한다면 그 사물을 무한대로 번성시키기 위해 필요한 것은 복제를 만들려는 창조자와 그 설명서를 복사하는 복사기가 전부이다. 이것이 폰 노이만의 접근의 핵심인데, 좀 더 명확하게 하기 위해 자기 복제에 필요한 모든 요소들을 살펴보기로 하자. 어쩌면 독자들은 다음 몇 페이지가 꽤 어렵게 느껴질 수도 있지만, 이는 폰 노이만의 경이로운 결과를 좀 더 잘 이해하기 위해 중요한 부분이 될 것이다.

M을 아주 일반적인 제조 기계라고 하자. 이는 그 기계가 적절한 지시

사항 I가 주어지기만 한다면 어떤 다른 물체도 만들어낼 수 있음을 의미한다. 또 X를 특별한 복사기라고 했을 때 이 복사기는 지시사항 I을 복사할 수도 있고 그 복사된 지시사항을 M이 만들어낸 물체에 집어넣을 수도 있다고 하자. 예를 들어, M을 다른 복잡한 기계들을 만들어낼 수 있는 어떤 공장 내에 있는 제조 기계라고 하자. 만일 우리가 M에게 자동차를 만들라는 지시사항을 입력한다면 M은 자동차를 만들어낼 것이고 의자를 만들라는 지시사항을 입력한다면 의자를 만들어낼 것이다. 더 나아가 우리가 M에게 자기 자신을 만들어내라는 지시사항을 입력한다면 (즉, 그 기계를 처음 만들기 위해 사용했던 지시사항을 입력한다면) 그 기계는 입력된 지시사항에 따라 새 기계를 만들고 결국 우린 두 개의 똑같은 기계를 얻어낼 수 있을 것이다. 이쯤 되면 좋은 사업을 구성해볼 수 있다. 같은 기계가 이 공장의 다른 부분에서 사용되고 있는 경우를 생각해보자. 기계가 있다 하더라도 의자나 자동차, 혹은 그 기계 자신을 만들라는 지시사항이 주어지지 않는다면 그 기계는 아무런 쓸모가 없다. 당신은 지시사항을 복사해 기계에 입력해야만 한다.

지시사항 I를 입력하는 과정과 그것을 복사하는 일은 어떤 새로운 과정 C에 의해 조정되어야 할 것이다. 예를 들어, 공장의 공장장과 공정을 조정하는 과정에 의해 진행될 것인데 새로운 기계가 들어올 때마다 공장장은 기계에 지시사항을 입력하고 복사하는 일을 하게 될 것이다.

경영자는 늦은 시간까지 일을 시키며 공장에 제조 기계를 복제한 다음, 회사가 가지고 있는 모든 공장에 이 기계들을 배치해 생산량을 급격히 늘릴 수 있다. 만일 우리가 천 개의 제조 기계를 가지고 있다면, 천 개의 의자(자동차 혹은 연장)를 한번에 만들 수 있고 여기에 생산량을 더 늘리고자 한다면 더 많은 물건들을 만들기 위해 제조 기계들을 더 만들어내기만 하면 된다.

하지만 잠시 생각해보자. 새로운 조정 장치는 자기 자신을 복제하기 위해 기계를 이용하며 그 지시사항의 복제를 만들어내는 방법을 알고 있을까? 아마도 그렇지 않을 것이며, 그는 그러한 사항들을 새로 공부해야 할 것이다. 이 경우에 가장 일반적인 개념의 생성자로서 이 기계를 사용하기 위해선 어떻게 조정 장치를 만들고 어떻게 그 조정 장치가 사용할 복사기를 만들지에 관한 지시사항을 입력해야 한다. 만일 이러한 일을 수행할 수 있다면 그 기계가 필요한 만큼 무한정으로 자기 자신을 복제해낼 수 있는 능력과 재료들을 충분히 가지고 있다는 것을 의미한다. 그렇다면 어떻게 이러한 무한대의 창조가 가능한 것일까?

그 시작점으로서 ① 일반적인 제조 기계 M, ② 복사기 X, ③ 조정 장치 C 가 필요하다. 이것들을 가지고 완벽한 자기 복제 과정을 만들고자 한다면 우리가 어떻게 M을 만들 수 있는지 뿐만 아니라, 어떻게 조정 장치 C를 만들 수 있는지와, 그 조정 장치가 사용하게 될 복사기 X도 어떻게 만들 수 있는지라는 완전한 내용의 지시사항이 필요할 것이다. 그러므로 M, C, X의 조합과 어떻게 M, C, X를 만들 수 있는지에 관한 지시사항이 완벽한 자기 복제를 이루게 될 텐데, 이를 E라고 부르기로 하자.

조정 장치는 어떻게 M, C, X를 만들 수 있는지에 대한 지시사항을 받은 다음, 그들을 M에 입력한다. 이후 M은 자기 자신의 복제 M′, 조정 장치 C′, 복사기 X′ 을 만들게 될 것이다. 그 조정 장치는 또한 지시사항의 사본 I′를 복사기 X를 이용해 만들게 될 것이다. 이렇게 되면 우리는 새로운 M′, C′, X′, I′를 가지게 되고 이들은 완전한 자기 복제체 E′로서 그것을 다시 만들어낼 준비를 하게 될 것이다.

이런 과정을 통하게 된다면 어떠한 메시지를 무한 시간까지 전파시키기 위해서 각 연속 개체들에 대한 정보를 첫 번째 개체가 모두 가지고 있어야 한다는 순환 논리를 피해갈 수 있다. 개체 생성에 있어서 결정적인 것은 일반적 제조 기계, 복사기, 조정 장치와 그 모든 것을 만들어낼 수 있는 지시사항이다. 이 과정은 (불Boole이 만든) 논리적 규칙에 따랐을 때에도 적절한 것이다. 이것이 폰 노이만의 논거에 필요한 모든 것이다.

비록 폰 노이만의 논리는 자기 복제라는 좁은 의미 내에서 기술되었지만, 이는 일찍이 우리가 논의했던 무한 회귀 논리를 명백히 피해갈 수 있다. 그렇다면 이러한 논리는 도이치와 휠러의 '법칙 없는 법칙'과 같은 비슷한 다른 문제들을 공략하는 데에도 적용될 수 있을까? 정말로 우주의 모든 것이 같은 방법으로 무에서부터 창조될 수 있는 것일까? 우리는 그러한 가능성을 이 책의 3부에서 이야기하게 될 것이다.

비록 폰 노이만의 논의에서 무한대의 자기 복제에는 논리적 모순이 없을지라도 그런 모든 과정들이 완벽하다고 생각한 가정은 실질적으론 큰 문제가 될 것이다. 그렇다면 각 과정에 불완전성이 존재하면 어떻게 될까? 예를 들어, 조정 장치가 지시사항의 한 페이지를 복사하는 과정에서 잃어버렸다든지, 복사기에 토너가 다 떨어져버렸다든지, 아니면 기계 자체가 고장이 나버렸다든지 하는 일이 일어난다면 말이다. 그러므로 다음 질문은 그 다음으로 이어진 복제체 A가 손상된 지시사항에 의해 만들어질 경우 무슨 일이 발생하는가일 것이다. 아마도 그 과정은 정지가 되어 계속 이어지지 못한다는 것이 명백할 것이다. 그러나 여기에서 폰 노이만의 두 번째 직관이 발휘된다. 그가 보인 바에 의하면, 그 과정은 정지되는 것이 아니고 비록 불완전한 부분들도 복제 과정을 지속할 수 있다. 이는 우리가 아주 많은 수의 E를 만들어낸다는 추가적인 가정을 함으로써 가능하다. 복제들의 몇몇은 아주 심하게 손상되어 조정 장치의 품질 검사를 통과하지 못하겠지만 나머지들은 그 테스트를 통과해 공장의 다른 곳으로 전파될 것이다.

실제 상황에서는 품질 검사를 하는 것이 항상 그 조정 장치는 아니고 외부 요소(예를 들면, 외부 환경)에 의해 진행된다는 점을 주지할 필요가 있다. 우리는 프랜차이즈 상점의 전파를 폰 노이만의 자체 복제의 시각으로 바라볼 수 있다. 성공적인 프랜차이즈 상점인 스타벅스를 예로 들어보자. 최초의 스타벅스는 1970년 시애틀에서 처음으로 문을 열었다. 1호점은 커피를 파는 데 명백하게 성공했고 확장은 자연스런 일이었다. 그 도전은 1호점의 스타벅스 커피를 완벽하게 재연해내는 데 있었다. 그들은 아주 정교한 세세한 부분에서까지 1호점의 커피 맛을 복제하는 데 성공했으며 현재는 30개 나라에 1만 육천여 개의 스타벅스 지점이 만들어지게 되었다. 베이징이나 아테네에 있는 스타벅스에 가본다면 당신은 뉴저지 길거리에 있는 스타벅스와 똑같은 모양과 맛의 커피를 즐기고 있다고 생각할 것이다.

반면에 몇몇 스타벅스들은 그 지시사항을 정확하게 따르지 않았기 때문에—그들은 원래의 커피 제조법을 충실하게 따르지 않았거나 원래의 커피를 마시고자 하는 사람들에게 충분히 그 맛을 느끼게 하지 못했기 때문에—그만 문을 닫고 만다. 더 많은 지점들은 원래의 커피 제조법을 잘 따랐음에도 불구하고 문을 닫게 된다. 후자의 경우에는 그 지점이 처한 환경이 그들을 파산하도록 만들었을지도 모른다. (예를 들어, 지역 신문들이 스타벅스에 반대를 했다거나, 지역 커피집이 선호된다거나, 혹은 그 지역의 일반적 성향이 커피집을 찾지 않는 방향으로 가게 되었다거나 하는 일 때문일 수 있는 것이다.) 더 최근엔, 예를 들어, 2008년에는 1년 동안 600개의 스타벅스 지점들이 문을 닫게 되었는데, 이는 세계경제의 불황과 같은 환경적인 요인이 작용했기 때문이다. 그러므로 완벽한 복제라 하더라도 성공을 보증하지는 않는다.

가장 성공적인 사업은 이러한 법칙을 잘 이해하는 것이다. 이는 환경으로부터 오는 정보를 지속적으로 이용하며 좋은 경영 방법을 생각하고 전문적인 컨설팅을 받을 때 가능하다. 정보들은 새로운 지시사항을 지속적으로 만들어낼 수 있는 내적 능력에 대한 정보와 함께 자신들만의 새로운 지시사항에 반영되어야 한다. 생물학적 개체와는 달리 사업은 짧은 시간 내에 그들의 지시사항들을 변경할 수 있다. 그렇게 변경을 하는 속도는 유동성agility으로 알려져 있다. 이러한 점에서 유동성은 어떤 사업의 지속적 성공에 중요한 요소이다.

휴렛팩커드는 1939년 두 명의 전기공학자들에 의해 팔로 알토에 있는 한 창고에서 설립되었다. 윌리엄 휴렛William Hewlett과 데이비드 팩커드David Packard가 그들이다. 그들은 초창기에는 오실로스코프나 온도계 같은 전자 장비를 테스트하는 기구들을 만드는 데 집중했다. 나중에는 여러 전자 장치들의 출현과 함께 반도체나 계산기를 만드는 쪽으로 사업 방향을 바꾸었다. 1960년대 후반이 되어 그들은 작은 컴퓨터를 만드는 틈새시장을 발견하게 되었고 그곳으로 뛰어들게 된다. 오늘날 이 회사는 개인용 컴퓨터, 이미지 장치와 프린터, 저장 장치와 소프트웨어를 만드는 회사로 잘 알려져 있다. 시장 환경의 변화에 따라 (시장의 요구와 정보화 시대의 출현에 따라) 휴렛팩커드는 기술 진보의 새로운 물결을 따라 그들의 지시사항들을 잘 조정해가며 발전할 수 있었다.

물론 폰 노이만의 원래 목적은 어떻게 하면 사업이 성공하는가나 어떻게 하면 공장의 생산량을 더 늘릴 수 있는가를 설명하는 데 있지는 않았다. 그는 오히려 다른 행성에 생명을 조사하는 데 이용하기 위한 자기 복제 로봇을 만들어낼 수 있는지에 관심이 있었다. 그는 3백만 년 전 생명체들이 이러한 사실을 이미 알고 있었다는 것을 전혀 알지 못했다!

1930대와 1940년대의 생물학에서의 가장 중요한 연구는 폰 노이만에 의해 잘 정리된 바와 같이 정보 복제를 가능케 하는 인간 세포의 구조를 알아내는 일이었다. 이 구조는 우리 아이들의 머리나 눈의 색깔, 키와 같은 요소들을 결정하는 것, 즉 우리 자신과 우리가 만들어내는 복제들을 작동시키는 지시사항에 관해 알려준다고 여겨졌다. 그 구조를 발견하기 위해 경쟁했던 많은 학자들이 있었는데, 거기엔 제임스 왓슨, 프란시스 크릭Farncis Crick, 로잘린드 프랭클린, 모리스 윌킨스, 에어빈 슈뢰딩거, 그리고 라이너스 폴링 같은 사람들이 있었다. 이 시기는 우리가 과연 누구이며 어디로부터 왔는지를 더 잘 이해할 수 있는 관점을 제공한 인간사의 아주 중요한 시점이었다.

결과적으로 그 경쟁에서 승리를 거머쥔 것은 조류학을 연구했던 학생과 물리학자였다. 제임스 왓슨James Watson과 프란시스 크릭은 (명명되었던 다른 이들의 도움과 함께) 이 생물학적 지시사항을 전달하는 중심 전달체를 발견하게 되는데, 이것이 DNA(디옥시리보 핵산)라고 불리는 복잡한 산성 분자의 형태를 띠고 있다. DNA는 생명체에 자신과 같은 DNA를 가지는 복제를 만들어내는 지시사항을 담고 있는데, 그 지시사항 안에는 동일한 지시사항 I와 그가 입력될 일반적인 제조 기계 M으로 구성되어 있다. 자연은 이 분자를 보전하는 데 아주 섬세한 주의를 기울인다. 이것이 우리 각자 내에 단지 하나의 DNA가 존재한다는 이야기는 아니다. 실제로 살아있는 모든 개체들이 가지고 있는 모든 세포는 DNA를 가지고 있다. 더 나아가 각각의, 그리고 모든 DNA 분자는 그 안에 전체 생명체 하나를 만들어낼 수 있는 능력을 충분히 가지고 있다. 물론 그것이 적절한 환경에 놓여졌을 때의 이야기이긴 하지만 말이다. 이것이 폰 노이만이 이야기했던 여분을 만들어내는 이유이다. 왓슨과 크릭은 이 일로 인해 1962년 병리학과 약학 분야의 노벨상을 받게 된다.

폰 노이만의 보편적인 건설자로부터 우리는 네 개의 다른 요소들이 필요하다는 사실을 살펴보았는데, 일반적인 제조 기계 M, 복사기 X, 조정 장치 C, 그리고 지시사항 I이다. 그것들이 주어졌을 때 그들은 자기 복제체 E를 만들어낼 수 있다. 이를 생명과 비교한다면, 우리는 세포 자체를 자기 복제체 E로 볼 수 있다. 세포 안에는 그것을 가능하게 하는 네 가지 요소들이 들어있다. 이들은 ① 단백질 제조 기계 M, ② 생물학적 나노 엔진 (복사기에 해당하는) X, ③ 조정 장치로서 나노 엔진을 켜거나 끄는 스위치인 효소 C, 그리고 ④ DNA 정보체 I이다. 좀 더 정확하게 하기 위해서는 많은 세부 사항들을 이해해야 하는데, 즉 어떻게 나노 엔진이 작동하는가와 같은 이야기들을 좀 더 자세히 살펴볼 필요가 있다.

이 과정에서 DNA는 핵심 요소인데, 그것은 어떻게 각 세포들이 작동하고 복제하는지에 관한 청사진을 담고 있기 때문이다. 그 청사진에 근거해 우리 세포 안에 있는 제조 기계는 아미노산을 만들어내는데, 이 아미노산은 우리 몸을 구성하고 있는 다양한 단백질과 새로운 세포들을 만들어내게 된다. 새로운 단백질들을 만들어낼 때 가장 중요한 단계는 어떻게 DNA 정보가 하나의 세포에서 다른 세포로 정확하게 복제되는가 하는 것이다. 과연 어떻게 복사 과정이 이루어질 수 있는 것인가? 만일 그 복사기에 토너나 종이가 떨어졌다거나 실수가 있게 된다면 어떻게 되는 것일까?

DNA의 새로운 서열을 생성하는 일은 기존에 존재하는 지퍼를 이용해 새로운 지퍼를 만드는 일과 흡사하다. 실제로 지퍼는 DNA 서열보다는 조금 단순한데, 지퍼의 경우 단지 한 가지 종류의 이빨로 이루어져 있기 때문이다. 지퍼와는 달리 DNA의 경우 네 가지 종류의 이빨을 가지고 있다. 이 다른 종류의 이빨들은 A, G, C, T로 표시된다. (이 문자들은 네 개의 중성분자들의 이름을 상징하는데, 이들은 아데닌, 구아닌, 시토신, 티아민이다.)

모든 살아있는 세포 내에서 DNA 복사기가 하는 첫 번째 일은 기존의 DNA 서열의 한 부분을 지퍼를 열듯이 풀어내는 일이다. 이후 떨어져나간 지퍼의 한 부분은 그를 둘러싸고 있는 주변 물질로부터 각 이빨에 해당되는 똑같은 요소들을 찾아냄으로써 전체 지퍼를 새롭게 생성해내게 된다. 이를 생성하는 데에는 법칙이 존재하는데, 이는 A라는 이빨이 T라는 이빨과만 접합될 수 있으며 C라는 이빨은 G라는 이빨과만 접합될 수 있다는 것이다. (나머지 규칙은 그의 역이다.) 이는 언제든 그 복사기가 DAN 서열의 A라는 이빨을 발견했을 때 T라는 이빨과 짝을 이뤄야 한다는 것을 알게 됨을 의미한다.

C와 G, 그리고 A와 T가 맞는 짝이라는 사실은 열쇠와 자물쇠의 작동원리와 같은 것이다. 어떤 열쇠는 너무 크거나 작아서 자물쇠에 들어가

지 않지만 어떤 열쇠는 자물쇠에 훌륭하게 들어맞는다. 그러한 네 가지 요소들은 단지 특정한 쌍으로만 결합하기 때문에 일단 열려진 DNA 서열이 돌아다니는 이빨들의 주변 환경에 노출되었을 때 그 이빨들은 특정한 순서대로 최소한의 노력으로 정렬하게 된다. 예를 들어, 주변 환경에 존재하는 자유로운 A라는 이빨은 일반적으로 C나 G와는 결합을 하지 않는다. 이것이 DNA 서열의 복제가 만들어지는 정확한 과정이다.

자연이 정확한 복제를 만들어내는 확률을 높이기 위해 어떻게 여유분의 아이디어를 이용하는지 또한 흥미롭다. 말하자면, 세 개의 기저들 (이빨들), 예를 들면 ATC는, 각각 하나의 아마노산과 결합한다. 네 개의 기저 A, C, T, G가 있다는 것을 고려할때, $4 \times 4 \times 4 = 64$개의 배열이 가능하며 (가능한 모든 세 개의 조합을 생각해보면) 그러브로 64개의 서로 다른 아미노산을 만들어낼 수가 있다. 그러나 놀랍게도 실제로는 20개의 아미노산만이 존재하는데 (단지 20개로 우리들의 몸을 포함한 모든 살아있는 개체들을 구성한다는 뜻이다) 이는 같은 아미노산과 결합하는 물질이 대략 세 개 정도가 있음을 의미한다! 이러한 방식으로 예를 들자면, 자연계에 있는 ATT, ATC, ATG라는 배열은 모두 아이소루신Isoleucine이라는 물질의 정보를 담아내는 데 사용되며, AGA와 AGG라는 배열은 아르지닌Arginine이라는 물질의 정보를 담는 데 사용된다.

과연 이것은 무엇을 의미하는 것일까? 이러한 잉여 정보 물질의 주된 장점은, 이전에 논의한 바대로, DNA가 복제될 때 실수를 최소화하도록 도와준다는 것이다. 만약 DNA 유전자가 실수를 해서 ATT 대신 ATC로 잘못 복제를 했다고 하더라도 (이것은 한 글자만 잘못 복사한 경우다) 새로운 복제체에서 이를 전혀 인식을 하지 못할 것이다. 이는 ATT

와 ATC가 같은 단백질인 아이소루신을 의미하기 때문이다. 얼마나 기발한 발상인가!

흥미롭게도 위와 같이 몇 개의 다른 기저의 서열이 하나의 아마노산을 의미하는 것을 잉여성redundancy이라고 하는데, 이는 에러 교정에서 쓰이는 일반적인 방법이다. 이러한 방법은 현대 컴퓨터와 통신에서 자주 쓰이고 있으며 놀랍게도 모든 인간의 인식 체계에서도 쓰이고 있다.

몇 년 전 나의 전자우편함에 도착한 이메일을 예로 들자면 다음과 같다. "캠리브지 대학의 연구에 따르면 어떤 단어의 순서는 중하요지 않으며 단지 첫 번째와 마지막 글자가 제 위치에 있만는지이 중하요다. 나머지는 완전히 불하필요고 당신은 여전히 문제 없이 그 글을 읽을 수 있다. 이는 인간의 정신이 각 글자 자체를 읽지 않고 단어를 전체로 읽기 때이문다." 이 예는 유전자 정보뿐만 아니라 영어라는 언어에 아주 많은 잉여도가 존재함을 잘 보여주고 있다. 만일 영어가 그러한 성질을 가지고 있지 않았다면 나의 학생들이 내가 그들의 페이퍼에 주석을 달기 위해 썼던 글들을 알아보지 못했을 것이다.

유전자 정보와 마찬가지로 나의 책이 어떤 정보를 전달하려고 하고 있다면 내가 지금 쓰고 있는 책 안에 어떤 잉여도가 존재하는지도 독자들은 궁금해할 것이다. 1장에서 언급한 섀넌의 엔트로피를 이용해 계산한 바에 따르면 그 답은 7.4다. 이는 내가 이 책에서 전달하고자 하는 바를 200쪽 분량으로 쓰는 대신 25쪽 분량으로 요약할 수도 있음을 의미한다. 그러나 독자들은 아마도 그런 요약을 별로 좋아하지 않을지도 모른다. (좋아하는 사람이 있을지도 모르지만 말이다.)

여러분들이 3장의 요점 중 하나가 '보편적 언어로서의 불연속적 이

진수를 사용하는 것이 중요하다' 라는 것을 기억할지 모르겠다. 아마 당신은 이미 자연이 여기서 이야기한 바대로 정보 저장을 위해 불연속적 언어를 사용하고 있다는 사실을 눈치챘을 것이다. 자연은 정보 저장을 위해 불Boole의 논리처럼 두 개의 기저(이빨)를 이용하는 대신 네 개의 불연속적 기저을 사용한다. 그렇다면 왜 자연은 섀넌이 두 개의 기저가 모든 것을 표현하기에 충분하다는 것을 보였음에도 불구하고 네 개의 기저를 이용하고 있는 것일까? 이것은 생물학에서 중요한 질문이며 나는 이 책의 9장에서 그 질문과 관련된 아주 중요한 실마리를 제공할 것이다.

또 다른 중요한 질문은 왜 자연이 정보를 저장하는 데 있어서 아날로그 방식 대신 디지털 방식을 택했느냐 하는 것이다. 다른 말로 하자면, 왜 자연은 무한 개의 기저에 정보를 저장하지 않고 굳이 네 개의 기저에 정보를 저장하는 방식을 택했을까 라는 질문이다. 우린 이 점에 대해 100% 만족스러울 만한 증명을 하지는 못했지만 왜 디지털 정보 저장 방식이 아날로그 방식보다 좋은지에 대한 꽤 괜찮은 근거를 제시할 수 있다. 디지털 저장 방식의 우월성에 대한 두 가지 이유는 다음과 같다. 하나는 정보처리 과정에서 에너지의 소모를 줄일 수 있다는 것이고, 다른 하나는 정보처리 과정의 안정성을 높일 수 있다는 점 때문이다. 이 점에 대해 논의해보기로 하자.

첫 번째로 정보처리 과정에서 사용되는 에너지양에 대해 논의해 보자. 0 혹은 1의 수를 가질 수 있는 10자리의 숫자를 생각할 때 한 자리 숫자를 바꾸는 데 (0에서 1로, 혹은 1에서 0으로) 필요한 에너지양을 생각해 보자. 이것은 우리가 생각해볼 수 있는 가장 간단한 정보처리 연산이다.

만일 10자리 모든 숫자를 다 바꾼다고 할 때에는 10배가 많은 에너지가 필요할 것이다. 아날로그 환경에서 이와 똑같은 연산을 수행하기 위해서는 훨씬 많은 에너지양이 필요하다. 그러나 이진수의 10자리 숫자로 가능한 1024가지(2^{10})의 모든 상태가 한꺼번에 존재하는 아날로그 환경에서는 우리는 그 전체 상태를 한번에 바꾸어야만 한다. 그렇다면 평균적으로 볼 때에는 10자리의 경우보다 훨씬 더 많은 에너지를 필요로 하는 것이다. 이유를 직관적으로 살펴보면 아날로그 정보를 저장할 수 있는 가장 낮은, 그리고 가장 높은 에너지 상태 사이에는 1024개의 에너지 상태가 존재한다. 반면 디지털 정보 저장에는 10개의 상태만이 존재한다. 이러한 엄청난 양의 에너지 상태는 아날로그 정보처리 방식이 그 자체로 모든 것을 전체로 다루고 있기 때문에 나타나는 결과인 것이다.

DNA 속에 저장되어 있는 불연속적 정보의 두 번째 장점은 안정성에 있다. 아날로그 방식으로 정보를 저장하게 될 경우 에러를 잡아내는 일은 훨씬 더 어려운 일이다. 아날로그 방식은 연속적인 방법으로 존재하기 때문에 서로 다른 상태들을 정확히 구분해내는 것이 디지털 방식에 비해 훨씬 더 어렵다. 그렇기 때문에 자연이 30억 년 전에 디지털과 아날로그 방식을 섞어 메시지를 저장하는 방식으로 시작되었다고 할지라도 오늘날에는 모든 것을 순전히 디지털 방식으로만 정보를 저장하는 것이다. 다시 말해, 엄청난 양의 에너지 손실과 에러에 대한 무력함이 자연이 디지털 방식으로 정보를 저장하는 이유인 것이다.

디지털 방식을 채택하는 것은 단지 자연만이 아니다. 모든 현대 기술은 디지털 원리에 근거하고 있으며 그 결과로 거의 대부분의 경우 에러가 없다. 물론 마이크로소프트에서 만든 윈도우의 경우는 조금 다르지만 말이다. 믿을 만한 것은 모니터 화면 이면에 존재하는 정보처리 과정이며 그 모든 과정은 마이크로칩의 동작 단위들 내에서 이루어지고 있다. 이 모든 것이 주는 메시지는 아주 분명하다. 정보처리 과정을 거치게 될 때는 '명확하고 불연속적이어야 한다.'

그러한 정교함에도 불구하고 자연은 지시사항 I를 완벽히 복사해내는 데 여전히 교정되지 않은 에러들을 가지고 있기도 하다. 이들은 변종이라는 이름으로 불린다. 평균적으로 DNA 복제 과정에서 에러율은 대략 백만분의 일정도다. 이는 아주 높은 확률은 아닐지 모르지만 에러율이 백만분의 10 정도면 당신의 자녀가 침팬지로 태어날 수 있으니 아주 무시할 수 있는 정도는 아닐 것이다. 대부분의 변종은 살아 있는 생명체의 생존을 위협할 수 있을 정도로 치명적이기는 하지만 어떤 변종들은 새롭고 진보된 종으로 발전하기도 한다. 이것이 정확히 '자연선택'이라고 알려진 진화 과정의 기초이다.

재생산 과정의 가장 큰 장애 요소 중 하나는 복제된 개체의 복잡성이 줄어들어야 한다는 점이다. 현재 우리는 이것이 사실이 아니라는 것을 알고 있으며 그 이유도 알고 있다. 실제로 복잡성은 평균적으로 증가한다. 복잡성 증가의 주된 요소는 자연선택 과정에 있다. 찰스 다윈Charles Darwin에 의해 처음으로 알려진 자연선택 과정은 어떤 개체가 환경과 연계될 때 나타나는데 그 환경에 가장 잘 적응 할 수 있도록 생성된 종만이 살아남게 된다는 것이다. 일례로 온 세상이 물 속에 잠기게 된다면 당연하게도 물 속에서 숨을 쉴 수 있는 종만이 결국 살아남게 된다. 게다가 그렇게 살아남은 종의 DNA로부터 후세의 유전자 종이 발전하게 될 것이다.

이것을 거꾸로 뒤집어보면, DNA 자체를 역사적으로 환경이 어떻게 변화해 왔는가를 되짚어 볼 수 있는 기록으로 여길 수도 있다. 역사는 환경 변화와 민감하게 연결되어 있으며 이것이 진화하는 모든 DNA의 복잡성이 더욱더 증가하는 이유인 것이다. 환경이 변화함에 따라 더욱더 많은 정보를 담아내게 되는 것이다. 무작위성 없이는 이러한 과정이 일어날 수 없다고 생각해볼 때 DNA의 무작위적 변화는 환경에 더 잘 적응할 수 있는 개체를 만들어내기 위한 변종을 선택하는 과정을 통해 자연선택을 가능하게 한다. 일반적 주제로 환원하자면, 의미 있는 정보는 무작위적 사건과 결정론적 선택 사이의 상호작용으로서만 나타날 수 있다. 그 각각의 과정만으로는 부족한 것이다.

우리가 현재 생물학적 정보를 잘 이해하고 있다고 믿는다면 이러한 지식은 우리 자신의 유전적 결함을 고치는 데 유용한 것일 수 있다. 이는 아마도 결정적인 장애나 병을 고치는 데 이용될 수도 있으면 삶의 질을 전반적으로 향상시키는 데 활용될 수도 있다. 이것이 현재 아주 뜨겁게 논쟁되고 있는 유전공학이라고 알려진 연구 분야이다.

유전자를 인위적으로 조작하는 데 있어서의 문제점은 유전자들과 그 개개의 성질들 사이에 일대일 대응이 좀처럼 쉽지 않기 때문에 자연은 아날로그 방식이 아닌 디지털 방식으로 정보를 저장한다. 우리 눈의 색깔을 결정짓는 것에만 사용되는 유전자들이란 존재하지 않는다. 그와 같은 종류의 유전자들이 우리의 다른 요소, 즉 키나 몸의 모양과 같은 성질들을 결정짓기도 한다. 따라서 만일 당신이 당신 아기의 눈 색깔을 유전자 조작을 통해 바꾸려고 한다면 그러한 유전자 조작은 당신 아이의 다른 요소에도 영향을 미치게 될 것이다.

비유를 들어 설명해보자. 유전자는 꼭 케이크를 구워내는 요리법과 비슷하다. 예를 들어, 요리 책에 케익 하나를 만들기 위해서는 어느 정도의 밀가루와 설탕이 필요하다고 했다고 하자. 당신은 같은 케익을 만들고 싶기는 하지만 책에 묘사된 것보다는 두 배 정도 큰 케익을 만들고 싶어하는 경우를 상상해보자. 아마도 그것은 쉬운 일이라고 생각할지 모른다. 밀가루 양이 케익의 크기와 연관되어 있으므로 그저 밀가루의 양을 두 배로 하면 될 것이기 때문이다. 하지만 이 경우 케익은 당도가 훨씬 떨어지므로 원래 생각했던 케익과는 다를 것이다. 이는 당신이 이전과 같은 양의 설탕을 사용했기 때문이다. 더 큰 케익이 같은 당도를 갖기 위해서는 더 많은 설탕이 요구된다. 그러므로 케익의 크기와 당도는 서로 독립적인 요소가 아니다. 그와 같은 이유로 키와 눈의 색깔은 독립적인 요소가 아닌 것이다.

우리가 모든 유전자 정보들 사이의 상호 관계를 모두 이해하기 전까지는 (인간 게놈 프로젝트를 통해 이 연구는 수행되고 있다) 어떤 유용한 목적을 위해 유전공학을 이용하는 일은 아주 어려운 일일 것이다. 유전자 사이의 관계를 어느 정도까지 잘 이해할 수 있을지는 불분명하다. 나의 낙관론이 자연에 얼마나 들어맞을지는 모르겠지만 나는 그러한 이해가 언젠가는 이루어질 것을 희망한다. 개인적으로 나는 우리가 인간의 유전자 성질에 교묘하게 영향을 미칠 정도로 충분한 정보를 가지고 있지 않기 때문에 이것이 중대한 도덕적 자가당착을 야기하리라고 생각하지 않는다. 그러나 유전공학은 과학자들과 비과학자들 사이에 (그리고 과학자들 사이에서조차도) 큰 의견 차이를 빚어냈다.

DNA 이야기와 관련해 덧붙이자면, 왓슨과 크릭은 에어빈 슈뢰딩거

Erwin Schrödinger라는 오스트리아 물리학자의 아이디어 덕택에 새로운 발견을 했다고 이야기할 수 있다. 슈뢰딩거는, 이 책의 9장에서 다시 논의할 테지만, 양자역학의 선구자였으며 물리학에 혁명을 일으킨 후에는 생물학에 관심을 가졌다. 슈뢰딩거는 그 분야에서 전문가였으며 왓슨과 크릭보다 수십 년 전에 정보 재생산의 정확한 경로를 유추해냈다. 재생산에 대한 그의 묘사는 복제 정보 저장체가 고체 결정 상태라고 추측한 부분을 제외하면 모든 세부 사항에 있어서 정확했다. (결정 상태는 안정적이며 주기적인 구조를 가지고 있어서 정보 전달체로서 이상적일 것처럼 보였기 때문이다.) 왓슨과 크릭은 이후에 그것이 결정 상태가 아니고 DNA라는 산의 형태라는 것을 증명하게 된다.

이 이야기도 완전히 결론이 난 것이 아닌데 정보가 저장되는 어떤 부분은 부가적 정보를 담아내는 결정 구조와 같은 형태로 이루질 수도 있기 때문이다. 다른 말로 하자면, 정보는 아마도 DNA가 아닌 어떤 것에 의해 전달될지도 모른다. 즉 DNA는 생명을 재생산하기 위해 필요한 모든 생물학적 정보의 전달체는 아니다. 이는 박테리아나 개구리, 그리고 인간을 포함한 모든 살아 있는 생명체가 가지고 있는 DNA의 관련 내용물이 거의 같기 때문에 그렇게 볼 수 있다. 대략 (단지!) 2만 개의 유전자만 있다면 어떤 생명체라도 만들어낼 수 있는 것이다. 하지만 분명히 인간은 박테리아보다 훨씬 더 복잡하며 그 모든 정보가 DNA 속에만 있을 수는 없다. 아마 슈뢰딩거가 여전히 부분적으로는 맞을지 모르지만, 어쩌면 환경도 부가적인 정보를 담고 있는 것은 아닐까? 그 답이 무엇이든 간에 그러한 그림은 RNA라고 불리는 또 다른 종류의 분자가 생명체의 복잡도를 결정하는 중요한 열쇠라는 사실로부터 그려질 수 있다.

RNA의 다양성이 인간을 개구리로부터, 그리고 개구리를 박테리아로부터 구분되게 하는 요소인 것이다. (RNA와 관련해볼 때 인간과 침팬지는 확연한 차이를 가지고 있다.)

이 모든 것이 의미하는 바는 매우 불분명하지만 한 가지만은 확실하다. 21세기 과학은 세상에 대한 우리의 이해에 있어서 적어도 한번은 큰 혁명을 가져올 것이며, 우리는 철학자들이 즐겨 사용하는 '패러다임의 이동'(우주에서 우리와 우리가 사는 곳을 인식하는 방법에 있어서의 큰 변화)을 다시 한 번 맞이할 준비를 해야 한다. 이것의 근원에는 정보에 대한 인식과 우리가 그것을 어떻게 받아들이느냐에 있다.

'무에서의 창조'라는 제목의 1장에서 논의했듯이 궁극적인 질문은 왜 정보가 항상 첫 번째 자리를 차지하느냐는 것이다. 생명의 복제에 있어서 우리는 네 개의 중요한 요소가 필요함을 보았는데, 그것들은 단백질 합성 장치 M, DNA 복사기 X, 조절 장치의 역할을 하는 효소 C, 그리고 DNA 정보체 I이다. 그들은 아주 복잡해보이는데, 어떻게 그러한 복잡성이 무에서부터 창조되었던 것일까?

아마도 이전에 무의 정보에서 완전한 정보를 성취하기 위한 작은 도약들이 있었기 때문일 것이라는 게 가능한 대답일 것이다. DNA와는 대비되는 생명현상의 정보는 결정체에 저장된다는 슈뢰딩거의 이론을 돌아보면, 결정체의 구조는 DNA보다 훨씬 간단하며 자연에서 훨씬 더 쉽게 만들어질 수 있다. 그러므로 아마도 그들은 복제 과정이 DNA를 이용해 진행되기 이전에 복제의 중간 단계에서 중요한 역할을 할지도 모른다. 하지만 그렇다면 당신은 어떻게 생명을 복제하기 위한 정보가 결정체로부터 DNA로 이동할 수 있는지에 대해 질문을 던질 수 있다. 이 생각은 알렉산더 그레이엄 케언즈-스미스Alexander Graham Cairns-Smith에 의해 40년 전에 제안되었으며 현재 생물학의 연구 분야에서 뜨겁게 논쟁되고 있는 부분이기도 하다.

　그렇다면 '무의 정보에서 생물학적 정보의 생성'이라는 식으로 질문을 던지는 것이 훨씬 더 의미 있지는 않았을까? 과학에 존재하는 근원적 원리는 '왜 우주가 지금과 같이 생겼을까?'라는 질문에 답하는 것이며, 이는 '만일 지금과 같지 않다면 우리는 그를 관찰하기 위해 여기에 존재하고 있지 않을 것이다'라는 답도 가능할 수 있다. 물론 이는 전혀 답이 될 수 없다. 우리는 이에 대한 문제를 마지막 장에서 다시 다뤄볼 것이다.

- 자기 복제를 하는 개체는 다음과 같은 요소를 필요로 한다. 일반적인 제조체 M, 조정 장치 C, 복사기 X, 그리고 이 세 가지 요소들을 만들 수 있는 설계도 I. 그러한 요소들을 가지고 있다면 자기 자신을 무한대로 복제해내는 개체를 만들 수 있다.

- 살아있는 생물체 내에서 설계도 I를 저장하는 데 사용되는 거대분자를 DNA라고 한다. DNA는 A, C, T, G라는 네 개의 기저를 가지고 있다. DNA가 우리의 세포 내에서 복제를 할 때 그 기저들은 특정한 쌍을 이루는 짝을 갖게 된다.

- 그러한 기저들이 아미노산 사슬의 형태를 형성하는 데에는 거대한 잉여도가 존재하는데, 이것이 바로 오차를 교정하는 방법이다.

- DNA의 디지털 암호화 과정은 정보가 높은 신뢰성을 가지고 확산 될 수 있는 방법을 따른다.

- 자연선택에 의한 무작위적인 변종들은 생명체의 복잡도를 증가시키는 방향으로 움직인다.

- 이전에 생물학적 정보가 없었던 곳에서부터 생물학적 정보가 생성되는 과정은 무에서의 창조에 대한 질문의 또 다른 예이다. 자연선택설은 어디에서 생물학적 정보가 왔는지를 우리에게 알려주지 않는다. 그것은 생명체가 확산되는 체계에 대해 알려줄 뿐이다.

5장

머피의 법칙

: 나는 이 일이 내게 일어날 줄 알았다

생명은 그 존재가 너무 강력하기 때문에 스스로 어떻게 종말을 맞이하게 될지 상상하기 쉽지 않다. 그렇다면 우리는 우리 자신의 운명을 결정지을 권한을 가지고 있는 것일까? 생물학적 정보의 강인함이 정교한 유전공학과 결합한다면 우리는 어떤 자연환경에도 적응할 수 있을까? 예외적 힘의 존재를 제외한다면 과연 어떤 조건하에서 생명이 끝나게 되는 것일까?

이와 관련된 흥미로운 논의 중 하나는 생명이 에너지가 고갈되어 그 작용을 멈출 수 있을까 하는 것이다. 하지만 어떻게 생명에게서 에너지가 고갈될 수 있으며, 과연 그 사실이 의미하는 바는 무엇인가? 이것이 태양이 가지고 있는 자원의 고갈로 인해 죽어가는 것과 같은 현상일까? 이 장에서의 논의는 생명이 설령 미래로 진화한다고 하더라도 기본적인 연료가 없이 생명현상을 유지하는 일은 상상하기 어렵다는 것이다. 만일 태양이 죽어버린다면 우리 모두도 말라 죽어버릴지 모른다. 하지만 나의 견해로는 이 가정은 옳지 않다. 결국에는 우주에서 무슨 일이 일어나건 간에 전체적인 에너지양은 항상 불변할 것이며, 남은 에너지를 어떻게 활용할지는 전적으로 우리에게 달려 있다. 태양이 소멸해버리고 천연자원이 고갈된다고 하더라도 같은 양의 에너지는 우주 내에 어딘가에 존재할 것이며, 그 에너지를 잘 이용하는 방법을 찾아내는 것은 온전히 우리의 몫이 될 것이다.

이 장에서 나는 생명이 연료의 고갈로 인해 종말을 맞이하는 것이 아니고 더 궁극적으로는 그것이 가지게 될 정보의 양이 최고조에 달했을 때 끝을 맞이하게 될 것이라는 논의를 이끌 것이다. 정보의 양이 최고조에 달했다는 것은 그것의 양의 너무 많아져서 더 이상 정보처리 과정을 거치지 못하는 상태를 말한다. 우리 모두는 더 이상 정보를 받아들일 수 없을 정도로 너무 많은 정보를 가지게 된 순간을 경험한 적이 있을 것이다. 문제는 이것이 얼마나 치명적이냐는 것이다.

당신은 당신이 죽었을 때 당신의 묘지 곁에 있는 묘비에 어떤 글이 쓰이기를 원하는가? 대개 사람들은 아주 대단하거나 의미 있는 글들이 새겨지기를 원하기보다는 그들의 가까운 친구, 친척, 가족들이 그들의 죽음을 슬퍼하며 기리는 문구가 새겨지기를 원하는 경향이 있다. 묘비는 대개의 경우 그가 살아 있을 때 어떤 사람이었는지에 대한 아주 간략한 묘사나 그들이 아주 그리워하는 사실에 해당되는 문구를 담고 있다. 묘지는 궁극적으로는 죽은 사람이 아닌 살아 있는 사람을 위해 존재한다.

아마도 당신은 당신을 기억하고자 하는 살아 있는 사람들이 기분을 전환해야 한다고 느낄지도 모른다. 그들이 당신의 무덤에 꽃을 가져온다면 적어도 아주 획기적인 비문으로 그들을 놀라게 해줄 수 있을 것이다. 그러기 위해 당신은 당신이 마지막으로 쉬게 될 장소에 모이는 사람들을 위해 아주 재미있는 문구를 묘비에 적어넣고 싶은 유혹을 느낄지도 모르겠다. 영국 희곡작가였던 조지 버나드 쇼George Bernard Show는 자신의 생각을 비문에 담았는데, 이것이 그 묘비가 다음과 같이 새겨진 이유이다. "나는 내게 이런 일이 일어날 줄 알았지!"

쇼는 자신이 죽음을 피해갈 수 없다는 사실을 알고 있었는데 이를 물리학의 열역학 제2법칙을 통해 다시 한 번 생각해볼 수 있다. 고백컨데 제2법칙은 쇼가 보여준 위트만큼 재미있지는 않지만 훨씬 더 궁극적이고 널리 적용될 수 있는 방법으로 쇼가 말한 개념을 표현하고 있다.

열역학 제2법칙은 물리적 언어로는 어떤 계가 최고의 무질서도에 다다랐을 땐 (즉 그가 다룰 수 있는 최고의 정보량을 가지게 되었을 때) 갑작스런 죽음을 맞이한다고 이야기해주고 있다. 이는 때때로는 열적 죽음thermal death이라 일컬어지는데 사실은 과다 정보 상태information overload라 불리는 것이 더 적당할 것이다. 이때 최고의 무질서 상태라는 것은 하나의 생명을 가진 개체가 결국은 생명을 가지고 있지 않은 우주의 다른 부분의 일부가 되었을 때의 상태를 의미한다. 그러한 상태가 되면 생명은 더 이상 진화할 수 있는 능력을 상실하게 되고 단지 환경으로부터 전적인 영향을 받게 된다.

열역학 제2법칙은 어떤 계가 최고의 무질서도에 이르렀을 때 죽음을 맞이한다는 사실을 이야기할 뿐 아니라 놀랍게도 '모든' 물리적 계는 예외 없이 최고의 무질서도에 도달하는 방향으로 움직이는 경향이 있다는 것을 말해준다. 생명이란 단지 조금 복잡한 물리적 계라는 것을 생각해볼 때 열역학 제2법칙이 과연 생명현상에 관해 시사하는 바는 무엇일까? 이는 어떤 생명도, 우주에서 아주 튼튼한 위상을 차지하고 있다고 하더라도, 결국 종말을 맞이할 수밖엔 없다는 것을 의미한다. 죽음이란 결국 피할 수 없는 것이다.

그렇다면 결국 의문점은 얼마나 정확하게 열역학 제2법칙이 적용되는가 하는 것이다. 생명은 그것이 영원히 진행될 수 있는 가능성을 보여주는 반면, 제2법칙은 모든 물리적 계들은 궁극적으로는 열적 죽음에 다다를 수밖에 없음을 이야기한다. 두 가지 관점이 완전히 다른 것이라면 과연 무엇이 옳은 것일까?

이 물음에 답하기 위해서 과학에서 가장 궁극적 법칙 중의 하나인 열역할 제2법칙에 설명을 덧붙여보자. 과학자들은 제2법칙의 근본에 대해 흔들림 없는 믿음을 가지고 있는데, 이를 위대한 영국 철학자인 버트란드 러셀Bertrand Russell은 다음과 같이 말했다.

인간은 그들이 도달할 종말에 대해 예견하지 못한 원인의 산물이다. 그의 기원, 그의 성장, 그의 희망과 두려움, 그의 사랑들과 그의 믿음들은 단지 원자들의 우연적 배열의 산물이다. 어떤 열정도, 어떤 영웅적 행동도, 생각과 감정의 어떤 강도도 개개의 인생이 죽음을 뛰어넘도록 할 수는 없다. 수많은 세대에 걸친 노력도, 모든 헌신도, 모든 영감들과 모든 천재적 인간의 한낮의 명석함도 태양계의 광활한 죽음 속에서 사라질 운명에 처해 있으며, 인간이 성취할 수 있었던 모든 사원들도 우주의 폐허의 조각들 속에 피할 수 없이 묻히게 될 뿐이다. 이 모든 것들은 논쟁이 필요 없을 정도로 거의 확실하며 어떤 철학자도 나서서 이를 부인할 수 없다. 그러한 진실들의 발판 내에서만이, 저항할 수 없는 절망의 굳은 토대 내에서만이 영혼의 거주가 안전하게 성립될 수 있다.

러셀이 말하고자 하는 바는 (11줄의 문장으로 말하고자 하는 단 한 가지 사실은) 무질서도의 증가가 너무도 확실한 것이어서 그 사실에 가능하면 빨리 적응하는 것이 낫다는 것이다. 어떤 진지한 철학자도 이를 무시할 수는 없다. 제2법칙과 배치되어 우리가 가지는 어떤 믿음도 옳은 것이 될 가능성은 거의 없으며, 우리가 그러한 사실로부터 도망칠 수 있다고 생각한다면 이는 정말로 우리 자신을 속이는 일이 될 뿐이다.

만일 러셀의 진술이 조금 우울하게 들린다고 생각된다면 독일의 철학자 프리드리히 니체Friedrich Nietzche가 한 말을 살펴볼 필요가 있다. 그는 생명이 결국에는 사라질 운명에 처해 있는 존재이므로 궁극적으로는 그리 중요하지 않다고 하는 물리학의 암시를 자신의 모든 철학의 바탕으로 두고 있는 사람이었다. 그러므로 절대적 진보관은 (완벽함을 성취하고자 하는 진보관은) 궁극적으로는 환상일 수밖에 없으며 생명의 진화를 떠받치고 있는 생각과는 전적으로 대치된다. 니체는 이러한 결론이 너무도 냉혹한 것이어서 아주 진화된 인간의 개념인 '초인'이라는 것을 생각하게 되었고 이를 생명이란 절대적 진보를 이룰 수 없음을 반증하는 데 사용했다. 슬프게도 니체는 초인적 모습을 자신에게서 발견할 수 없었다. 그는 인생의 마지막 11년을 환멸과 외로움으로 점철된 우울한 수용소에서 보냈다. 역사의 위대한 철학자의 아주 우울한 종말이었던 셈이다.

그러나 과학자들은 좀 더 현학적으로 접근한다. 러셀과 니체의 논의가 철학적 입장에서 중량감이 있게 논리적인 반면, 제2법칙의 정량적 증명은 과학자들의 몫이다. 과학자들은 어떠한 것이 수학적으로 정량화될 수 있을 때에만 그의 옳고 그름을 신뢰할 수 있다고 판단한다.

그렇다면 어떻게 열역학 제2법칙이 수학적으로 기술될 수 있을까? 물리학자들은 제2법칙의 수학적 공식을 '엔트로피'라고 알려진 양에 근거해 제시했다. 이는 3장에서 폰 노이만이 섀넌에게 정보의 양을 나타내는 함수에 명명하라고 제시했던 것과 같은 것이다. 엔트로피는 어떤 계의 불규칙성을 측정하는 양인데, 이는 여러 확률 함수가 존재하는 상황에도 적용될 수가 있다. 물리학은 엔트로피의 수학적 공식이 어떤 계가 차지할 수 있는 모든 가능한 상태들을 고려함으로써 제시될 수 있다고 기술한다. 그 개별적 상태들은 실험이나 어떤 다른 원칙으로부터 유추할 수 있는 확률 만큼의 빈도로 발생한다. 이 확률들의 로그함수를 취한다면 어떤 계의 전체 엔트로피는 그에 비례하게 되고, 이는 그 계의 무질서도를 나타내게 된다.

엔트로피의 개념을 사용하여 물리학자들은 제2법칙을 어떤 닫힌 계의 엔트로피는 항상 증가한다는 법칙으로 재구성하게 되었다. 이 법칙은 과학에서 가장 궁극적 법칙 중 하나이며 아주 심오하면서도 우주에 있는 모든 것에 적용될 정도로 광범위한 법칙이다. 사실상 우주 자체는 하나의 닫힌 계로 여겨질 수 있으며, 그 경우 제2법칙은 우주의 엔트로피가 항상 증가한다는 것을 말해준다고 할 수 있다. 즉 우주는 항상 더욱더 무질서한 방향으로 진행되고 있는 것이다.

놀랍게도 물리학자들에 의해 유도된 엔트로피는 섀넌에 의해 유도된 정보이론적 엔트로피와 같은 형태를 가지고 있다. 섀넌은 어떤 통신 채널이 전달할 수 있는 정보의 양을 계산하기 위해 엔트로피라는 개념을 만들어냈다. 이와 같은 의미로 우리는 어쩌면 물리학자들의 엔트로피 개념을 어떤 닫힌 계의 정보의 양을 계량화하는 수치로 생각해볼 수도 있다. 그렇다면 이때 제2법칙은 단순히 닫힌 계는 최고의 정보를 담고 있는 상태, 즉 더 이상의 새로운 정보를 담아낼 수 없는 상태로 진화하고 있다는 것을 이야기한다. 사실 인터넷을 사용하는 우리에게 이것은 아주 익숙한 개념이다. 인터넷 링크의 대역폭bandwidth〔통신을 할 때 주파수의 영역을 일컫는 말-옮긴이]에 가까워졌을 때 정보를 받아들이는 속도는 점점 줄어들고 때때로 그 정도가 심해지는 경우도 있다. 이것이 실제로 우리가 이전 장에서 논의했던 정보 과다 현상인 것이다.

〈스파이크Spiked〉라는 대중 과학 잡지의 웹사이트에서 실시한 조사에서 물리학에서의 가장 위대한 발견이 무엇인가라는 질문에 나는 즉시 볼츠만의 엔트로피 공식 'S = k log W'를 뽑았다. 현대 물리학의 설립자 중 한 사람인 루드비히 볼츠만Ludwig Boltzmann이 발견한 이 공식은 세상에 대한 우리의 미시적 이해와 거시적 이해 사이에 연결 고리를 제공한다. S는 계의 엔트로피이며 얼마 만큼의 무질서도로 그 계가 존재하는지를 나타낸다. 볼츠만의 공식은 우리의 모든 지식이 기본적인 미시적 물리법칙으로 귀결될 수 있다는 것을 보여준다. 이는 환원주의라고 명명된 철학적 입장과 일맥상통한다.

볼츠만 가족은 명백하게 그와 같은 생각을 했는데, 이는 그 공식이 그의 무덤 앞에 있는 비석에 새겨진 것을 보면 알 수 있다. 볼츠만은 그의 공식을 1870년에 발견했는데 그때 그의 나이 30세였다. 그는 엔트로피라는 것은 시간이 흐름에 따라 최고점에 이를 때까지 항상 증가할 것이라 주장했는데, 이는 정확하게 열역학 제2법칙을 설명하는 방법과 일치한다. 그 당시에 이는 아주 모순적인 것으로 여겨졌으며 볼츠만은 그의 아주 가까운 동료들로부터도 아주 강력한 반대에 직면했었다.

우리 시대의 위대한 많은 철학자들과 마찬가지로 볼츠만은 아주 복잡한 종말을 맞이하게 된다. 과학계의 광범위한 압력은 볼츠만을 자살로 몰아넣은 주요한 요소였다. 흥미롭게도, 또한 아마도 필연적으로, 니체와 볼츠만이 제2법칙의 결과를 생각한 이후 비극적 종말을 맞이했던 유일한 사람들은 아니었다. 파울 에렌퍼스트Paul Ehrenfest도 자살을 선택했으며 로버트 마이어Robert Mayer는 완전히 미치광이가 되어버렸다. 그러므로 제2법칙의 결과를 알고 싶지 않은 사람은 여기서 글을 그만 읽는 것이 좋을 수도 있다. 독자들이 제2법칙에 관해 계속해서 읽기를 원한다면 이는 저자의 책임이 아니다.

볼츠만의 비문은 사실 버나드 쇼의 비문과 그리 다르지 않다. 단지 "나는 이 일이 내게 일어날 줄 알고 있었지"라고 쓰는 대신, 볼츠만은 "나는 나의 엔트로피가 곧 최고점에 도달할 줄 알고 있었지"라고 말했을지도 모른다. (물리학자들은 희곡작가 만큼 유머스럽지 않지만 우주의 행동 방식에 대해서 만큼은 아주 깊은 통찰력을 가지고 있다.)

중요한 점은 열역학 제2법칙은 열역학 제1법칙에 해당되는 에너지보존법칙과 혼돈되어서는 안 된다는 것이다. 제1법칙은 에너지는 무에서 창조될 수 없음을 이야기한다. 에너지는 단지 하나의 어떤 형태에서 다른 형태로 전환될 뿐이다. 즉 전기적 에너지가 당신의 텔레비전에 소리와 그림으로 변환되듯이 말이다. 제1법칙은 우리가 여러 가지 환경문제를 논의할 때 중요하다. 우리 행성은 석탄과 기름, 천연가스와 같은 유한한 에너지 자원을 보유하고 있으며 우리는 이 자원들을 유용한 일을 뽑아내는 데 사용한다. 예를 들면, 플라스틱을 만들거나 자동차를 운전하고 음식을 조리할 때 사용한다. 보편적인 우려 중 하나는 그러한 자원은 유한하면 궁극적으로는 고갈되고 말 것이라는 것이다. 아마도 우리는 신선한 자원이 있는 새로운 행성으로 이주하는 일에 집중해야 할지도 모른다. 하지만 잠시만 생각해보자. 만일 에너지가 보존되는 것이라면 왜 우리가 이주를 해야만 하는가? 물론 에너지는 하나의 형태에서 다른 형태로 전이될 뿐이고, 그러므로 우리가 해야 할 일은 이 전이를 유용한 에너지로 되돌려 계속해서 사용할 수 있도록 순환시키는 것이다.

이에 대한 답으로 제2법칙이 등장하는데, 이는 그리 좋은 뉴스는 아니다. 제2법칙은 어떤 형태의 에너지가 다른 형태로 변환할 때 그 변환 과정이 완벽하게 효율적일 수 없음을 이야기한다. (즉 그 과정의 무질서도를 의미하는 엔트로피는 증가해야만 한다.) 예를 들어, 우리가 자동차를 운전하기 위해 가스를 연소시킬 때 우리는 그 안에 저장되어 있는 모든 에너지를 다 사용할 수가 없고 (불완전연소된 연기나, 자동차의 운동, 소음의 생성 등으로 낭비되며) 그 에너지는 다시 가스의 형태로 효율적인 변환이 불가능하다. 어느 정도의 에너지는 그 변환 과정에서 단순히 소진될 수밖에 없는 것이다. 이는 정확하게 제2법칙이 이야기하는 바이다. 무질서도는 전체적으로는 증가할 수밖에 없으며 에너지는 환경 안에서 무작위적으로 소실될 수밖에 없다. 결과적으로 환경은 (즉 우리의 행성은) 소실된 에너지를 흡수해 온도를 증가시킨다. 또한 어떤 종류의 에너지가 사용될 때마다 제2법칙의 피할 수 없는 결과로 지구온난화를 야기할 수밖에 없다.

사실상 제2법칙은 지구온난화를 완전히 막을 수 있는 확실하면서도 완벽한 방법은 에너지를 전혀 사용하지 않는 것이라고 이야기한다. 여기서 나는 단순히 사치스러운 일, 즉 자동차를 운전한다든지 해외로 휴가를 떠나는 일과 같은 것을 피해야 한다는 이야기를 하는 것이 아니다. 당신이 음식을 먹는 것과 같이 꼭 필요한 일을 할 때에도 당신은 에너지를 일로 바꾸어야 하며, 이는 동시에 제2법칙에 따라 비효율적 과정이 될 것이며, 당신은 필연적으로 주변의 온도를 높이는 일을 할 수밖에 없는 것이다. 혹자는 아마도 그가 난지 먹는 일을 더 많이 함으로써 집안의 난방장치를 대신할 수 있을 것이라고 생각할지도 모르지만, 그가 추운 겨울을 이기기 위해선 많이 먹는 것 이외에 더 많은 준비를 해야 할 것이다. 온도의 증가는 아주 미소하지만, 중요한 점은 그 미소한 증가가 항상 존재한다는 것이다. 한 사람은 일 초당 일반 전구가 발생시키는 것과 같은 양의 열을 발생시킨다. (그것을 계산하는 것은 전형적인 대학 물리 시험 문제 중 하나이다.) 하지만 60억의 인구가 발생시키는 열의 총량을 모두 고려해본다면 이는 무시할 수 있는 양이 아니다. 이를 막기 위해선 단 한 가지 방법밖엔 없다. 당신은 아무것도 해서는 안 된다. (즐거운 일로 들릴지는 모르겠지만 아마 당신의 직장 상사는 별로 좋아하지 않을 것 같다.) 적어도 인간이 야기하는 온난화에 있어서는 소박한 삶을 살아야 한다는 극단적 환경주의자의 과장된 명령만이 최고의 해결책이 될 것이다.

우리 행성의 생명과 관련해서 본질적으로 에너지는 고갈되지 않을 테지만 그러한 에너지를 가능한 한 효율적으로 사용할 수 있는 방법들은 시간이 지나면서 점점 줄어들게 될 것이다. 비록 이 점이 현재까지도 광범위한 오해를 사고 있지만, 1886년 당시 볼츠만이 다음과 같은 점을 이야기했다는 것은 흥미롭다.

살아 있는 생명체가 그의 존재를 유지하기 위한 일반적인 몸부림은 에너지를 위해 싸우는 것이 아니다. 에너지는 열의 형태로 풍족하게 존재하고 있지만 불행하게도 본래의 상태로 되돌아갈 수 있는 것은 아니다. 오히려 뜨거운 태양에서 차가운 지구로 흐르는 에너지의 흐름을 통해 유용되는 엔트로피를 위해 몸부림치고 있다. 이러한 에너지를 완전히 사용하기 위해 식물들은 그들의 이파리를 넓게 펼치고 있으며 아직도 완전히 밝혀지지 않은 방법으로 태양에너지를 이용하고 있다. 태양에너지가 우리 지구의 온도 만큼 떨어지기 전까지 식물들은 아직 우리 실험실에서도 시도해보지 못한 화학적 합성법을 계속 사용할 것이다.

그렇다면 우리가 더 높은 엔트로피의 환경을 이야기할 때 진정 의미하는 것은 무엇일까? 엔트로피는 어느 계의 무작위성을 계량화한다는 것을 상기해보자. 어떤 물리적 계는 원자들로 이루어져 있고, 더 큰 무작위성은 그 원자들이 더 크게 움직이고 있음을 의미하며, 그 계 내에서 원자들이 차지할 수 있는 위치들의 숫자가 더 많다는 것을 의미한다. 이는 필연적으로 그 입자들의 충돌을 야기하며 더 높은 온도로 상승한다는 것을 뜻한다. 방 안에서 당신이 덥다고 느낀다면 이는 더 빠르게 움직이는 원자들이 당신과 충돌을 할 때 전달되는 에너지를 당신이 느끼고 있기 때문이다. 추운 방에서는 반대의 일이 발생하게 되는데, 몇 안되는 원자만이 빠르게 움직이고 전반적으로는 적은 에너지가 전달되어 당신이 춥다고 느끼는 것이다. 이러한 원리는 물리에서 원자의 성질을 연구할 때 매우 중요한데, 이는 높은 온도에서 원자들은 빠르게 움직이고 급격히 튕겨져나오기 때문에 개개의 원자가 어떻게 움직이는지를 알기가 매우 어렵기 때문이다. 그러므로 원자들의 속도를 줄이고 그들의 움직임을 더 쉽게 구분하기 위해서는 계의 온도를 낮추는 일이 필요하다. 물론 어떤 계의 온도를 낮추는 일은 몇 도 정도의 온도를 낮추는 것이 아니라 기본적으로 물리적으로 가능한 정도까지 온도를 낮추는 것을 의미한다. (현대 기술로는 절대 0도의 몇 10억분의 1도 정도까지 온도를 낮추는 일이 가능하다.)

물리학에 따르면 지구온난화를 막을 수는 없지만 우리가 할 수 있는 일은 온난화 과정에 영향을 미치는 일이다. 우리의 행동은 전체적이지는 않다고 하더라도 필연적으로 온도가 증가하는 속도에 영향을 줄 수 있다. 이상적으로는 우리가 그 속도를 조절해야 하며 견딜 수 없을 정도로 온도가 상승했을 때쯤엔 우리는 나름의 생존 전략을 가져야만 할 것이다. 지구를 탈출하는 것일 수도 있으며, 아마도 우주의 다른 부분으로 진출하는 것이 될 것이다. 탈출의 필수 불가결성은 아주 비현실적인 것만은 아니다. 행성의 전체 온도가 5도만 증가한다고 하더라도 양극 지방의 만년설이 녹아내려 해수면의 상승을 야기할 것이며 약 99%의 지표면이 사라지게 될 것이고 이에 따른 급격한 온도 변화는 언급할 필요조차 없을 것이다.

환경보호주의의 주요 논점은 만일 어떤 것이 우리를 위협한다고 한다면 그것은 제2법칙이 아니라 제1법칙이라는 것이다. 즉 우리가 끓는 점에 도달하기 이전에 자원이 먼저 고갈되고 만다는 것이다. 그러나 물리학자에게 있어서는 제2법칙이 인간이 피하기 훨씬 더 힘든 부분이며, 제1법칙의 경우에는 그것과 모순 없이 우리가 새로운 형태의 에너지를 이용하는 방법을 찾는 방법을 강구해볼 수도 있다. 지난 100년 간의 시간을 고려해보았을 때에도 제2법칙이 훨씬 더 위협적인 것이었으며 제1법칙의 관점에서 본다면 우리는 사실 10만 년 정도는 더 오래 지속될 수 있다. 지구에서 무한대로 살아남을 수 있다는 희망은 사실상 오해인 것이다. 우리는 궁극적으로는 사라질 운명에 처해 있으며 이것이 순전히 가까운 미래일지 아니면 먼 훗날이 될지가 문제가 될 뿐이다.

물론 우리 지구는 아주 복잡한 구조를 하고 있으며 역사적으로 보았을 때 평균온도도 오르락내리락 해왔다. 이는 다양한 국소적 효과에 기인한다. 예를 들면, 지구는 지난 만 년 동안 비정상적으로 뜨거웠으며, 이는 왜 인간 종족이 다른 시대보다 훨씬 더 효과적으로 발전할 수 있었는지를 설명해준다.

실제로 더 발전된 국가가 더 많은 에너지를 소비한다는 것은 아주 놀라운 사실은 아니다. 만일 1인당 총생산을 사회의 발전 지표로 본다면, 최근의(2006년) 연구는 사회 발전 정도와 에너지 소비 사이에 아주 강한 상관관계를 보여준다. 미국이 최상위 국가이며, 일본, 호주, 영국, 프랑스와 캐나다가 그 뒤를 따른다. 이 모든 국가들은 세계 다른 국가들의 평균을 훨씬 웃돈다. 반면에 평균을 훨씬 밑도는 나라들은 아르헨티나, 브라질, 중국, 남아프리카와 많은 저개발국들이다. 열역학 제2법칙에 따르면 더 많은 에너지의 소비는 전형적으로 더 큰 엔트로피의 증가를 의미하고, 그러므로 이 정보는 단지 CO_2 배출량을 보는 것보다는 더 정확하게 어떤 나라가 상대적으로 지구온난화에 많은 기여를 하는가를 판단하는 데 지표가 될 수 있다. 이러한 분석에 주목할 만한 나라가 바로 일본인데, 이는 일본이 미국보다 효율도에 있어서 두 배나 앞선다는 사실 때문이다. 일본과 미국은 성장 속도는 같은 반면 일본의 에너지 소비율은 미국의 절반 정도밖에 되지 않는다. 그렇다면 전세계적으로 에너지 혹은 엔트로피 효율에 따라 세금을 부과한다면 어떨까? 아마도 그런 일이 발생한다면 세계적인 규모의 엔트로피 교역 시장이 생길지도 모른다. 과장된 이야기처럼 들릴지 모르겠지만 아주 비현실적인 이야기도 아니다.

일반적으로 말해 인간은 지난 15만 년 동안 거의 같은 모습으로 존재해왔다. 일반적인 정보를 사용한다면 인류의 기원은 아프리카 주변의 어딘가에서였으며 지난 만 년 동안의 대부분의 시간을 아주 혹독하고 추운 기후 속에서 지내왔고 그동안 인간은 생존하기 위해 이곳저곳을 떠돌아다녀야만 했다. 당신이 그러한 조건에서 돌아다닌다면 기본적으로 동료들 사이에 소통이 어렵고 지식과 문화를 전파하는 기본적인 수단을 형성하는 일도 쉽지 않을 것이다. 그러한 조건 속에서는 기본적인 생존 본능이 중요해진다는 것은 명백하다.

그러한 모든 변화에도 불구하고 제2법칙에 따르면 전반적인 경향은 지구 전체가 열적 죽음을 맞이하는 방향으로 진행되고 있다는 것이다. 열적 죽음은 지구와 다른 모든 행성들이 같은 온도에 이르는 정도까지 태양이 식어버릴 때 일어난다. 그 이후에는 어떠한 종류의 생명체가 존재할 수 있다는 것을 상상하는 일은 매우 힘들다.

아마 독자들은 심각한 혼란에 빠졌을지 모른다. 물리에서 엔트로피가 행동하는 경향은 질서 잡힌 상태(낮은 엔트로피)에서 혼돈(높은 엔트로피)의 상태로 이동하는 듯하다. 반면 생물학적 관점에서 본다면 생명체는 질서를 발생시키고, 이에 따라 살아 있는 개체들이 움직이는 경향은 점점 덜 혼돈스럽고 더욱더 질서 잡힌 (복잡도가 증가하는) 방향으로 나아간다. 이 두 가지 경향은 서로 모순되지 않는가? 그렇다면 생명체는 열역학 제2법칙을 위반하는 것일까?

우리는 제2법칙과 생명이 서로 모순되지 않음을 설명할 수 있다. 이전에 논의했듯이 유전자 코드는 진화할수록 더욱더 길어지므로, 섀넌에 따른다면, 더 많은 정보들을 요구하고 더 큰 엔트로피를 갖게 된다. 그러므로 물리에서 엔트로피는 제2법칙에 따라 증가하는 동시에 유전자 코드의 엔트로피는 섀넌의 논의에 따라 증가한다. 그렇다면 유전자 코드의 엔트로피 증가는 제2법칙과 연관될 수 있을까? 생명이라는 존재가 열역할 제2법칙을 위배한다는 것이 정말로 이 법칙의 결과를 반증하는 것일까?

슈뢰딩거는 생명이 그 자체 내에 낮은 엔트로피를 유지하고 있으며 동시에 환경의 엔트로피를 증가시킨다는 사실을 인식한 첫 번째 사람이었다. 그는 『생명이란 무엇인가?*What is Life?*』라는 책에서 자신의 관점을 잘 설명했다. 그는 이 책에서 생명이 음식물을 섭취한다면 그 음식에 담긴 에너지양(즉 초콜릿을 먹는다면 그 초콜릿이 가진 칼로리에 해당하는 양)뿐만 아니라 거기에 더해 엔트로피라는 양도 함께 가지게 된다고 설명했다. 편의점에서 산 초코렛 포장에 5유닛의 엔트로피가 담겨 있다고 표기되어 있는 경우를 상상해보자. 이것은 실제로 무엇을 의미하는가? 이는 에너지에 관해서는 당신이 아주 오랫동안 그 초코렛으로 살 수 있다는 것을 뜻하지만, 실제로 당신의 몸이 아주 정돈된 상태(낮은 엔트로피 상태)를 유지해야 한다는 중요한 정보를 빠트리고 있는 것이다. 덜 중요한 정보가 그 음식에 담겨 있으므로 더 높은 엔트로피양을 가지고 있다고 말하는 것이 적당할 것이다.

물론 높은 엔트로피의 음식은 당신의 몸에 전체적 엔트로피를 줄이는 다른 음식과 함께 다뤄져야 한다. 이것이 균형 잡힌 식사의 개념인 것이다. 또한 몸이 아주 무질서한 상태로 쇠하여 기능장애가 생기고 결국에는 죽음에 이르게 되는 과정을 관장하게 되는 것도 열역학 제2법칙이다. 모건 스펄록Morgan Spurlock은 한 달 동안 맥도널드의 음식만을 먹고난 후에 이에 전적으로 동감하게 되었다. '제2법칙에 따르면 비록 그가 같은 에너지를 가진 꽃양배추만을 먹는 것은 결과적으로는 같은 효과를 주고, 엔트로피를 증가시키며, 비슷하게 영양의 불균형에 이르게 될 테지만 말이다. 실제로 중요한 것이 에너지가 아니라 엔트로피라는 것을 잘 보여주는 영화를 꼽으라면 아마도 〈맥도널드만 먹는 사람 Super-Cauliflower Me〉일 것이다.' [이 영화의 주인공은 맥도널드에서만 식사를 하는 사람이다. 주인공은 많은 양의 음식을 섭취했지만 결국 건강이 상해 병에 걸리고 만다.-옮긴이]

이는 가장 좋은 음식은 일정한 에너지 값을 가지고 있으면서 몸의 엔트로피를 거의 증가시키지 않는 음식이라는 결론으로 이끈다. 음식의 엔트로피 값은 그것의 완전성과 연계되어 있는데, 이는 유효한 영양소의 범위뿐만 아니라 그들의 생화학적 유효도와도 관련이 있다. 그러므로 제2법칙에 따르면 같은 에너지 소모량을 가정했을 때 전체적 엔트로피의 생성을 최소화하는 종류의 음식이 분명 최고의 음식이다. 이는 또 다른 중요한 연구 분야이며, 만일 이에 대한 정확한 답을 찾을 수 있다면 식품영양학에 획기적인 결과가 될 것이다.

흥미롭게도 제2법칙에 대한 반론으로 100년 전에 제기된 논쟁이 있었다. 그 논의는 제임스 클러크 맥스웰James Clerk Maxwell에 의해 1867년에 제기된 것이다. 그는 맥스웰의 유령demon이라고 부르는 어떤 가상적인 생명체를 가정했는데 이 생명체는 제2법칙을 위반하는 영리한 생명체로 알려져 있다. 맥스웰은 집이나 의자, 산과 같이 생명을 갖지 않은 물체들은 필연적으로 제2법칙을 따라 행동하고 시간이 지남에 따라 붕괴되지만, 지적 활동은 이를 피할 수 있을지 모른다고 생각했다. 그 유령은 효율의 저하 없이 열을 일로 바꿀 수 있다. 이는 제2법칙을 정면으로 위배하는 것이다. 당시의 과학자들은 이 유령의 등장이 물리학의 기초를 흔들어놓을지도 모른다며 큰 우려를 표명했다. 한편으로 그것이 사실이었다면 인류에겐 획기적인 소식이었을지 모르는 일이었다. 왜냐하면 이는 어떠한 비용도 들이지 않고 에너지원으로부터 일을 추출해내는 데 사용되었을지 모르기 때문이다.

맥스웰의 아이디어는 아주 단순하면서도 궁극적인데 그것의 적용은 다음 장에서도 만날 수 있을 것이다. 최고의 무질서도를 가진 무생물적 물리적 상태의 예로 당신의 서재에 있는 공기를 구성하는 원자들을 들 수 있다. 그들은 빠른 움직임을 가지고 당신의 방을 둘러싸고 있는 벽들과 초당 500미터의 속도로 충돌하며 여러 방향으로 산란된다. 만일 당신의 방이 5미터의 길이라면, 방 안에 있는 각 원자는 1초에 100번 정도 당신 방의 벽들을 왕복하게 되는 것이다.

원자들은 아주 불규칙적 방법으로 돌아다니는데 어떤 원자는 위로, 어떤 원자는 아래로, 혹은 좌우로 움직인다. 그들의 엔트로피를 계산해본다면 당신은 그것이 최대임을 알 수 있을 것이다. 즉 주어진 에너지에서 그 원자들의 움직임은 더 이상 높을 수 없을 정도까지 불규칙적이다. 맥스웰이 가정한 것은 분자 크기의 작은 생명체인데 크기가 너무나 작아서 눈으로도 볼 수 없다. 하지만 그 유령은 분자와는 다르게 움직이는 원자의 속도와 방향을 관찰할 수 있다. 단순히 관찰하는 정도를 떠나 이 생명체는 아주 특이한 방식으로 그 지능을 사용할 수 있다. 그 유령은 방의 중앙에 서서 매번 원자가 다가올 때마다 교통경찰과 같은 역할을 하는데, 그가 하는 일은 다음과 같다. 만일 유령이 그의 속도계를 사용해 원자가 빠른 속도로 움직이고 있다는 것을 관찰하면 그 원자를 방의 한쪽 방향으로 보낸다. 하지만 만일 원자가 천천히 움직이고 있다면 그 원자는 방의 다른 한쪽으로 보낸다. 그러한 교통정리는 원자의 속도에는 영향을 미치지 않는 방법으로 진행된다.

이 과정은 빠르게 움직이는 분자는 한쪽의 방으로, 느리게 움직이는 분자는 다른 한쪽의 방으로 분리하게 된다. 달리 말하자면, 이는 초기에 매우 무질서했던 것에 에너지를 사용하지 않으면서 질서를 부여하게 되는 일이다. 맥스웰은 모든 유령은 실제로 측정하고 생각할 수 있어야 하며, 한편 유령의 모든 다른 행동은 에너지의 소모 없이 진행될 수 있어야 한다는 가정을 달았다.

무질서에서 질서를 창조하는 일은 정확하게 제2법칙이 불가능하다고 이야기하는 것이다. 무질서는 항상 증가하며 지속적이다. 당신에게 있어서 방 안에 있는 원자들은 유령의 교통정리에 따라 결과적으로 그 질서도가 증가해 방 안에 불균일한 온도를 만들어내게 된다. 천천히 움직이는 원자들이 있는 쪽은 빠른 원자들이 있는 쪽보다 차가워질 것이며 온도 차이가 발생하게 되면 우리는 그를 이용해 일을 할 수 있게 되는데 이는 돈을 안들이고 에너지를 얻게 되는 것처럼 공짜 점심을 얻어먹게 되는 것이다.

맥스웰은 그러한 예제를 통해 생명이 없는 물체는 확실히 제2법칙에 만족해야 하지만, 생명체는, 특히 지적 능력이 있는 생명체는 그 법칙을 쉽게 거스를 수 있다는 부분을 매우 우려했다.

제2법칙은 단지 다른 계와 상호작용을 하지 않는 고립된 계에서만 적용될 수 있다. 그러나 어떠한 살아 있는 생명체도 고립되어 존재할 수는 없다. 생명체인 우리는 우리의 환경과 에너지나 물질을 교환하며 살고 있으며, 이는 정확히 슈뢰딩거가 지적한 바와 같다. 생명을 가진 계는 에너지와 정보를 (낮은 엔트로피의) 주변 환경으로부터 흡수함으로써 생명을 유지한다. 그러므로 살아 있는 계는 무질서도를 줄일 수 있지만 이는 항상 주변 환경 어딘가에 무질서도를 증가시킴으로써만 가능하다. 지구온난화가 좋은 예가 될 수 있다.

지구 자체도 고립된 계가 아니다. 지구는 햇볕의 형태로 태양으로부터 에너지를 받는다. 생명의 진화는 그 자체로 무질서도를 감소시킬지 모르지만 그 결과로 지구는 점점 더 뜨거워지고 태양은 궁극적으로 차가워진다. 지구와 태양이 같은 온도에 이르게 되면, 즉 열적 죽음을 맞이하게 된다면, 적어도 이론적으로 생명이 존재하는 일은 더 이상 불가능해질 것이다. 그렇기 때문에 생명은 생존하기 위해서 아주 창조적일 필요가 있다. 자기 복제가 가능하며 주변 환경을 잘 이용할 수 있는 폰 노이만의 로봇만이 우주상에서 살아남을 수 있는 것이다.

맥스웰의 이야기로 돌아가보자. 그의 유령은 과연 무엇이며 우리가 그것으로 무엇을 만들 수 있을까? 위의 모든 논의에도 불구하고 그러한 유령이 존재할 수 있을까? 어떠한 존재가 전체 계의 엔트로피를 줄일 수 있을까? 자기 자신의 무질서도만이 아니라 자신을 포함한 전체 우주의 무질서도를 말이다.

헝가리 물리학자 레오 실라르드Leo Szilard는 2차세계대전 당시에 원자폭탄을 만드는 데 협력한 사람 중 하나였는데, 그는 왜 유령이 제2법칙을 위반하지 않는지에 대한 핵심을 정보의 개념을 이용해 설명할 수 있다는 것을 알아냈다. 그가 알아낸 것은 유령이 해야 할 모든 것은 아주 단순한 정보처리 과정이라는 것이다. 다른 말로 하자면, 맥스웰의 유령이라는 초자연적인 존재는 보통의 컴퓨터로 치환될 수 있다. 실라르드의 관찰에서 중요한 점은 유령을 물리적인 시스템으로 만들 수 있으며, 그의 지적 능력은 중요한 것이 아니고, 유령은 단순히 컴퓨터 프로그램의 코드를 따르는 존재라는 점이다. 재미있는 점은 실라르드의 이러한 개념은 컴퓨터가 발명되기 10년 전에 논의되었다는 것이다. 유령이 물리적 계가 될 수 있다는 것의 중요한 암시는 제2법칙의 결과에 따라 그것의 온도가 상승해야 한다는 점이다. 실라르드는 그 유령은 원자의 속도를 측정해야 하므로 일을 해야 하고 이에 따라 온도가 올라갈 수밖에 없다고 생각했다. 그러므로 그는 원칙적으로 그러한 유령이 존재할 수 없다고 결론내렸다.

많은 사람들이 이후에 같은 결론에 도달하게 된다. 가장 흥미로운 발전은 1960년대에 IBM에서 일했던 미국의 물리학자, 롤프 란다우어Rolf Landauer에 의해 이루어졌다. 실라르드의 발자취를 꼼꼼히 따라간 그는 단지 유령만이 아니라 어떤 종류의 컴퓨터도 그것이 작동하는 한 온도가 상승해야 한다는 결론에 도달했다. 맥스웰의 유령과 같이 정보처리를 하는 어떤 컴퓨터도 그것이 작동하는 동안은 열적 손실이 있을 수밖에 없다는 것이 란다우어의 논의였다. 그러므로 컴퓨터의 온도 상승은 열역학 제2법칙과 마찬가지로 확실한 사실인 것이다.

어떤 면에서 우리는 그러한 사실을 경험을 통해 이미 알고 있다. 당신은 컴퓨터나 노트북을 오랫동안 켜둔다면 그것이 뜨거워진다는 사실을 알 수 있다. 이러한 열적 효과는 궁극적으로 컴퓨터가 정보처리를 하는 과정에 주어진 필수적인 요소이다. 컴퓨터가 계산을 하는 동안 얼마나 뜨거워질지도 간단한 계산을 통해 예측할 수 있다. 컴퓨터가 1초에 10억 가지 계산을 한다고 하자. 현재 컴퓨터는 각 계산에 100만 단위의 규모로 열을 생성한다. 만일 당신의 방이 어느 정도 합리적인 성질을 가지고 있다고 가정을 한다면, 그 열 단위에 볼츠만 상수를 곱해보면 하루에 몇 도 정도의 온도가 올라간다고 보면 맞을 것이다. 그러므로 컴퓨터는 매우 효과적인 열 발생체라고 할 수 있다.

하지만 이러한 온도 증가가 어떤 종류의 정보처리 과정에서도 필요한 일인 것일까? 그렇다면 우리는 자연스럽고 마찰이 존재하지 않는, 즉 손실 없이 작동할 수 있으며, 가장 환경친화적인 방법의 정보처리 칩을 가질 수는 없을까? 이에 대한 답은 매우 흥미롭다.

만일 메모리가 적당히 배열되어 있다면 모든 정보처리 과정을 열의 증가나 무질서도의 증가 없이 추적해나갈 수 있다. 그러나 메모리가 완전히 가득 찼다면 작동을 계속하기 위해서는 정보의 과부화를 피해야 하며 그것은 정보의 일정량을 지우거나 재조정해야 한다. 이 경우 아마 당신은 단지 지우기 버튼을 누르기만 하면 되지 무슨 문제가 있는 건가 하며 생각할지도 모르겠다. 하지만 우리가 단지 지우기 버튼을 누름으로 인해 정보를 잊을 수 없다는 사실은 궁극적으로 "정보가 실제로는 물리적이다"라는 사실을 증명하는 것이다.

우리가 모든 정보를 '지울'때 우리가 실제로 하는 일은 원하지 않는 정보를 환경과 치환하는 것이다. 이는 환경의 무질서도를 증가시킨다. 정보를 환경으로 처분하는 일은 그 자체로 환경의 엔트로피 증가를 야기하고, 그러므로 온도의 상승을 가져온다. 그러한 이유로 인해 컴퓨터들에는 작은 선풍기 같은 것이 부착되어 정보가 계속적으로 지워짐에 따라 부품들에서 발생하는 열을 식히는 것이다.

이러한 논리는 결과적으로 란다우어의 IBM 동료, 찰스 베넷Charls Bennett에 의해 채택되어 맥스웰의 유령을 없애는 데 사용된다. 그러므로 그 유령은 측정 속도로 정보처리를 하지만 유한한 메모리를 가지고 있기 때문에 결과적으로 정보처리를 계속하기 위해서는 계속적으로 지우기를 해야 한다. 이것이 유령의 기억으로부터 정보를 지우는 일이며, 이는 적어도 유령에 의해 행해진 일의 양 만큼의 정보가 환경 속에 증가하게 되는 것이다. 그러므로 그 유령은 아주 이상적인 상황에서도 제2법칙을 위배할 수 없다.

란다우어와 베넷으로부터 얻을 수 있는 핵심적인 메시지는 정보라는 것이 추상적인 어떤 것이 아니라 전적으로 물리적인 양이라는 것이다. 이 점에서 정보는 적어도 일과 에너지와도 같은 기반을 가진다. 나는 여기서 정보가 에너지나 물질과 같이 중요한 위치를 차지하고 있지만, 이미 논의했던 바대로 정보가 사실상 더 근원적인 양이라는 것을 보이고자 한다. 나는 런던에서 학부 과정에 다닐 때 그러한 인식을 처음으로 접할 수 있었다. "정보는 물리적이다"라는 짧은 문구는 그에 대한 새로운 관점을 자극했으며 나의 연구 방향에 심오한 영향을 미치게 되었다.

정보처리 장치의 예를 살펴보자. 우리 머릿속에 있는 정보와 그것이

처리되는 속도는 현재 존재하고 있는 여느 컴퓨터의 용량을 능가한다. 현재의 컴퓨터가 발전하는 추세가 계속된다면 수십 년 안에 그것이 사실이 아니게 될지도 모르지만 말이다. 우리의 뇌에는 수 100억 개의 뉴런이 존재한다. 뉴런은 우리 머리와 몸에 전기적 신호의 이동을 관장하고 있다. 다른 사람이 당신을 만질 때마다 뉴런들은 그 접촉이 일어난 지점에 신호를 발생시키고 이 신호는 당신의 뇌에 있는 뉴런의 신경망을 타고 이동한다. 어떨 땐 당신 몸의 다른 부분으로 이동하기도 한다.

각 뉴런이 하나의 비트 정보, 즉 0 혹은 1을 가지고 있다고 하자. 이 비트는 뉴런에 전기적 신호의 존재와 부재로 부호화되는데, 전기적 신호가 있을 때면 뇌는 1을 감지하고 전기적 신호가 없을 때면 뇌는 0을 감지한다. 이는 아마도 과장된 단순화일지도 모르겠지만, 일단 단순한 설명을 받아들이도록 하자. 그러므로 우리의 뇌는 100억 비트의 정보를 저장할 수 있다. 우리가 우리의 머리에 모든 메모리를 사용했다면 또 다른 정보를 저장하기 위해서는 저장되어 있는 정보의 일부분을 지워야 한다. 즉 잊어버려야 하는 것이다. 이는 당신이 몇몇 저장된 정보를 버려야 하므로 당신 주위의 환경을 더 뜨겁게 만들 것이다. 그러므로 잊어버리는 일은 에너지를 요구한다.

독자는 우리가 우리 뇌에 있는 모든 메모리를 가득 채우기 위해서 얼마 만큼의 질서도를 창조해야 하는지 궁금해할지도 모르겠다. 그 결과는 매우 놀랍다. 병 하나에 들어있는 물의 온도를 1도 낮추는 데 드는 질서도보다 100만 배 적은 질서도만을 생성하면 된다. 이는 당신의 집에 있는 냉장고가 몇 초만에 해낼 수 있는 양의 일이다.

그렇다면 왜 집에 있는 컴퓨터가 우리 뇌의 계산 능력의 일부분밖에 되지 않으면서 그렇게 많은 양의 열을 주변에 생성시키는 것일까? 이는 우리의 뇌가 정보처리 능력에 있어서 훨씬 더 효과적이고 단지 정말 필요한 경우에만 환경에 정보를 버리고 있음을 이야기해준다. 컴퓨터는 각 계산당 100만 단위의 에너지를 사용하는 반면, 우리의 뇌는 단지 100 단위의 에너지만을 사용한다. 좀 더 공정하게 이야기하자면 컴퓨터는 이제 겨우 60년 간 존재했을 뿐인 반면, 생명체는 그러한 경쟁을 지난 35억 년 동안 해왔기 때문에 어쩌면 이러한 차이는 당연한 일일지도 모르겠다.

4장에서 우리는 생명의 핵심은 DNA 복제에 의한 정보처리 과정에 있음을 논의했다. DNA가 수행하는 중추적 계산은 기저 쌍의 비교이며 그러한 비교는 대략 100단위의 에너지를 필요로 한다. 물론 새로운 전체 DNA의 끈을 생성하기 위해서는 대략 10억 단위의 에너지가 필요하다. 이 정보처리 과정은 주변 환경의 온도를 높이게 된다.

우리가 이야기하는 그러한 각 에너지 단위들은 직접적으로 온도에 의존한다. 그렇다면 전체적인 정보처리 과정이 절대온도 0도에서 이루어진다면 어떠한 일이 발생할까? 컴퓨터는 과연 온도를 올리게 될 수 있을까? 흥미롭게도 열역학은 만일 우리가 절대 0도에서 정보처리 과정을 수행한다면 실제로 계산 과정 동안 열의 손실이 전혀 없을 수 있음을 이야기한다. 하지만 생각해보라. 물리는 어떠한 물체도 그런 신비로운 온도에 도달하는 것을 용납하지 않는다. 이는 열역학 제3법칙이 이야기하는 바이다. 아무도 자연을 이길 수는 없는 것이며 단순히 공짜 점심이 주워질 리는 없다. 정보이론에 따르면 상식적 지혜가 결국엔 과학적으로 증명된 셈이다. "노력이 없다면 소득도 없다."

- 하나의 계가 얼마나 불규칙한가를 나타내는 물리적 엔트로피는 시간이 지나면서 증가하는 방향으로 진행된다. 그것은 열역한 제2법칙으로 잘 알려져 있다.

- 물리적 엔트로피는 섀넌의 엔트로피와 밀접하게 관련되어 있으며 사실 섀넌의 엔트로피의 한 예인 것이다.

- 생명의 복잡도가 증가하는 것은 우주의 전반적인 무질서도의 증가로부터 비롯된다.

- 무질서도를 이용하는 계를 맥스웰의 유령이라고 부른다. 모든 살아 있는 계를 모두 맥스웰의 유령이라고 말할 수 있고 또한 몇몇 살아 있지 않은 것들도 그렇게 부를 수 있다. 컴퓨터가 대표적인 예이다. 컴퓨터는 특정한 계산을 수행하는 데 있어서 탁월한 능력을 보이며 전기의 형태로 에너지를 사용하는 와중에 일을 하고 열을 생산해낸다. 모든 유령들은 그런 방법으로 움직인다.

- 결과적으로 유령이 살고 있는 환경은 온도를 증가시킨다. 그러므로 모든 생명체, 모든 차들과 컴퓨터들은 지구온난화에 기여하고 있으며 필연적으로 열역학 제2법칙을 따르게 된다.

- 정보는 추상적인 개념이 절대 아니며 아주 정확하게 물리적인 방법으로 표현될 수 있다.

내기를 걸어야 할 곳

: 이기기 위한 전략

지금까지 우리는 생명이 어떻게 번성하며 결국엔 어떻게 끝나는지를 논의했다. 그러나 우리들 대부분은 인생에서 무엇을 할 것인가라는 문제를 더 고민한다. 이 장에서는 번성과 소멸의 양극 사이에서 어떤 일이 벌어지는가를 이야기하고자 한다. 우리가 인생에서 추구하는 것은 무엇인가? 대부분의 사람들은, 그리고 적어도 나는, 인생의 즐거움을 추구한다.

즐거움의 개념은 매우 주관적일지 모르지만 대부분의 사람들은 어떤 작은 도전을 성취했을 때 즐거움을 느낀다는 데 동의할 것이다. 어떤 확정적인 일에 흥분하기란 쉽지 않으며 모든 결정이 난 상태는 다소 지루하기까지 하다. 그렇다면 생명체는 어떤 방법으로 흥분을 하게 되는 것일까?

1962년 꿈의 도시 라스베가스. 수만 명의 사람이 매시간 돈을 잃기도 하고 따기도 하는 곳이다. 그 도시는 큰돈을 벌어 네바다 사막을 가로지르고자 하는 수많은 젊은이들의 꿈을 내팽개쳐버리게 한 도시이기도 하다. 아마 어떤 이는 백만장자가 되어 돌아올 것이고 어떤 이는 큰 낙담을 하고 돌아오게 될 것이다. 하지만 요즘은 다르다. 새로운 카우보이가 도시에 나타났다. 그가 들어간 카지노엔 음악이 흐르고 카메라가 그를 향하고 있으며 와인을 든 여자들이 돌아다닌다. 그는 주변을 살펴보고 모두가 블랙잭을 하는 곳을 점찍고 그곳으로 향했다. 가장 재미있는 게임은 포커인데도 왜 사람들은 블랙잭을 하는 곳에 몰리는 것일까? 그는 전략을 가지고 딜러와 게임을 한다. 그의 주머니에는 만 달러가 들어있으니 이는 분명 큰 도박이다. (1962년에 만 달러는 아주 큰돈은 아니지만, 오늘날에는 대략 250만 불이 되는 어마어마한 돈이다.)

그는 초보자처럼 게임을 시작한다. 적은 돈을 걸며 순진하게 게임을 하지만 경기는 지지부진해졌고 다른 사람들이 떠나도 그는 계속 게임을 한다. 느리지만 그래도 그의 전략은 먹혀들어가고 있는 듯하다. 물론 어떤 카지노도 돈을 따는 사람을 좋아하지는 않지만 차분하고 정돈된 방법으로도 그렇게 자기 경기를 잘 유지해나가는 것이 참 신기하다. 카지노의 경비들은 계속 그를 주시하고 있지만, 어느 각도에서 관찰을 하는지는 분명치 않다. 어떻게 이 사람은 계속해서 이기는 게임을 하는 것일까? 어떻게 이 사람은 다른 사람들처럼 돈을 잃지 않는 것일까? 그래서 그들은 그 자가 몇 시간 더 게임을 할 수 있도록 내버려둔다. 만일 그가 너무 과도하게 게임을 이긴다면 그를 건물 밖으로 내쫓아버릴 것이다. 카지노는 당신이 확률적 평균보다 훨씬 더 많은 돈을 벌게 된다면 당신을 쫓아버릴 수도 있다는 것은 재미있는 사실이다. (그렇기 때문에 당신은 결과적으로는 돈을 잃고 말 것이다.) 주말 동안 이 사람은 라스베가스에 있는 거의 모든 카지노에서 게임을 했고 그들은 결국에는 항상 그를 쫓아내버렸다. 종합해보면 그는 라스베가스에서 2만 천 달러를 딴 후 떠나버렸다. 이는 원래 그가 가지고 있던 돈의 두 배가 넘는 돈이었다.

그의 이름은 에드워드 소프Edward Thorp였는데 나중에서야 그가 MIT 수학과 교수라는 사실이 밝혀졌다. 그는 이후에 자신의 경험을 기초로 내기 걸기 전략에 관한 책 『딜러를 이기기Beat the Dealer』을 썼는데, 그 책은 베스트셀러가 되어 7만 부가 팔리기도 했다. 그렇다면 과연 그의 전략은 무엇이었을까? 또 과연 누가 250만 불을 도박하는 대학교수에게 빌려주었을까?

에드워드 소프는 위험부담에 대해서도 흥미를 가졌다. 그러나 그는 일정한 방법으로 게임을 한다면 그러한 위험부담은 일정한 한도를 넘지 않을 것이며 전체 게임을 통해서 꽤 괜찮은 수입을 올릴 수 있으리라는 것을 알고 있었다. 그렇다면 과연 적당한 정도의 위험부담이란 정확히 무엇을 말하는 것일까? 이 역시 섀넌의 정보 법칙을 따른다는 것은 재미있는 사실이다.

에드워드 소프는 섀넌과 벨 연구소의 섀넌의 동료였던 로버트 켈리Robert Kelly의 연구를 잘 알고 있었다. 켈리의 논문은 섀넌의 논문이 발표된 지 10년 뒤에 나왔는데, 이는 섀넌의 아이디어를 처음으로 내기에 적용한 내용이었으며 섀넌의 정보이론을 확장한 첫 논문이었다. 10년 동안 섀넌의 논문을 확장하는 연구가 없었다는 것은 놀라운 사실이 아닐 수 없다. 그 이유가 섀넌의 이론이 받아들여지는 데 긴 시간이 걸렸기 때문이 아니라 오히려 그의 논문이 하룻밤 사이에 성공을 거두었다는 데 있다. 섀넌의 결과는 너무도 완벽하고 흠잡을 데가 없어서 누구도 그에 대해 첨가를 하려 하지 않았기 때문이다. 그렇다면 켈리는 과연 무슨 일을 했던 것인가?

어떤 사건이 좀처럼 일어나지 않을 때면 그 사건의 발생은 큰 놀라움과 흥분을 주게 되며, 따라서 정보의 증가가 매우 크다는 것을 기억해 보자. 그렇다면 가장 흥분되는 일은 카지노로 가서 가장 일어나기 어려운 일에 내기를 거는 일이 될 것이다. 예를 들면, 두 개의 주사위가 똑같이 1의 숫자를 나타내는 일과 같은 경우다. 이는 36번(6×6) 중에 한 번 정도 일어나는 일이다. 이러한 사건은 빈도가 매우 낮으며 그렇기 때문에 역으로 그러한 경우가 발생한다면 큰돈을 벌 수가 있다. 주사위를 던지는데 짝수가 나오는 경우는 그리 상금이 높지 않은데 이는 그 사건이 50대50의 확률로 일어나기 때문이다. 만일 카지노가 정직하다면 (소프가 라스베가스에서 쫓겨났다는 사실을 생각해본다면 정직하지 않다고 말할 수 있겠지만) 1달러를 아주 낮은 확률의 사건에 내기를 걸었다면 그 상금은 36달러가 될 것이고 이는 아주 큰 상금이 될 것이다.

물론 당신이 카지노에서 내기를 하지 않을지도 모른다. 하지만 당신은 회사에 당신의 돈을 투자할 수도 있다. 이때 주어진 시장 환경에서 더 작고 덜 알려졌으며 성공하기 어려울 것 같은 회사에 투자를 한다면 그 회사가 성공했을 때 당신은 꽤 큰돈을 벌게 될 것이다. 이러한 경향은 우리가 이야기했던 정보와 같은 것인데, 일어날 사건의 확률이 낮을수록 그 정보의 증가는 더욱더 크며, 더 많은 정보가 가져다주는 이익은 훨씬 더 큰 것이다. 섀넌의 정보 원리는 비즈니스 세계에서도 작동하고 있는 셈이다. 물론 회사의 성공에 투자를 하는 일은 어떤 카지노보다도 훨씬 더 공정할 것이다. 물론 효율적인 시장을 가정했을 때 말이다.

우리 모두는 이기고 싶어한다. 누구도 지고 싶어하는 사람은 없다. 그렇다면 정보이론이 성공 확률을 높이는 데 올바른 방향을 제시해줄 수 있을까? 확실히 '그렇다.' 재무에서 이윤을 최대화하는 일은 정보 통신에서 통신 용량을 최대화하는 일과 정확히 일치한다. 통신의 용량을 최대화하는 문제에 대해서는 이미 3장에서 살펴보았다. 그 해답은 메시지의 길이가 확률의 역에 로그함수로 주어질 때 통신 용량이 최대화된다는 섀넌의 법칙을 따른다. 성공적인 투자를 했을 때 받게 되는 돈의 액수를 정보 통신에서의 메시지의 길이로 환산한다면 영국 런던과 미국 뉴욕 월스트리트의 주식 거래자들이 이야기하는 '로그 최적화 포트폴리오the log optimal portfolio'라는 것을 얻게 될 것이다.

이제 어떻게 로그 최적화 포트폴리오가 실제 투자에서 잘 맞아떨어지는지를 살펴보자. 기본 원리는 당신의 투자를 가능하면 많이 분산을 시키라는 것인데, 이는 '계란을 한 바구니에 담지 말라'라는 원리와 같다. 그 이유는 당신이 투자에서 성공하기 위해서는 긴 시간 동안 투자를 해야 하기 때문이다. 만일 한곳에 투자했을 때 운이 없어 초기에 주가가 폭락해버린다면 당신은 이후에 투자할 돈을 더 이상 가지지 못하게 될 것이다. 정보 통신과 마찬가지로 얼마의 투자는 큰돈으로 이루어져야 한다. 반면에 얼마는 아주 작은 액수의 투자가 이루어져야 한다. 하지만 그러한 투자의 규모를 얼마나 정확히 결정할 수 있는 것일까?

진정한 도박꾼들과 마찬가지로 긴 시간 동안 안전하게 투자하고 싶다고 가정해보자. 당신은 20년 간 투자하고자 하며 매년 큰 배당금을 받지는 않더라도 긴 시간이 지나고 나서는 꽤 괜찮은 돈을 벌고자 한다. 그렇다면 당신은 노년을 꽤 많은 연금과 함께 편하게 보낼 수 있을 것이다. 이 경우 정보이론은 다음과 같은 일을 할 것을 이야기한다. (실제 상황에서 당신은 모든 계획을 설계해주는 재무설계사를 구할 것이며 그들은 당신을 위해 투자 설계를 대신해줄 것이다. 여기서 나는 그들이 어떤 종류의 설계와 계산을 하게 되는지를 설명하고자 한다. 결국엔 설계사들은 일정 정도의 이윤을 남기게 되므로 당신이 직접 분석을 한다면 원칙적으로 좀 더 많은 이윤을 남길 수 있을 것이다.)

현재 FTSE(the London Financial Times Stock Exchange : 영국 증권거래 지수 중 하나)에서 상위 10개 종목을 살펴보기로 하자. 그들은 한동안은 적어도 상위 100개 종목 내에 남아있을 확률이 꽤 크며 당장 그 아래로 내려가는 일은 없을 것이다. 예를 들어, 당신이 천 파운드 정도의 돈을 10개의 회사에 투자한다고 하자. 당신은 먼저 각 회사들이 이윤을 남기게 될 확률을 가늠해보고자 할 것이다. 아무도 그런 정보를 주지 않는다고 가정한다면 그 확률을 알아보기 위해서 당신은 그 회사들의 과거 실적과 현재 시장의 조건과 전략을 살펴볼 것이다. 그 회사에 대한 모든 공개된 정보를 더 잘 이해할수록 더 정확하게 당신은 그 확률을 가늠해볼 수 있으며, 그러므로 가장 최적화된 투자 전략을 유추해낼 수 있다. 이는 도시의 재무분석가들이 하는 일이다. 그들은 일주일에 80시간 동안 이 일에 매진한다. 현재 내 친구 중 하나는 이 일을 일주일에 90시간이나 하고 있다. 그러나 아주 기본적인 정도의 연구와 대략적인 확률만으로도 섀넌에 따르는 분산투자를 한다면 당신은 꽤 좋은 이윤을 얻을 수 있다.

회사의 주가는 때때로는 올라가기도 하고 내려가기도 한다. 다른 말로 한다면, 시장에는 자연스런 요동이 존재한다. 그러나 전반적으로 회사가 재무적으로나 전략적으로 건전하다면, FTSE의 상위 100개 종목에 드는 회사들이 대체적으로 그렇듯이, 장기적으로는 그 가치가 증가하게 될 것이다.

모든 공개된 정보에 의하면 회사들은 내년에 대략적으로 3% 정도의 성장을 이룰 것으로 예측할 수 있다. 그런 식으로 대략적으로라도 추정할 수 있다면 미래의 주가 추세를 예측하는 일은 그리 어려운 일이 아니다. 지난 50년 간 매년 3% 이상의 성장을 이룩해왔다면 그 회사가 내년에 3% 성장할 확률보다 10% 성장할 확률이 훨씬 더 높다고 분석가들은 내다본다. 이러한 방식으로 어느 회사 X의 배당 확률을 예측할 수 있다.

소프가 블랙잭을 할 때에는 확률을 계산하는 데 문제가 없었는데, 이는 결과가 나올 확률이 정해져 있고 단지 카드를 읽음으로써 그 확률을 다시 계산해낼 수 있었기 때문이다. 사실 그것이 소프가 슬롯머신과 같은 게임을 선택하지 않고 블랙잭을 선택했던 이유이다. 슬롯머신의 경우 다음 결과를 예측할 만한 사전 정보가 전혀 주어지지 않는다. 블랙잭을 하면서 소프는 제시된 카드를 보면서 이후의 확률들을 예측할 수 있었고 그의 베팅 전략을 적절하게 조정할 수 있었다. 회사들의 실적을 따라가는 것은 펼쳐진 카드를 읽는 것과 같은 역할을 한다.

블랙잭을 전혀 모르는 독자들을 위해 잠시 살펴보면, 게임의 기본 전제는 당신이 갖게 되는 카드의 숫자가 딜러가 가진 카드의 숫자보다 21에 더 가까울 때 승리하며 21을 넘게 되면 자동적으로 지게 된다. 각 카드에는 숫자가 기록되어 있고 딜러는 당신이 원한다면 다음 카드를 준다. 테이블에 앉은 다른 사람들은 경쟁 대상이 아니지만 당신이 받을 카드의 확률을 계산하기 위해선 그들이 가진 카드를 기억해야 한다. 다음 카드를 받을지 말지를 판단하기 위해 소프는 그가 계산한 확률을 섀넌의 공식에 집어넣었다.

당신이 라스베가스 카지노에서 딜러와 게임을 한다고 하자. 우리 앞에 세 장의 카드는 15점을 기록하고 있고 딜러는 당신에게 다음 카드를 원하는지를 묻는다. 당신은 얼마의 확률로 다음 카드가 6 혹은 그보다 작은 숫자일지를 생각할 것이다. 직관적으로 네 장의 6과 세 장의 5와 세 장의 4, 그리고 세 장의 2와 세 장의 에이스를 이미 보았다면, 당신은 주의를 기울이지 않는 다른 사람들보다 이미 더 많은 정보를 가지고 있는 것이다. 어떤 사람은 위험부담을 안을지 모르겠지만 우리는 이미 이성적으로 21을 넘기지 않을 카드를 받을 확률이 낮다는 것을 안다. 그러므로 섀넌의 공식은 이를 정형화한 것에 불과하며 언제가 위험부담을 안을 타이밍인지 아닌지 그 적당한 때를 알려준다.

카지노에 들어서는 일은 결국엔 위험부담을 지는 일이다. 특히 도박을 위해 마피아에게 돈을 빌렸다면 더더욱 그렇다. 그렇다면 좀 더 전반적인 상황을 생각해보자. 결국엔 왜 우리가 도박을 하는 일이 세계경제시장에서 인정되었음에도 불구하고 카지노에 대해 우려하고 있는지를 말이다.

우리는 섀넌의 공식을 역추론해 증권시장에 투자할 때 사용할 수 있다. 어떤 회사가 한 해 동안 55%의 확률로, 그리고 다른 회사는 60%의 확률로 3%의 수익률을 올린다고 가정해보자. 그렇다면 어떻게 투자를 하는 것이 좋은 것인가? 직관적으로 가장 좋은 투자법은 정당한 비율로 투자를 하는 것이다. 말하자면 당신은 가장 높은 배당을 주는 회사에 가장 많이 투자하고 이에 비해 적은 배당을 주는 회사에 그 다음으로 투자

하는 식으로 투자해야 한다. 만일 어느 회사가 두 배나 높은 확률로 같은 이윤을 창출한다면 그곳에 두 배 많은 돈을 투자해야 한다. 그렇다면 그에 대한 당신의 이윤은 얼마가 되는 것일까? 예상되는 이윤은 섀넌의 정보 공식과 놀랍게도 정확하게 일치한다. 이것을 어떻게 이해할 수 있는 것일까?

실제로 당신이 얼마를 벌 수 있는지 객관적으로 살펴보기 위해 구체적인 예를 들어보자. 당신이 단지 가장 수익을 많이 올리는 회사에만 투자한다고 하고 당신은 하루에 55%의 투자 이익을 볼 수 있다고 하자. 예를 들어, 1,000달러를 투자한다고 하자. 먼저 정보이론은 그 55%의 두 배에 100%를 뺀 값 (55×2-100) 이상을 투자해서는 안 된다고 이야기한다. 이는 당신이 가진 돈의 10%이며 100달러에 해당하는 돈이다. 그 이유는 계속적인 투자를 원할 경우 당신이 돈을 잃을 경우를 대비해야하기 때문이다. 이는 상당 금액의 손실에도 불구하고 계속 투자를 하고자 할 때를 말한다.

현재 당신은 100달러를 투자했다. 섀넌의 정보이론은 당신의 이윤이 증가하는 비율이 0.5%가 될 거라고 이야기한다. 이는 당신이 50센트를 번다는 이야기다. 만일 다음날도 어떤 변화가 없다면, 당신은 0.5%를 벌게 되지만 이는 처음의 100달러가 아닌 100달러 50센트에 대해서이다. 이를 여러 번 반복하게 되면 이자에 이자가 붙는 셈이다. 처음에 당신은 그 액수의 변화가 얼마되지 않을거라고 생각하지만 그 증가는 기본적으로 지수적인 증가이다. 지수적 증가는 처음엔 선형적으로 증가해서 그리 큰 변화가 없어 보인다. 1년 후가 된다면—365일이 지나—당신은 처음 투자한 돈에 두 배가 되는 돈, 즉 200달러를 벌게 될 것이다. 다음 해에는 400달러, 그리고 그 다음은 800달러, 그리고 5년이 지난 후에는 처음 투자금에 16배에 달하는 돈을 벌게 되는 것이다. 이러한 증가율은 당신이 당신의 돈을 투자하지 않고 금고 속에 넣어두었을 때 잃게 되는 돈인 인플레이션율보다 훨씬 더 큰 증가율이다.

이전 단락에서 논의한 소득은 여전히 그리 많은 양은 아닐지 모르지만 당신이 처음에 투자한 양은 단지 100달러였음을 상기해볼 필요가 있다. 만일 당신이 10만 달러를 투자했다면 어떨까? 당신이 여전히 그 투자금의 5%를 번다고 한다면 하루에 500달러를 벌게 되는 것이다. 이는 아무런 일을 하지 않고 버는 돈이며 당신이 돈을 잃게 될지도 모르는 '위험부담'에 대한 대가인 것이다.

섀넌의 공식은 완전히 불확실한 어떤 것에도 투자하지 말라고 이야기해준다. 당신이 켈리의 충고를 듣는다면 복권을 사지 말아야 한다는 뜻이기도 하다. 만일 성공 확률이 단지 50%라면 그곳에 투자하지 않는 것이 현명한 일일 것이다. 이 경우 평균적으로 아무것도 얻지 못하게 될 것이며 그 확률들이 계속 된다면 당신은 결국 모든 돈을 잃게 될 것이다.

이제 금융시장과 자산 운용에 관한 논의를 이전 장에서 논의한 맥스웰의 유령 개념과 연결시켜보자. 과연 우리는 열역학을 이용해 전반적인 시장의 행동을 기술하며 금융계의 일반적인 경향을 추론해낼 수 있을까?

열역학이 시장에 영향을 미치는 명백한 방법이 있다. 어떤 물건의 가격은 명확히 수요와 공급의 법칙에 의해 결정되며, 만일 자원이 유한하다면 그 물건의 가격은 올라가게 될 것이다. 우리가 이전에 보았듯이, 열역학은 우리의 에너지자원이 결국 고갈되고 말 것이며 그것이 우리의 지구상에 여러 가지 현상들을 야기하게 될 것임을 암시한다. 이는 일반적으로 경제 전반에 영향을 미치게 되며 사실 우리는 이같은 현상을 주변에서 항상 목도하고 있다. 휘발유의 가격은 원유의 가격과 밀접하게 연결되어 있으며, 원유의 가격은 원유의 매장량과 그 가용성에 큰 영향을 받는다. 중동 지역의 작은 마찰도 세계 휘발유 가격을 크게 올릴 수 있는 요인이 된다.

그러나 열역학과 경제학은 그보다는 더 밀접하게 연결되어 있다. 어떤 면에서 금융시장의 행동은 열역학에서 이야기하는 물리적 계의 행동과 그 맥을 같이한다. 당신이 반복적으로 자주 듣는 금융시장에서의 법칙 중 하나는 "효율적인 시장에서 위험부담 없이 재정적 소득은 있을 수 없다"라는 말이다. 이러한 법칙에 의하면 가치 있는 일 중에 하나는 실패의 확률을 높이는 일일 것이다. 만일 어떤 것이 아주 확실하다면 그 일에 대한 투자로 얻을 소득은 거의 없을 것이다.

이는 어떠한 유용한 일을 하기 위해서는 어느 정도의 낭비되는 열을 만들어낼 수밖에 없다는 열역학의 기술과 매우 유사한 면을 가지고 있다. 열역학의 제2법칙은 일을 하기 위해서는 그 주변의 온도를 높여야만 한다는 것이며, 그 온도는 유용하게 쓰일 수 있는 일보다 더 많은 정도로 올라간다. 이 점을 더 명확하게 하기 위해 카지노에서 하는 간단한 베팅을 예로 들어보자. 여기서 우리는 돈이 에너지와 같은 역할을 한다는 것을 논의하게 될 것이다.

하지만 잠시 생각을 해보면, 보존되는 양인 에너지가 어떻게 돈과 같이 보존되지 않는 양과 같이 취급될 수 있는 것일까? 돈은 사실 아무것도 없는 상황에서도 만들어질 수 있지만 우리가 알고 있듯이 에너지는 그럴 수가 없다. 만일 세상에 현재보다 더 많은 사람들이 있다면 통용되는 돈의 총량은 현재보다 더 많을 것이며 분명하게 보존되는 양이 아닐 것이다. 그러나 우리가 집에서 카지노에 베팅을 하는 사람을 가정해본다면 그 돈의 총량은 일정할 것이다. 그들이 돈을 만들어내지는 않을 것이기 때문이다. 돈은 사람들의 주머니에 있거나 아니면 카지노의 금고에 있거나 둘 중 하나라고 가정해보자. 그러므로 단지 이러한 특정한 조건 속에서 돈의 총량은 보존될 것이며 돈은 에너지와 비교될 수 있다.

이제 우리는 카지노에서 베팅을 하는 규칙을 열역학의 법칙들과 비교해 논의할 수 있다.

1. 당신은 게임에서 이길 수 없다.

만일 어떤 것의 확률이 1/3이라면 당신의 배당은 많아야 투자의 세 배가 될 것이다. 만일 당신이 10파운드를 투자한다면 많아야 30파운드를 돌려받게 될 것이며 대부분의 경우에는 (60%의 확률로) 당신은 손실을 보게 될 것이다. 당신이 계속 게임을 하게 된다면 평균적으로는 아무런 소득도 얻을 수 없게 될 것이다. 이는 정확하게 열역학 제1법칙이 이야기하는 바와 같다. 대가 없는 소득은 없다.

베팅의 제2법칙은 좀 더 실망스러운데, 이는 카지노가 원래부터 그렇게 계획되어 있기 때문이다.

2. 균형을 깰 수는 없다.

이는 당신이 하는 게임이 공정할 수 없다는 것을 의미한다. 실제 카지노에서 당신이 게임을 하기 위해선 입장료를 내야하며, 경기에 참가하기 위해 돈을 지불해야 하고, 그곳에서 음료를 마시기 위해 돈을 지불하게 될 것이고, 경기를 돕는 이들에게 팁을 지불하게 될 것이다. 이 모든 것을 고려해 본다면 설령 경기에서 잃고 따는 돈이 평균적으로 0라고 할지라도 돈이 당신의 주머니에서 카지노의 금고로 이동하는 경향성은 변하지 않을 것이다. 이는 열은 항상 뜨거운 곳에서 차가운 곳으로 흐르며 절대로 반대의 방향으로 흐르지 않는다는 열역학의 엔트로피 증가 법칙과 유사하다. 그러므로 카지노의 베팅에 있어서 경기자는 뜨거우며 카지노는 차가운 존재가 될 것이며, 이는 돈이 흐르는 방향을 결정한다.

이제 베팅에서 유사하게 존재하는 열역학 제3법칙에 대해 알아보자. 이는 다음과 같이 이야기한다.

3. 당신은 게임을 그만둘 수 없다.

나는 그 의미의 해석을 독자들에게 맡길 것이다. 단지 한 가지 이야기 할 수 있는 것은 도박꾼들은 대개 처참한 결말을 맞이하게 될 때까지 게임을 지속한다는 점이다. (열역학 제3법칙은 우리가 절대온도 0도에 도달할 수 없다는 것을 이야기하는데, 도박꾼들의 말을 빌리자면, 다른 어떤 것이 카지노보다 더 좋을 수 없다라는 말과 일맥상통한다.)

모든 이제껏의 논의는 최대 채널 용량에 관한 섀넌의 공식으로 요약 될 수 있다. 물리적 엔트로피에 대한 볼츠만의 공식과 이윤을 극대화 하기 위한 켈리의 공식은 결국은 같은 공식이다.

그러나 실제로 놀라운 것은 베팅을 하는 일은 생명의 진보에 있어서 매우 풍성한 결과를 줄 수 있음을 암시하고 있다는 사실이다. 우리는 작위적인 변종을 게임의 다른 전략을 만들어내는 것과 같은 것으로 생각할 수 있으며, 다른 전략들은 서로 다른 성공 가능성을 지니고 있다. 이는 정확하게 프레드릭 와버튼Frederic Warburton이라는 생물학자가 그의 논문에서 분석한 바이다.

와버튼은 진화를 개개인의 개체(도박꾼)와 환경(카지노) 사이의 게임이라는 시각으로 보았다. 진화론적 언어에서 이윤을 취한다는 것은 환경의 영향과 관계 없이 생명이 번창하게 됨을 의미한다. 돈을 잃는다는 것은 생명이 끝나게 됨을 의미한다. 그러므로 그 경기는 다음과 같다. 개개인들은 자기 자신의 복제를 생산하지만 그러한 자연적인 복제는 원래의 모체와는 약간의 차이를 보이는데, 이는 그들이 작위적 변종이기 때문이다. 변종은 환경의 영향(예를 들자면, 우주에서 오는 광선의 영향 등으로 인해) 혹은 전이 과정에서의 에러 같은 것에 기인한다. 변종은 새로 만들어진 개체의 성질에 약간의 변화를 만들어내며 그러한 개체들은 자연과 환경에 의해 테스트를 거치게 된다. 그렇게 만들어진 개체의 숫자는 채택된 경기 전략에 큰 영향을 받게 될 것이다. 만들어진 개체들은 먹여지고 키워지게 될 것이며 주어진 제한된 환경 속에서 얼마나 많은 복제를 만들어낼지를 선택해야 한다. 새로운 개체들은 그러한 진화론적 테스트를 견뎌내 증식하게 되든지 (즉 이윤을 창출하던지) 아니면 실패해 죽어버리고 (즉 투자금을 잃고) 말 것이다. 경제에 있어서 이는 배당 증가의 법칙principle of increasing returns[수확 체증의 법칙이라고 불리기도 한다-옮긴이]으로 알려져 있다. 이는 살아남은 이윤이 추구한 전략이 환경을 더 잘 반영하게 되기 때문에 그 이윤이 배가될 것이 명백하다는 법칙이다. 이 경우 생명은 이윤을 남기며 증가하게 될 것이고 진화는 도박 경기가 될 것이다.

그러나 언제나 그렇듯이 이러한 비유가 매끄럽지만은 않다. 더 많은 이윤을 취하는 생명은 이윤을 조금밖에 취하지 못하는 환경을 만들게 된다. (이는 엔트로피에 비례해 증가하기 때문이다.) 환경에 엔트로피가 증가함에 따라 생명이 증식하는 일은 점점 힘들어지게 된다. 비슷한 이유로 당신이 카지노에서 더 많은 돈을 벌게 된다면, 반대로 당신이 취할 수 있는 이득에 장기적으로 영향을 미치게 된다. 결국 당신의 배당금이 줄어들게 할지도 모르며, 당신의 승리에 세금을 부과할 수도 있고, 또는 게임을 중단하게 할지도 모른다. 처음부터 게임을 하기 위해 돈을 지불해야 했다면 우리는 얼마나 베팅의 다른 원칙이 중요한지를 알게 된다. 당신은 이미 불리한 경기를 하게 되는 것이다.

우리는 생명을 환경의 엔트로피를 증가시키며 지협적으로 낮은 엔트로피를 유지하기 위해 노력하는 맥스웰의 유령으로 볼 수 있음을 이야기한 바 있다. 사실상 우리가 보았듯이, 국소적 엔트로피를 더 낮게 유지하려 할수록 그 계의 전체 엔트로피는 더욱더 증가하게 될 것이다. 그렇다면 전체 엔트로피가 증가한다는 것이 생명의 존재를 증명하는 일이 될 수 있을까? 우리가 다른 행성의 엔트로피양을 측정함으로써 그 행성에 생명체가 존재하는지 아닌지를 알아낼 수는 없는 것일까?

이는 아주 흥미로운 질문인데, 그 답은 전체 엔트로피의 생성이 중요하기는 하지만 그것이 판단의 유일한 요소는 아니라는 데서 찾을 수 있다. 태양계에 있는 모든 행성들과 위성 중에는 수성이 단위 면적당 가장 높은 엔트로피 생성률을 가지고 있는데, 우리가 알고 있는 한 수성에는 생명이 존재하지 않는다. 그 이유는 생명현상이 발생하기 위해 가장 중요한 물질 이동 매체인 대기가 수성에는 존재하지 않기 때문일 가능성이 가장 높다.

지구와 달은 수성 다음으로 높은 엔트로피 생성률을 보이는 행성인데 대략 수성에 1/4 정도의 엔트로피 생성률을 보인다. 달은 중력이 아주 약하기 때문에 수성과 마찬가지로 대기가 존재하지 않으며 이것이 달에 생명이 존재하는 일을 불가능하게 한다. 태양계의 다른 행성들과 그 달들은 엔트로피의 생성률이 아주 낮다. (화성의 엔트로피 생성률은 지구의 2/3로 네 번째이다.)

그러므로 전체 엔트로피 생성률은 생명현상과 매우 깊은 관계가 있지만, 그렇다고 해서 그것이 단정적인 답을 주진 않는다. 더욱더 결정적인 다른 요소가 있을 수 있다. 이는 생명에 대한 정의를 더욱 정확하게 한다는 것을 의미하며, 그러한 필요성은 다른 여러 가지 예에서 알 수 있다. 그래도 생명의 모든 면들을 명확히 하는 것이 매우 어렵다는 것을 감안한다면 (과연 바이러스가 생명체인가 아닌가?) 엔트로피 생성률은 꽤 괜찮은 지표가 될 수 있는 것이다.

생명의 다른 중요한 특징은 그것이 아주 복잡한 방향으로 진행한다는 것이다. 이 점을 여태껏 우리가 논의한 것을 근거로 좀 더 정확하게 계량화할 수 있는지를 살펴보자. 복잡성을 어떤 계의 가장 무질서한 상태, 즉 최대 엔트로피와 주변 환경에 영향을 받는 실제 엔트로피 사이의 차이라고 정의할 수 있다. 이 정의는 피터 랜스버그Peter Landsberg라는 열역학자에 의해 제안된 바 있다. 자연선택설은 환경에 대해 엔트로피를 최소화하는 생명체를 선호한다고 이야기한다. 이는 조금 전에 논의했던 최고의 도박꾼과 같은 개념이다. 이들은 절대 죽지 않는다. 그러므로 그들의 변종은 결과적으로 더 낮은 지협적 엔트로피의 상태를 향해 진행하게 되는데 이는 최대 엔트로피에서 그것을 빼줌으로써 복잡성과 같은 양이 되고, 결국 생명은 그 복잡성이 증가시키는 결과를 낳게 된다. 덧붙이자면, 모든 생명이 시간이 지남에 따라 더욱더 복잡한 형태가 되지는 않는다는 것을 이야기할 필요가 있을지도 모르겠다. 많은 생명체들이 좀 더 복잡한 형태로 발전해감에 따라 더욱 성공적이게 되지만, 모든 생명이 그렇지는 않다는 것은 명확하다. (박테리아와 같은 생명을 예로 들 수도 있겠다.) 하지만 시간이 지남에 따라 더 복잡한 형태의 생명이 나타났고 우리가 설명하고자 하는 것은 그러한 형태의 증가인 것이다.

시간에 따른 생명의 복잡성 증가는 이제 진화의 직접적인 결과로 보여질 수 있다. 즉 작위적인 변종과 자연선택에 의한 결과라는 것이다. 실제로 유명한 옥스포드의 생물학자인 리처드 도킨스Richard Dawkins는 그의 몇몇 저서에서 진화라 것은 우리가 주위에서 볼 수 있는 다양한 형태의 생명체를 설명해낼 수 있는 유일한 이론임을 강하게 주장했다. 생명이 전체 엔트로피 생성을 최대화한다는 가정은 또한 생명이 그 복잡성의 증가를 최대화한다는 것을 암시하는지도 모른다. 그러므로 생물학적 복잡성은 성공적인 도박꾼의 이윤과 같은 것이며, 이는 같은 방법으로 증가한다.

베팅의 분석, 경제에 대한 고찰과 그것의 근본 원리를 종합함으로써 정보라는 것이 그러한 생각을 논의하는 데 가장 자연스러운 틀이라는 예를 살펴볼 수 있었다. 우리는 다음 장에서 이러한 접근이 어떻게 우리의 삶과 삶의 질을 정의하는 사회적 상호작용에 대한 논의로 확장될 수 있는지를 살펴보고자 한다.

7장
사회적 정보
: 연결되거나 죽거나

모든 사람이 조가 누구인지 안다. 조는 반에서 가장 인기가 많으면서 학교에서는 짱으로 통하며 그가 원하는 일은 뭐든지 이룰 수 있는 그런 종류의 친구이다. 너무 완벽해서 가끔은 미워보이기까지 하는 친구다. 어떻게 그는 우리 모두가 그렇게도 힘들어하는 모든 종류의 일들을 다 잘 처리하는 것일까? 우리가 매일매일 일에 치일 때 조는 큰 집과 좋은 차를 가지고 있으며 항상 가장 예쁜 여자들이 그 앞에서 자지러지고 만다. 대부분의 남자들은 그러한 종류의 기술을 익히기 위해 큰 희생을 치를 준비가 되어 있다.

그렇다면 그는 어떻게 그런 기술을 익힐 수 있었던 것일까? 물론 확실한 답을 줄 수는 없지만 대개 많은 친구를 가지고 있는 사람들이 대체적으로 그러한 일에 성공적이라는 것은 크게 놀랍지 않다. 우리는 직관적으로 그런 사람들이 다양한 연결 고리를 가지고 있어서 여러 면에서 사람들로부터 많은 도움을 받기 때문에 자기가 원하는 선택을 할 수 있는 더 많은 기회를 가지고 있다고 알고 있다.

그와 마찬가지로 더 많은 연결성을 가지고 있는 사회는 고립된 사람들이 많은 사회보다 대체적으로 여러 종류의 위기 상황에 더 잘 대처할 수 있는 능력을 가지고 있다는 것은 그리 놀라운 일이 아니다. 언뜻 보기엔 그러한 연결성이 섀넌의 정보이론과 그리 큰 관계가 있어 보이지는 않는다. 전화선으로 어떠한 메시지를 보내는 것이 좋은가 하는 섀넌의 정보이론이 사회의 기능이나 그 사회가 어떤 사건에 대처하는 능력과 어떤 관련이 있단 말인가?

정보가 사회학에서 어떤 역할을 하게 될지도 모른다는 강력한 실마리는 1971년 토머스 셸링Thomas Schelling이라는 미국의 경제학자이자 노벨상 수상자로부터 처음 제기되었다. 그 이후 사회학은 아주 정성적인 학문이 되어버렸다. 그가 특정한 사회변혁의 방법이 정보교환이 중요한 역할을 하는 여러 가지 역학적 예들과 정성적으로 완벽히 같은 방법으로 이루어진다는 것을 보였기 때문이다.

셸링은 참 재미있는 성격을 가진 사람이었다. 그는 미국 백악관의 대통령실 보좌관으로 '마셜플랜'이라고 하는 2차세계대전 이후 유럽의 재건을 돕는 일에 1948년부터 1953년까지 참여했으며, 이때 그는 예일 대학과 하버드 대학 같은 유명한 대학들에도 한자리를 차지하고 있었다. 당시 셸링은 국가 간, 특히 핵무기를 보유하고 있는 국가들 사이의 충돌에 관한 일로 유명했다. 그의 주된 아이디어는 '사전 약속precommit-ment'에 관한 것이었다. 이는 충돌 당사자 중 한쪽은 자신이 느끼는 위협을 더 신뢰할 수 있게 하기 위해 어떤 종류의 선택을 포기함으로써 자신의 전략적 입지를 강화할 수 있다는 내용이었다. 어떤 군대는 퇴각을 불가능하게 하기 위해 사전에 다리를 불태울 수 있다는 것이 그 전형적인 예이다. 그 상황에서 상대방은 그들이 더 이상 퇴각할 수 없다는 것을 알게 될 것이고, 그 정보는 상대방이 쓸 수 있는 전략을 제한되게 만든다. 그들은 당신이 끝까지 싸우게 되리라는 것을 알게 되는데, 이는 전형적인 배수진의 예이다.

여기서 셸링은 한 걸음 더 나아갔다. 그는 충돌에 관해 연구하는 것은 단순히 군사적인 대치를 이해하는 것 이상으로 도움이 된다는 것을 알게 되었다. 그는 비슷한 분석을 한 개인의 내적 대립에 적용해보았다. 그가 제안한 문제는 다양한 경우에 있어 대부분의 사람들이 겪는 자아 분열과 비슷한 것이었다. 예를 들어, 당신은 스스로 살을 빼기를 간절히 원하거나 담배를 끊기를 원하거나, 혹은 아침에 일찍 일어나 하루에 2마일씩 조깅을 하기를 간절히 원한다. 반면 당신은 추가의 디저트를 원하며 담배를 피우고 싶어하고 아침 운동 대신 늦잠을 자기를 원하는 마음도 가지고 있다. 당신의 그러한 양면은 모두 똑같이 유효하며 스스로의 욕망을 추구하는 데 있어서 똑같은 이성을 가지고 있다. 하지만 그러한 두 가지 자아는 동시에 존재하지 않으며 어느 쪽이 이기는가는 각각의 자아가 사용하는 전략에 따라 달라지게 된다. 셸링의 관점에서 어느 한쪽이 이길 확률은 다른 한쪽이 따라가기 힘든 어떤 큰 공약을 제시함으로써 크게 높일 수 있다. 이는 자아의 한쪽이 "나는 침대에 더 있고 싶어" 라고 말할 때, 다른 한쪽은 "하지만 나는 아침 운동 비용으로 한 주에 70파운드를 쓰고 있어"라는 식으로 생각함으로써 복수할 수 있다는 것이다. 운동 시설 회원권이나 담배를 집에서 없애는 것, 차량을 이용하지 않고 일터까지 걸어가는 일 등은 셸링이 이야기한 '다리를 끊어버리기'와 같은 것의 좋은 예이다.

충돌에 관해 연구를 하는 것은 단지 군사적인 목적에서만 유용한 것이 아니고 개인이나, 우리가 살펴볼 테지만, 사회의 분열 현상을 이해하는 데 있어서도 중요한 것으로 알려졌다. 그리고 이에 중요하게 내재되어 있는 것이 바로 정보라는 개념인 것이다.

물론 사회학에서 정보이론을 사용한다는 생각은 그리 새로운 것은 아니다. 우리는 그러한 생각의 근원을 셸링 이전에도 찾아볼 수 있다. 사실상 사회과학에서 확률적 방법을 사용한 것은 볼츠만이 확률론을 물리학에 적용해 엔트로피 공식을 얻게 된 직접적인 계기가 되었었다. 물론 정보이론에서 이용된 확률적 방법을 직접적으로 물리학에 적용하는 것은 인간 사회의 복잡성과 비교해볼 때 훨씬 더 어려운 일이었지만 그 두 가지는 근본적으로 같은 전제를 담고 있다. 물리학에서 전형적으로 다뤄지고 있는 원자들로 이루어진 간단한 기체와 비교해볼 때 개개인은 그 자신들의 목적을 이루기 위해 독립적인 복잡한 전략을 기획할 수 있는 추가적인 다양성들을 지니고 있다.

사회적 맥락에서 정보는 다른 많은 모습을 띠고 있다. 개인 간의 연결성, 개개인의 상태와 행동, 자료를 처리할 수 있는 사회적 역량 등등, 그러한 종류의 모든 정보들은 사회를 작동하는 데 역할을 한다.

나중으로 논의를 미루어두었던 이전 장에서 암시한 중요한 개념들 가운데 하나는 상호 정보에 관한 것이었다. 이 개념은 다양한 자연현상을 이해하는 데 아주 중요한 것이며 사회구조의 근원을 설명하는 데 중요한 열쇠가 된다.

상호 정보mutual information는 어느 두 개의 사건이 (혹은 그보다 더 많은 사건이) 서로 다른 사건에 대한 정보를 공유하는 상황을 설명하는 단어이다. 어떤 사건들 사이에 상호 정보가 있다는 것은 그들이 더 이상 독립적이지 않음을 의미한다. 하나의 사건이 다른 사건에 관해서 당신에게 어느 정도의 이야기를 해줄 수 있다는 것을 의미한다. 예를 들어, 누군가 당신에게 "바에 있는 음료를 좀 들겠습니까?"라고 물어본다면 당신은 "당신이 마신다면 나도 마시겠소"라고 얼마나 자주 대답하는가? 당신의 대답은 자신의 행동을 당신에게 음료를 권한 사람의 행동과 즉각적으로 연결시킨다는 것을 의미한다. 그가 음료를 마신다면 당신도 마시게 될 테고 그가 마시지 않는다면 당신도 마시지 않게 될 것이다. 마실지 안 마실지에 대한 당신의 선택은 음료를 권한 사람과 완벽하게 연동될 것이고, 정보이론적 용어로 이야기하자면, 그와 당신은 최고의 상호 정보를 갖게 되는 것이다.

좀 더 정확히 이야기하자면, 상호 정보의 존재는 추론할 수 있는 표식으로 언급될 수 있다. 두 개가 상호 정보를 가진다는 것은 그들 중 하나를 관찰함으로써 다른 하나의 성질 중 일부에 관해 어느 정도의 추론을 할 수 있음을 의미한다. 그러므로 위의 예를 들자면, 만일 내가 당신이 음료를 마시는 것을 보았다면 이는 논리적으로 당신에게 음료를 권한 그 사람도 음료를 마시고 있다는 것을 알게 된다는 것이다.

물론 어떤 두 사건의 상호 정보라는 것이 항상 최대일 수만은 없다. 음료에 관한 예를 들자면, 이는 상호 정보가 부족할 땐 당신의 친구가 음료를 마신다면 대체로 당신도 음료를 마시겠지만, 항상 그렇지는 않다는 것을 의미한다. 이 경우 두 개의 사건에 관한 추론의 정확도는 약해질 것이다.

상호 정보에 관해 논의할 때마다 실제로 질문하게 되는 것은 하나의 사람/개체가 다른 사람/개체에 관해 얼마 만큼의 정보를 가지고 있느냐 하는 것이다. 전화 통신의 예를 들자면, 알리스와 밥은 상호 정보를 가지고 있다. 알리스가 밥과 통신을 한 후엔 그 둘은 같은 메시지를 공유하게 된다. 밥이 당신에게 그 메시지가 무엇인지 알려주었다면 알리스와 밥 사이의 상호 정보가 최대라는 가정하에서 당신은 그녀에게 물을 필요 없이 어떤 메시지가 알리스에게 보내졌는지를 알게 될 것이다. 상호 정보가 최대가 아닌 경우에 있어서는 (즉 밥이 메시지의 일부를 잃어버린 경우와 같이) 우리는 메시지를 추론하는 데 그저 부분적인 성공만을 거둘 수 있는 것이다.

DNA의 이야기로 돌아간다면, 분자들은 그들이 주입한 단백질에 관한 정보를 공유한다. DNA의 다른 가닥들은 서로에 관한 정보를 공유하고 있다. (우리는 이미 A는 단지 G와만 결합을 하고 C는 단지 T와만 결합을 한다는 사실을 안다.) 더 나아가 서로 다른 사람들이 가진 DNA 분자들도 서로에 대한 정보를 공유하고 있는데, 예를 들어 아버지와 아들은 DNA 유전체의 반을 공유하고 있다. 또한 DNA는 그를 둘러싸고 있는 환경과도 정보를 공유한다. 그러므로 주변 환경은 어떻게 DNA가 자연선택을 뚫고 진화하는지를 결정하게 된다.

열역학에 있어서 상호 정보는 유령의 기억과 입자의 움직임 사이에서 형성된다. 얼마 만큼의 일을 유령이 추출해낼 수 있는지는 유령이 입자의 실제 속도에 관해 얼마 만큼의 정보를 가지고 있는가에 달려 있다. 재무 전략에 있어서 얻게 되는 이윤의 양은 당신이 얼마 만큼의 정보를 시장과 공유하고 있는지와 밀접하게 연계되어 있다. 만일 당신이 주가

가 얼마나 변동하게 될지를 알고자 한다면 시장에 관한 완벽한 정보를 가지고 있어야만 한다. 물론 대부분의 경우 시장이 가진 정보의 양과 그 복잡성을 따져볼 때 완벽한 정보를 갖는다는 것을 거의 불가능하긴 하지만 말이다. 모든 것은 일정 정도로 다른 모든 것들과 상호작용을 하고 있다는 것을 전제로 한다면, 모든 경우에 있어서 상호 정보는 어느 정도 존재하고 있는 것이다.

상호 정보를 이용해 우리가 여기서 이해하고자 하는 현상 중 하나는 소위 '세계화'라고 불리는 개별 사회들의 연결성 증가 현상이다. 우리가 언급하고자 하는 사회현상 중 다른 하나는 사회의 계층 분화 현상과 이 현상의 부정적인 효과이다.

우리가 사회현상에 대해 자세히 알아보기 전에 물리에서 중요한 상전이phase transition이라는 개념에 대해 설명해보고자 한다. 대략적으로 상전이는 개개의 개체들 사이에 공유하는 정보가 아주 클 때 일어난다. 상자 속에 있는 기체의 예나, 자기장 속에 놓인 금속 막대, 혹은 전기회로에 연결하기 위해 쓰이는 구리 전선의 경우 모두 그 내부에 있는 개체들은 어느 정도의 상호 정보를 공유한다.

상호 정보가 아주 높은 경우엔 개개의 구성 요소들에게 큰 변화가 없다고 하더라도 궁극적으로는 다른 행동을 이끌어낸다. 좀 더 이야기해보자면, 개개의 구성 요소들은 개별 단위에 영향을 받지 않아도 하나의 집단으로서는 전체적으로 다른 행동을 보인다는 것이다. 여기에서 중요한 점은 어떻게 개개의 구성 요소들이 서로서로 연결되어 집단적인 움직임을 만들어내는가 하는 점이다. 이러한 설명은 1977년에 노벨 물리학상을 받은 필립 앤더슨Philip Anderson이라는 물리학자에 의해 이루어졌다.

집단적 동역학group dynamics의 일반적 예는 우리가 물을 끓이거나 물을 얼릴 때에도 관찰할 수 있는 현상이다. 즉 액체가 기체로, 혹은 액체가 고체로 변할 때에도 관찰할 수 있다. 그러한 극단적이고도 가시적인 구조의 변화는 상전이라는 이름으로 잘 알려져 있다. 물이 얼게 될 때 상전이가 일어나는데, 이때 물 분자들은 더욱더 긴밀하게 연결되고 그러한 연결성은 강한 분자 결합이나 더욱 단단한 구조를 만들어내게 된다.

사회 형성이나 모든 사회의 중요한 변화—예를 들면, 혁명이나 내전, 혹은 민주주의의 완성과 같은—는 사실상 상전이라는 개념을 통해 더 잘 이해될 수 있다.

여기서 사회적 상전이를 더 자세히 설명할 수 있는 예를 들어보고자 한다. 이 예는 우리가 나중에 살펴볼 다양한 사회현상을 설명하는 모형이 될 것이다. 어떤 수많은 원자로 이루어진 고체 덩어리를 상상해보자. 원자는 대개 서로서로 상호작용을 하는데 그 상호작용은 대개 이웃해 있는 원자들 사이에서 이루어진다. 그러므로 대개의 경우 이웃한 원자들은 상호 간의 존재를 느낄 수 있는 반면, 더 멀리 떨어진 원자들은 그들 간에 직접적인 정보교환이 이루어지지 않는다.

이웃한 개체들 사이의 상호작용의 결과로 이웃한 원자들 사이엔 정보교환이 가능한 반면, 상호작용이 없는 멀리 떨어진 원자들 사이엔 정보교환이 불가능한 것처럼 보인다. 그러나 그것은 논리적으로는 그럴듯하게 들리지만 실제로는 사실이 아니다. 채찍을 생각해보자. 당신이 한쪽 끝을 흔드는 일은 직접적으로 다른 쪽 끝의 움직임의 속도와 폭에 영향을 준다. 이는 채찍에 있는 원자들 사이의 상호 연결성을 이용해 움직임을 전달하게 되는 좋은 예가 될 것이다. 정보는 멀리 떨어져 있는 원자들 사이에서 공유될 수 있는데, 이는 하나의 원자가 그에 이웃한 원자들과 상호작용을 하고 있기 때문이며 그 이웃은 또 다른 이웃과 상호작용을 하고 있기 때문이다. 이러한 개념은 '6단계 연결성의 원칙six degrees of separation'이라는 개념을 통해 잘 설명되고 있다.

당신은 지구상에 있는 모든 사람들이 6단계를 거친다면 모두 연결된다는 주장을 들은 적이 있을지 모른다. 이 이야기는 처음엔 놀라울지 모르지만 자세히 살펴본다면 어쩌면 당연한 일일지도 모른다. 예를 들면, 나는 미국의 전 대통령 빌 클린턴과 3번의 단계를 거쳐 연결된다. 어떻게 그럴 수 있을까? 나는 런던의 한 은행에서 일을 하고 있는 친구 하나를 잘 알고 있다. 그 친구의 회사 상관은 그 은행의 미국 지사장을 잘 알고 있고 그 미국 지사장은 빌 클린턴과 친한 친구 사이이다. 놀랍지 않는가? 나와 빌 클린턴 사이에 단지 세 명만이 있을 뿐이다. 물론 나는 내가 전 대통령인 빌 클린턴과 세 단계에 거쳐 알고 있다는 사실에 무관심하기는 하지만 참으로 신기하기는 신기한 일이다. 이 예는 어떻게 연결 고리들이 작동하는지를 보여주는 좋은 예이다. 당신이 X라는 일을 하는 사람을 아는지 모르는지는 크게 중요하지 않으며 단지 그러한 방법으로 당신은 지구상에 있는 모든 사람과 소통할 수 있는 사회에 연결되어 있다는 것은 참 놀라운 것이다. 어딘가에 있는 누군가는 X라는 일을 잘할 수 있다는 것이다.

왜 어떤 사람이 다른 사람과 연결되기 위해서 많아야 6단계의 거리만이 존재하는지를 설명하는 것은 그리 어려운 일이 아니다. 나는 대략적으로 100명 정도의 사람을 알 수 있는데, (아마 나는 더 많은 사람을 알고 있을 테지만, 알려진 바에 의하면 인간의 뇌가 사람들의 이름과 얼굴을 구분하고 기억할 수 있는 최대의 숫자는 대략 200명이라고 한다. 이는 인간 진화의 초기에서부터 내려오는 유산이라고 할 수 있는데, 인간은 초창기에 작은 부족을 이루며 살고 있었기 때문이다) 내가 알고 있는 그 100명의 사람들은 다른 100명의 사람들을 알게 될 테고 이는 연속적일 것이다. 그런 식으로 5단계만 거치면 거기에 속하는 사람들의 숫자는 100억 명에 이른다. 전세계 인구 수가 60억 명이라는 점은 감안하면 5단계의 연결만으로도 전세계에 있는 모든 사람들과의 연결이 가능한 것이다. 하지만 모든 사람이 100명의 사람을 아는 것도 아닐 것이고 거기에는 겹치는 사람들이 많을 수도 있다. 그런 것을 모두 고려해 연결 정도의 평균을 내본다면 6단계가 된다는 것은 잘 알려진 사실이다. 이것이 바로 누군가가 한 사회에서 더 많은 사람과 연결되고자 할 때 단순히 많은 사람을 아는 것만이 중요한 것이 아니라 사회에 연결되는 방법, 그 연결성을 최적화하는 것이 중요한 이유인 것이다.

그렇다면 왜 사람들 사이의 네트워킹이 중요한 것일까? 당신은 아마 사회의 결정들은 구성원 개개인의 의사에 큰 영향을 받을 것이라고 생각하고 있을지 모른다. 그러나 이런 사회적 생각은 개개인들이 공유하고 있는 공통적인 정보에 근거하고 있다는 것이 더욱 확실하다. 사회 안과 그 사회구조를 결정하는 중요한 요소는 개개의 구성원이라기보다는 그들 사이의 상호작용인 것이다.

더욱이 각각의 사회들은 여러 가지 다른 면을 가지고 있는데, 의사 결정 구조에 있어서 여러 단계를 거쳐 집중화하는 것이 하나의 예가 될 수 있다. 집중화의 한 극단적인 예는 독재인데, 독재 상황에서는 개개인이

의사 결정에 거의 역할을 할 수 없으므로 그 분석 자체가 그리 흥미롭지 않다. 다른 극단적이면서도 재미있는 예로는 집중화가 전혀 존재하지 않는 경우를 들 수 있는데, 이때 의사 결정은 개개인이 동의하는 쪽에 줄을 서서 의사를 표시함으로써 이루어질 수 있다. 이 경우엔 외부의 영향이 없다고 할 때 서로 상호작용하는 개인 간에 나타나는 동의 현상이 있게 된다. 이때 개인 간에 교환되는 정보는 점점 더 큰 중요성을 띠게 된다. 그렇다면 아주 한정된 숫자의 이웃끼리만 국소적으로 상호작용을 한다면 어떻게 모든 사람들이 하나의 결정에 동의할 수 있게 되는 것일까?

어떻게 국소적 상호 관계가 사회구조를 만들어내는지를 이해하기 위해 고체의 예를 들어보도록 하자. 고체는 원자의 규칙적인 배열을 가진다. 이때 어떻게 물이 얼음이 되는지를 이야기하는 대신, 어떻게 고체가 자석으로 변할 수 있는지를 고려해보도록 하자. 고체 속에 있는 모든 원자는 작은 자석으로 생각될 수 있다. 처음에 그 자석들은 서로서로 완전히 독립적이며 남극/북극과 같은 공통적 정렬이 존재하지 않는다. 이는 그들이 모두 임의적인 방향을 향하고 있다는 것을 의미한다. 전체적인 고체―원자의 전체적 집합― 는 자석들의 임의적 집합이 될 것이며 전체적으로는 자석화되지 않을 것이다. 이를 물리에서는 상자성체paranagnet라 부른다. 모든 임의적 방향의 작은 원자 자석들은 그 효과가 서로 상쇄될 것이며 전체적인 자기장은 0이 될 것이다.

그러나 만일 원자들이 상호작용을 하기 시작한다면 원자들은 서로 다른 원자의 상태에 서로서로 영향을 미치게 될 것이며 그들은 이웃한 원자와 같은 방향으로 정렬될 것이다. 그렇게 된다면 연결성의 원칙에 의해 각 원자들은 서로 다른 원자들에 영향을 미치며 연결되게 되며 그 영향이 다시 그들과 이웃한 원자들에게 미치게 되어 궁극적으로는 고체 내에 있는 모든 원자들이 상호 연관성을 갖게 된다. 만일 상호작용이 외부 온도에 의한 교란보다 더 강해지게 된다면 모든 원자 자석들은 궁극적으로 같은 방향으로 정렬될 것이며 그 고체는 전체적으로 자성을 띤 자석이 될 것이다. 모든 원자들은 이제 걸맞은 상태로 조율되어 하나의 큰 자석이 되는 것이다. 모든 원자들이 자발적으로 정렬하는 지점을 상전이점—즉 고체가 자석이 되는 점—이라고 부른다.

이렇게 단순한 아이디어가 복잡한 인간 사회에도 비슷하게 적용될 수 있을까? 처음엔 그 적용이 그리 간단해보이지 않는다. 개개의 사람들을 작은 자석으로 생각하고 나면 (예를 들면, 그들은 정치적으로 좌나 우의 방향을 향하고 있을 수 있다) 우리는 이제 어떤 환경에서 전체 사회가 좌측 방향이나 우측 방향으로 쏠릴지를 조사해낼 수 있으며 그러한 쏠림 현상으로 하여금 어느 정도의 외적 영향이 필요한지를 생각해볼 수 있다. 그리고 그것이 자성체의 상전이와 유사한 사회적 쏠림 현상이라 말할 수 있을 것이다.

원자라는 것이 인간과 비교될 수 있다는 것에 이의를 제기하는 사람이 있을 수도 있다. 궁극적으로 인간은 생각하고 느낄 수 있으며 화도 낼 수 있는 반면, 원자는 살아 있지 않고 그 행동 반경도 훨씬 더 단순하다. 하지만 이것은 중요한 점은 아니다. 여기서 중요한 점은 우리가 인간의 한 가지 면에만 집중한다는 사실이다. 사실 원자도 그 구조가 그리 단순하지 않지만 우리는 원자의 자성만을 보기 때문에 그들을 단순화시킬 수 있다. 여전히 인간이 훨씬 더 복잡하다고는 하지만 인간의 정치적 성향에만 관심을 갖는다면 실제 상황을 훨씬 단순화시킬 수 있다. 물론 인간과 원자 사이에는 중요한 차이가 있다. 소위 말해, 인간에게는 자유의지라는 것이 있다. 인간은 스스로 의사 결정을 내릴 수 있으며 자기 자신의 결정에 의해 스스로의 운명을 결정짓는다. 반면 원자들은 그럴 수 없다. 자유의지에 대한 이러한 논의는 사실 그리 간단하지 않은데 이 점에 대해서는 이후에 논의할 기회가 있을 것이다.

당신이 인공위성의 영상으로 복잡한 거리에서, 예를 들어 런던의 옥스포드 거리에서, 사람들이 이리저리 돌아다니는 모습을 관찰하고 있다고 하자. 아마 당신이 구글의 인공위성 사진을 사용한다면 돌아다니는 개인이 누구인지 구별할 수는 없을 것이다. 물론 미국 중앙정보부 CIA나 이스라엘의 비밀 정보기관인 모사드MOSSAD는 훨씬 더 섬세한 사진으로 개인들을 구별해낼 수 있을지도 모르겠지만 말이다. 사람들은 단지 두 개의 직선, 즉 옥스포드 거리의 포장도로를 잇는 직선 사이를 이동하는 점으로 표현될 것이며 그곳에는 자동차를 의미하는 큰 점들도 있을 수 있겠다.

이제 사람을 표현하는 점들이 어떻게 움직이는지를 관찰하도록 하자. 그들은 광범위하게 거리를 오르내리며 좌우의 움직임도 있을 텐데 사람들은 서로를 피해다니기 때문에 이 점들이 부딪치는 일은 없을 것이다. 만일 어떤 사람이 당신에게 그 점들의 움직임을 보여주면서 그 점들이 사람들의 움직임이라는 사실을 알려주지 않는다고 생각해보자. 그렇다면 당신은 점들의 움직임만으로 그것이 살아 있는 (혹은 지적인 능력을 가진) 개체들의 움직임인지 아니면 원자나 당구공 같이 생명이 없는 개체들의 움직임인지를 과연 파악할 수 있을까?

사람의 움직임이나 당구공의 움직임은 대략 비슷하기 때문에 당신은 확실하게 그 차이를 말하기 힘들 것이다. 사람이나 당구공은 자기만의 방식으로 충돌하기도 하고 충돌을 피하기도 한다. 그러한 움직임은 확산 현상diffusion process으로 알려져 있는데, 전반적으로는 한 방향의 흐름을 보이지만 때때로 간헐적인 불규칙성을 보이기도 한다. 살아 있는 생물체나 생명이 없는 물체나 그러한 움직임을 보인다는 점에서는 매우 비슷한 것처럼 보인다.

이제 상전이와 인간 사회에 관한 주제로 되돌아가보기로 하자. 여기서 우리가 각 개체가 자신과 이웃해 있는 개체와만 상호작용을 하는 개체들의 연결체라고 가정해보자. 그러한 계는 에르네스트 아이징Ernest Ising이라고 하는 물리학자에 의해 19세기에 처음으로 고려되었다. 당시에 그는 박사과정 학생이었다. 불행하게도 그는 그러한 모델에서는 상전이 현상이 일어나지 않는다는 것을 증명하게 되었다. 만일 원자들을 그러한 연결체 속에 존재하는 작은 자석이라 생각한다면 그들은 주변에 어떤 상황이 조성된다고 하더라도 한 방향으로 정렬될 수 없음을 증명한 것이다. 상전이 현상을 미시계의 상호작용으로 설명할 수 있으리라 기대한 아이징에게 이는 아주 실망스러운 결과였고, 박사과정을 마친 뒤 그는 물리를 그만두게 되었다.

아이징에겐 불행한 일이지만 20년이 지난 후 라스 온사거Lars Onsager는 그 배열이 원자들의 2차원적 배열이라고 한다면 낮은 온도에서 상전이가 있을 수 있음을 보이게 된다. 그로 인해 온사거는 노벨 화학상을 받게 된다. 상전이에 관한 분야는 이후 매우 적극적으로 연구되기 시작했고 그로 인해 여러 근본적인 발견이라는 결과를 낳았으며 (앤더슨을 비롯해) 많은 연구자들에게 노벨상이 수상되었다.

상전이에 있어서 가장 놀라운 결과 중 하나는 매우 일반적인 '불가 不可 정리'no-go theorem이다. 불가 정리는 어떤 특정한 종류의 현상들은 일어날 수 없다는 광범위한 결과를 이야기한다. 아이징의 결과는 특정한 종류의 불가 정리인데, 이는 1차원 배열의 물리계에서는 상전이 현상이 일어나지 않음을 예견한 것이다. 흥미롭게도 2차원 배열에서도 일반적인 상전이 현상은 일어나지 않는다. 2차원 배열에서 불가 정리에 예외적인 것은 온사거가 분석한 모델이 유일한데 그는 아주 운이 좋았던 것이다. 얼음이 물로 바뀌는, 그리고 물이 수증기로 바뀌는 것을 관찰할 수 있다는 사실은 이미 우주가 3차원 공간에 존재한다는 것을 의미한다는 것이다.

그렇다면 이러한 사실이 인간 사회와 어떤 관련이 있는 것인가? 당신은 위의 계에 있는 원자를 작은 자석이 아니라 인간으로 생각해볼 수 있다. 위에서 이미 논의했듯이 우리는 원자보다 훨씬 더 복잡하지만 우리들 모습 중 어떤 부분은 매우 간단해서 원자로 비유될 수 있다. 인간의 존재와 그의 정치적 기질에 대해 생각해보자. 우리는 사회 속에서 보수주의냐 진보주의냐 하는 두 가지 선택을 할 수 있다고 가정해보자. 그러한 두 가지 상태는 오른쪽이나 왼쪽을 가리키는 자석의 두 가지 상태에 견줄 수 있다. 물론 정치에서는 권력을 쥔 쪽과 그렇지 못한 쪽으로 가르는 것이 더욱더 중요할지도 모르겠지만 말이다.

이제 일반적으로 하나의 사회는 그 구성원 중 어느 정도는 보수주의자이며 어느 정도는 진보주의자로 구성된 상태일 것이다. 이때 우리는 어떤 조건하에서 모든 구성원들이 진보주의자가 될 수 있을지를 물어보고자 한다. 아이징의 결과에 관한 우리의 논의는 다음과 같은 결과를 도출해낸다. 만일 사회의 모든 구성원들이 정치에 관해 옆에 있는 두 이웃과만 논의하는 아주 단순한 사회라고 가정한다면, 그 사회는 절대로 모든 구성원이 전부 진보주의자가 될 가능성은 없다. 우리는 절대로 즉각적 진보화를 경험할 수 없으며 일정한 수의 보수주의자들과 같이 지낼 수밖에 없을 것이다.

그러므로 1차원적 사회는 묘사하기 매우 용이하며 갑작스런 변화를 겪게 되지 않는다. 그러한 사회 중 하나는 〈좋은 친구들Goodfellas〉이라는 영화에서 묘사된 마피아와도 같다. 마피아 보스는 파울리라 불리는 사람인데 그는 자기과 가장 가까운 두 사람을 통해 명령함으로써만 조직원들과 소통한다. 그는 다른 사람과는 거의 이야기하지 않는다. 그 조직의 사람들은 또한 그들의 가장 가까운 동맹자와만 소통하는 식으로 연결되어 있다. 이는 마피아의 주요 간부들이 FBI에게 노출되는 것을 방지할 뿐만 아니라 마피아 자체의 안정성을 높이는 효과를 내기도 한다. 이는 또한 마피아 전체가 급격한 상전이를 경험할 확률을 급격히 낮추기도 하며 새로운 지도자를 선출한다거나 몇몇의 반대파에 의해 조직이 붕괴된다거나 하는 중요한 변화가 일어나는 일을 방지하기도 한다.

흥미롭게도 우리가 다른 모든 사람들과 상호작용을 하는 것을 허용한다면 1차원 내에서도 상전이는 가능할 것이다. 실제 세계는 그러한 두 극단의 중간 어디쯤에 있을 것이다. 우리 중 누구도 실제로 우리의 이웃과만 이야기하지는 않으며 그 누구도 세상에 있는 모든 사람과 소통을 하지는 못한다. 이미 논의했듯이 우리가 연결될 수 있는 가족, 친구, 지인들의 범위는 200명 가량이 된다고 알려져 있다.

사실상 우리가 다른 사람들과 연결되는 숫자는 지수법칙power law이라고 알려진 분포를 따른다. 많은 사람들을 아는 사람의 수는 몇 사람 알지 못하는 사람들의 수보다는 훨씬 적다. 또한 두 수의 비율은 엄격한 법칙을 따르는데 이는 책의 전반부에서 언급했던 문자의 빈도를 의미하는 지프 법칙과 비슷하다. 좀 더 정확하게는 천 명 정도의 연결을 가진 인구수가 열 명 정도의 연결을 가진 인구수보다 백만 배 적다. 이는 많은 연결성을 가진 사람은 확률적으로 적은데 이는 영어에서 긴 단어가 들릴 확률이 낮다는 것과 같은 의미다.

연결의 수에 있어서의 불균형은 멀리 떨어져 있는 사람과의 장거리 소통은 드물게 이루어지는 반면, 가까이 있는 사람과의 소통은 자주 이루어지는 모델과 연결된다. 이 모델은 '작은 세상 네트워크small world network'라고 불리는데, 어떤 방식으로 어떤 이유로 질병이 세상에 빠르게 확산되는지에 관한 중요한 모델이 되기도 한다. 우리가 아플 때면 질병은 대개 우리의 가까운 이웃에게 빠르게 확산되고 그 이웃 중 하나가 장거리 여행을 했을 경우 바이러스는 먼 거리로 또 확산될 수 있다. 이것이 우리가 신종 돼지 전염병이나 사람을 죽일 수 있는 그런 종류의 바이러스를 걱정하는 이유인 것이다.

이제 왜 사람들은—옳건 그르건 간에—정보화 혁명이 과거의 다른 어떤 혁명보다, 예를 들면 이전에 논의했던 산업혁명보다, 훨씬 더 광범위하게 우리 사회를 변화시킬 수 있다는 것을 믿고 있는지를 생각해 보자. 마누엘 카스텔Manuel Castell과 같은 사회학자들은 인터넷이 이전 역사에서 볼 수 있었던 것보다 우리 사회에 훨씬 더 심오한 변혁을 가

겨올 수 있을 것이라고 믿는다. 그의 논리는 위에서 논의했던 상전이와 같은 생각에 근거하고 있다. 물론 사회학자인 그는 물리학자들이 수학적으로 분석했던 것과는 다른 방법으로 그것을 해석하고 있지만 말이다.

덧붙이자면 우리는 인류의 초기 사회를 사실상 아주 국소적인 모습으로 생각해볼 수 있다. 하나의 종족은 한곳에, 다른 종족은 다른 곳에 존재하고 있으며 그들 사이에는 거의 소통이 없다. 19세기 말엽까지도 일반적으로 생각의 전달이나 소통은 여전히 매우 느렸다. 아주 긴 기간 동안 인간은 소통 범위가 아주 좁은 사회에서 살고 있었다. 그리고 물리에서 예견했듯이, 이는 사회의 갑작스러운 변화는 불가능하다는 것을 의미한다. 사회가 다른 복잡성을 갖게 되는 경우에는 근본적인 변화가 '불가능'하다기보다는 '쉽지 않다'고 말할 수 있다. 아주 최근엔 기술력의 발전으로 멀고 광범위하게 이동할 수 있게 되었을 뿐만 아니라 인터넷을 통해 거의 모든 사람과 소통할 수 있는 사회가 되었다.

초기 사회는 아이징 모델과 같았던 반면, 오늘날의 사회는 작은 세상 네트워크와 같은 모습을 띠고 있다. 점진적으로 우리는 모든 사람이 서로서로 상호작용할 수 있는 단계에 접어들고 있다. 그리고 이는 상전이가 일어날 확률이 훨씬 더 커지고 있다는 것을 의미한다. 돈이나 노동력조차 지구의 한쪽 끝에서 다른 쪽으로 수 초만에 이동할 수 있는 단계가 된 것이다. 이는 물론 사회의 거의 모든 전반적인 요소에 영향을 미치고 있다.

정보이론적 관점에서의 사회구조 분석은 종종 생각하지 못했던 새로운 측면을 드러낸다. 이는 왜 정보이론의 언어에 익숙해지는 것이 중요한지를 말해준다. 정보이론적 관점을 통하지 않고서는 문제의 본질을 이해하는 일이 쉽지 않기 때문이다. 현대사회에서의 분리를 예로 들어보자. 현대사회의 로스엔젤레스에는 백인과 히스패닉, 그리고 흑인들이 사는 구역이 명확히 구분되어 있다. 이런 구분은 법적으로 강요된 것이 아니며 (법적으로 모든 사람은 자신이 사고 싶은 집을 사는 데 아무런 제약이 없다) 그렇다면 그들은 모두 인종차별주의자라는 결론을 피할 수 없게 된다. 하지만 셸링에 따르면 그것은 올바른 결론이 아니며 아주 진보적인 인식이 보편적인 사회라고 할지라도 어떤 분리가 존재하는 상태가 지속되거나 그런 상태로 전환될 수 있다. 그런 의미에서 분리segregation라는 현상은 우리가 이전에 논의했던 상전이라는 현상과 비슷한 방법으로 일어난다고 할 수 있다.

분리라는 현상을 재현하기 위해서 셸링은 이전에 기술했던 자석에 관한 상전이 모델과 유사한 모델을 사용했다. 흑색과 백색의 조각들이 무작위로 펼쳐진 2차원 격자를 상상해보자. 만일 이것을 사회조직이라고 생각해본다면 이는 매우 진보적이며 조화롭게 섞여 있는 사회를 의미할 것이다. 자석의 예에서 이는 완전히 비정렬된 상태, 즉 모든 작은 자석이 모두 서로 다른 방향으로 정렬되어 있는 상태를 의미한다.

이 상황에서 어떻게 분리 현상이 나타나는지를 생각해보자. 셸링은 다음과 같은 규칙을 생각했다. 각각의 조각은 주변에 있는 이웃 조각들을 살펴보고 만일 주변에 있는 조각들 중 일정 숫자가 자기 색깔과 다른 색깔이라면 다른 곳으로 이동하라는 결정을 내린다. 극단적인 인종주의자는 (즉 만일 각 조각이 주변에 하나가 다른 색이라는 이유로 이동한다면) 분리적인 방향으로 이동하게 된다는 것은 분명하다. 그러나 셸링이 발견한 놀라운 점은 아주 진보적인 입장을 취하여 주변에 모든 조각들이 다른 색일 때에만 움직이는 전략을 택하게 될지라도 자연스럽게 분리된 사회로 이동하게 된다는 점이다. 아이징 모델에서 이것이 의미하는 바는 아주 약한 상호작용이라고 하더라도 상전이를 일으키기에 충분하다는 점이다. 이 모델에서 상호작용은 두 개의 스핀을 같은 방향으로 정렬하게 하며 그러한 방법으로 셸링의 모델의 이웃들은 균일한 모양을 하게 된다. (독자들에게 환기를 하자면, 도시는 2차원적인 구조를 하고 있고 2차원적 구조하에서는 1차원적 구조와는 다르게 아이징 모델도 상전이 현상을 보인다.)

이러한 현상을 설명하기 위해 가장 자연스러운 방법은 상호 정보라는 개념으로 이를 바라보는 것이다. 완전히 비정렬된 초기 상태에서는 매우 적은 상호 정보량이 있다. 이는 하나의 조각을 보고 나서 그의 이웃의 색깔을 유추하는 일이 얼마나 어려운가를 나타내는 양이다. 반면 최고로 분리된 사회에서 상호 정보는 최대일 것이며 이는 하나의 조각을 보면 그것을 둘러싸고 있는 조각들의 색깔을 모두 유추할 수 있기 때문이다. 우리가 논의했던 다른 상전이 현상과 함께 상호 정보는 사회 분리의 지표이며, 분리된 사회는 그들 모두가 집단적으로 행동할 때 자석의 정렬된 상태와 같은 모습을 나타낸다.

만일 셸링의 단순한 모델을 적절하게 이해했다면 이것은 단지 급진적인 분리에만 적용되지 않는다. 이는 한 사회의 다른 집단화에도 적용될 수 있다. 정치적 · 경제적 · 사회적 · 지적 분리는 모두 같은 논리로 이해될 수 있다.

우리는 여기서 사회를 아주 단순화시켰지만 우리의 분석은 일정 정도의 진실을 담고 있다. 얼마 만큼의 진실을 담고 있는지 확인해보기 위해 아주 간단한 물음을 던져 우리의 예측력을 시험해보자. 전형적인 사회에서 부의 분배란 어떤 것일까? 이 질문은 이전 장에서 우리가 논의했던 도박의 요소가 우리가 현재 논의하고 있는 사회적 요소와 연결될 수 있음을 이야기해준다.

만일 모든 사회의 기초가 정보라면 정보의 최적화라는 것이 한 사회 내에 부의 분배에 관해 우리에게 이야기해주는 바가 있을 것인가? 그렇기도 하고 그렇지 않기도 하다. 먼저 그렇지 않다는 면을 살펴보자.

우리가 새넌의 정보를 최적화하고 나면 우리는 가우스 혹은 벨의 곡선이라고 불리우는 확률분포를 얻게 된다. 이 분포는 독일의 수학자 칼 프리드리히 가우스Karl Friedrich Gauss라고 불리는 사람의 이름을 땄는데, 그는 자연에서 가우스 분포의 유일성을 처음으로 발견한 사람이다. 예를 들어, 어느 기체에 있는 원자들의 속도는 가우스 분포를 따라 존재한다. 대부분의 원자들은 평균속도의 범위 내에서 움직인다. (대개 초당 500미터를 움직인다.) 같은 숫자의 몇몇 원자들은 초당 400미터 혹은 600미터의 속도로 움직인다. 초당 500미터라는 속도에서 점점 멀어질수록 그 속도로 움직이는 원자의 숫자는 급격히 줄어든다. 이는 전형적인 종 모양을 띠는 가우스 분포의 전형적인 모습을 보여준다.

대부분 사회에서 부의 분포가 가우스 분포를 따르는 것은 아니다. 이는 사실 지수법칙을 따른다. 매우 부자인 사람들의 숫자는 아주 적은 반면 가난한 사람들의 숫자는 매우 많다. 만일 부가 가우스 분포를 따른다면 대부분의 사람들은 평균치 근처에 있을 것이고 가난한 사람과 부자인 사람들은 스펙트럼의 가장자리에 존재할 것이다. 이는 우리가 알고 있는 한 어느 사회에서도 적용되지 않는다. 소비에트와 같은 과거의 공산주의 국가에서도 이 모델은 적용되지 않았다.

그렇다면 지수법칙은 어디에서 오는 것일까? 어찌하여 백만 파운드가 당신의 은행 계좌에 있을 확률이 천 파운드가 있을 확률의 천 배나 적은 것일까? 이는 정확히 지수법칙이 말하는 바이다. 만일 어느 국가에 백 명의 백만장자가 있다면 십만 명의 사람은 단지 천 파운드만을 가지고 있을 것이다.

왜 그런지 살펴보자. 완벽한 답이 알려져 있는 것은 아니지만 그래도 몇 가지 추측은 할 수 있다. (만일 그 답을 내가 알고 있다면 스톡홀름으로 가서 노벨 경제학상을 바로 받을 수 있을 것이다.) 가장 그럴듯한 설명은 아마도 '부자가 더 부자가 된다'는 부익부 법칙일 것이다. 간단한 예로 부는 거기에 단순히 더해지는 것이 아니라 곱해진다. 더 많은 것을 가진 사람들은 비례적으로 더 많은 것을 갖게 될 것이고, 그래서 부자와 빈자 사이의 차이는 지수법칙을 따라 증가하게 될 것이다. 모든 사람이 모두 많이 가지고 있다고 하더라도 사람의 운에 작은 임의적인 차이라도 있다면 이 차이는 곧 점점 더 커져만 갈 것이다.

이것은 정보가 부의 분포와는 아무런 관계가 없다는 것을 의미하는 것일까? 아니다. 사람들은 부를 스스로의 힘에 의해서만 얻는 것이 아니라 모든 종류의 사회적 작용들을 이용해 그들이 만들어낸 네트워크들을 통해서도 얻게 된다. 사회적 상호작용들은 매우 복잡한 방법으로 진행될 뿐만 아니라 주어진 사회의 다른 다양한 현상들과도 동시에 이루어진다. 사회적 역동성은 복잡하게 얽혀 있으며 매우 짧은 시간동안 빠르게 변화한다.

이는 정보가 더해지는 양임을 기대하지 않는다는 것을 의미한다. 즉 두 개의 독립된 사건 속에 담긴 결합된 정보가 각 개별 사건 속에 담긴 정보의 합이 되어야 한다는 것을 의미한다. (이는 3장에서 섀넌의 엔트로피를 이끌어내는 데 이용되었다.) 만일 그 결합성이 실패한다면 섀넌의 정보는 더 이상 올바른 정보의 측정량이 아닌 것이다. 그러한 정보의 비결합성을 심도 있게 연구한 사람 중에 브라질의 물리학자 콘스탄티노 찰리스Constatino Tsallis가 있다. 왜 부는 더해지는 것이 아닐까? 우리가 이미 살펴보았듯이 어느 정도의 부를 가지고 더 많은 부를 추구할 때 그 결과는 둘의 합이 아니다. 부는 단순히 더해지는 것이 아니라 배가 된다. 이는 우리가 6장에서 살펴보았던 경제학에서의 배당 증가의 법칙의 다른 본보기일 뿐이다. 부는 보존되는 양이 아니므로 여기에 모순은 없다. 부는 무에서 창조될 수 있다. (여기서 무라는 것은 초기에 아무런 돈이 없음을 의미하며 아무런 물리적 원천이 없음을 의미하진 않는다.)

만일 우리가 섀넌의 법칙과 다른 공식을 사용하면서 여전히 확률에는 반비례하는 성질을 유지하고자 한다면, 여기서 지수법칙의 분포가 설명될 수 있다. 그러므로 여전히 사회 역동성과 안정성—부의 분배에 있어서—의 주요한 면은 단순한 정보이론의 결과이다. 섀넌의 공식이 실제 공식화되지 않다고 하더라도 섀넌의 원리 자체는 유효한 것이다.

어떤 사회학자들은 정보화 시대가 평등한 사회로 우리 사회를 이끌어 모든 사람의 삶의 질이 향상될 뿐만이 아니라 빈부격차를 줄이는 데 기여할 것이라는 낙관주의적인 관점을 가진다. 반대로 비관론자는 새로운 시대엔 상전이와 같은 갑작스러운 종말만이 존재할 것이라고 이야기한다. (예를 들어, 범죄율의 증가나 가족의 붕괴, 국제적 테러, 지구온난화와 같은 것들이 작용해 불안 요소들이 증가한다고 생각한다.)

정보이론 자체가 우리에게 어떤 미래가 도래할지에 관해 이야기해줄 가능성은 거의 없다. 한 가지 확실한 것은 세상의 연결 정도가 크게 증가함에 따라 우리의 생각의 속도와 결정 속도가 빠르게 증가할 것이라는 점이다. 더욱더 잘 연결된 사회에서 우리는 갑작스런 변화에 더 많이 노출된다. 상호 정보는 매우 빠른 속도로 증가하며 적절한 결정을 내리기 위해서는 우리 자신의 정보처리 능력이 그를 잘 따라가야 한다. 미래에는 용감해져야 할 필요가 있을 뿐더러 빠르게 움직여야 하는 것이다.

이제껏 우리는 어떻게 정보가 다양한 사회적 · 생물학적 · 물리학적 현상을 실증하는지를 살펴보았다. 이제 다음 단계를 살펴볼 준비가 다 되었다. 이제 우리는 정보가 어디서 시작되었으며, 얼마 만큼의 정보가 우주에 존재하고, 얼마나 빨리 그것들이 처리될 수 있는가 하는 문제로 돌아갈 것이다. 그러한 질문들의 답은 우리가 지금까지 논의한 모든 장을 실증한다. 정보의 궁극적인 원천을 이해하기 위해서 우리는 흥미로운 발견의 여행을 떠날 필요가 있다. 이는 우리를 양자역학의 세계로 인도할 것이며 진정한 자연의 무작위성과 자유의지, 결정론과 같은 논의로 이끌 것이다.

- 상호 연관성을 가지고 있는 계들은 상호 정보를 나눠 가지고 있다.

- 사회 속에서의 개인은 (통신과 같은) 다양한 상호작용을 통해 여러 가지 방법으로 서로 연결되게 된다.

- 사회는 상호 연결된 개인의 네트워크다. 상호 연관성의 정도와 네트워킹은 우리가 어떤 종류의 사회에 살고 있는지를 결정한다.

- 대부분의 사회에는 두 개에 극단이 존재한다. 개체들이 완벽하게 연결되어 있거나 혹은 완전히 동떨어져 있는 경우이다. 이런 사회는 작은세상 네트워크의 예이며, 질병의 확산에서부터 부익부 현상과 승자독식의 원리와 같은 많은 다양한 사회현상들을 설명하고 있다.

제2부

이제껏 정보의 관점에서 다양한 면의 실재성에 대해 논의해보았다. 우리는 정보이론이 서로 다른 실재성에 관한 얼마나 강력한 기술을 제공하는지를 볼 수 있었다. 섀넌은 정보라는 것을 앨리스와 밥이라는 두 사람 간의 통신이라는 아주 구체적인 문제로 기술했다. 그는 자신의 이론의 적용을 통신의 문제 이상으로는 생각하지 않았지만 그 이론의 일반성이 실제로는 그의 이론의 진정한 힘이었던 것이다. 그렇다면 섀넌은 단지 운이 좋았던 것일까? 아니면 정보이론이 이렇게 광범위하게 적용될 수 있는 궁극적인 이유가 있었던 것일까?

정보이론은 그 이론의 밑바닥에서 가장 궁극적인 질문을 다음과 같이 던진다. 사건 A는 과연 사건 B와 다른 (구분 가능한) 것인가? 왜 이 질문이 궁극적인 것일까? 이러한 관점으로 한번 생각해보자. 당신이 맞는 답과 틀린 답을 구분할 수 없는 어떤 것을 기술한다고 생각해보자. 그러한 일은 할 수 없을 것이다. 당신은 그런 상황에선 장님인 것이다. 구분 가능성이 없다면 우리는 우주에 관한 어떠한 이해도 기대할 수 없다. 우리는 이 책의 전반부에서 이미 구분 가능성의 개념이 여러 가지 다른 방식으로 적용된 것을 보았다. 생물학을 예로 들면, DNA는 자신을 복제하기 위해 네 개의 다른 기저들을 구분한다. 열역학에서 맥스웰의 유령은 방 속의 두 면 사이에 온도 차이를 발생시키기 위해 빠르게 움직이는 입자와 천천히 움직이는 입자를 구분해야 할 필요가 있다. 카지노에서는 적어도 두 개의 다른 시나리오에 내기를 걸어야 하며 당신의 이익을 결정하는 것은 구분된 두 확률에 대한 이해인 것이다. 사회학에서는 어떤 개인이 진보주의자인지 아닌지를 구분해 당신이 당신의 이웃과 함께 하는 것이 어떤 영향을 미치는지를 결정해야 한다.

이러한 두 개의 다른 상태 사이의 구분 가능성의 궁극적 개념은 기본적으로 섀넌이 정보의 조각이라고 일컬은 것에 해당된다. 그 조각은 정보를 측정하는 가장 궁극적인 양이다. 두 개 이상의 결과가 있는 곳에선 더 많은 비트를 사용해 그들 모두를 구분하면 된다.

물론 한 가지 사건만이 발생한다면 두 사건의 구분 가능성에 대해 이야기하는 것은 의미가 없을 것이다. 그러므로 어떠한 확률로 각 사건이 일어나는지를 아는 것 역시 필요하다. 하나의 결과보다 더 많은 결과들을 구분해낼 수 있기 때문에 시간이 지난 후에 우리는 그 결과들에 대한 확률을 도출해낼 수 있다. 각 사건의 확률은 그 사건이 일어날 기대치를 알려주며, 이는 우리가 그 사건이 일어났을 때 얼마나 놀라게 되는지를 정량화하도록 도와준다. 만일 우리가 높은 확률로 어떤 일이 일어날 것을 예상한다면 우리는 그 사건이 일어나는 것에 그리 놀라지 않을 것이며, 반대로 그 사건이 일어나지 않았을 때 조금 더 놀라게 될 것이다.

이러한 모든 것은 아주 자연스럽고 기본적이라서 조금만 생각을 하더라도 섀넌이 제안했던 것과 같은 체계를 생각해볼 수 있다. 그러한 면에서 섀넌의 정보 개념은 매우 직관적이다.

그렇다면 우리는 무엇을 더 생각해볼 수 있는 것일까? 섀넌의 정보이론을 통해 모든 문제를 정보이론적으로 일반화할 수 있는 것일까? 사실 그런 것은 아니다. 물론 섀넌의 정보이론의 광범위한 적용성이 일상에서 일어나는 물리적·생물학적·사회적·경제적 현상과 비슷한 논리적 기초를 가진다고는 하더라도 그것이 모든 면을 이야기해줄 수 있는 것은 아니다. 섀넌의 정보이론은 불의 논리에 기초한 사건으로 환원되는데 이는 일어나거나 일어나지 않는 몇 가지 결과로 이루어진 사건들을 말한다. 예를 들어, 주사위를 던진다면 3이라는 숫자를 얻거나 그렇지 않거나, 둘 중 하나의 결과를 예상할 수 있는 것이다. 3이라는 결과와 6이라는 결과를 동시에 얻을 수는 없는 것이다. 물론 이러한 논리적 기초가 독자들에게는 너무나도 사소한 진실로 들리는지 모르지만 최근에 알려진 우주의 진실은 꼭 그렇지만은 않다는 것을 보여준다.

그러한 사건 기반의 불의 논리Boolean logic는 물리학의 초기 모델의 기본이 되기도 한다. 초기 물리학 모델들은 궁극적으로 섀넌의 정보이론에서 명확한 결과가 존재한다는 아이디어에 기초하고 있는 것과 같은 방법을 따르고 있다. (우리는 사건 A 혹은 사건 B가 일어날 것을 예상할 수 있지만, 두 사건이 동시에 일어나는 상황을 상상할 수는 없다.) 물리학의 초기 모델은, 대개 고전물리학 혹은 때때로는 뉴턴 물리학이라 불리는데, 이는 현재의 기술 발전에 큰 초석이 되고 있다. 우리가 학교에서 공부하는 물리학이 바로 그것인데, 거기에는 전하, 위치, 속도, 그리고 질량과 같은 것이 아주 잘 정의되어 있다. 고전물리학은 우리가 우주에 존재하는 모든 물질들의 성질들을 알기만 한다면 미래에 일어날 사건의 결과를 결정할 수 있으며, 다른 말로 하면, 우주는 전적으로 결정론적이라고 주장한다. 실제로 그러한 목적으로 고안된 상상의 생명체가 있다. 라플라스의 유령이라 명명된 생명체는 우주상에 있는 모든 입자의 위치와 성질을 모두 알고 있으며 그렇기 때문에 모든 사건이 일어나는 방식을 결정짓는 능력을 가지고 있다. 이는 미래를 예측할 수 있는 능력과도 일맥상통한다. 이 생명체에게 정보라는 개념은 부가적인 것이다. 그가 미래에 일어날 사건을 이미 확실하게 예측하고 있기 때문이다. 그러한 유령이 살고 있는 우주는 얼마나 지루할까? 사뮤엘 존슨Samuel Johnson은 다음과 같이 이야기한다. 우리는 변화를 기대하기 때문에 "그러한 식의 삶은 아무도 행복하지 않다."

다행히도 결정론적 우주는 지루하고 라플라스의 유령에게 모든 것이 항상 예측가능하다 할지라도, 과학, 특히 물리학의 발전은 온통 놀라움으로 가득 차 있다. 물리학은 아주 역동적인 활동의 영역이며 우리가 어떠한 실재성을 기술하는 하나의 모델을 세우는 순간 우리의 시각에 완전히 반대되는 실험적 결과가 따라 나오기도 하다. 이러한 방법으로 물리학은 시간이 갈수록 더욱더 많은 정보를 만들어내고 실재를 더 잘 기술할 수 있는 새로운 실험과 관점을 만들어낸다는 면에서 지속적으로 진보한다고 할 수 있다. 그러므로 질문은 무엇이 과연 고전물리학을 고전적으로 만드는가 하는 것이다. 과연 누가 물리학계의 뜨는 별이냐 하는 것이다.

실재성의 여러 면들은 '양자론quantum theory'이라고 알려진 물리학에 의해 아주 정확하게 기술된다는 것이 오늘날의 이해이다. 양자론의 세계에서는 결정론적 우주론은 더 이상 맞지 않고, 당신이 얼마 만큼의 정보를 가지고 있든 모든 사건들은 확률적인 방법으로 일어난다. 그러므로 실제야 어떻든 원칙적으로 라플라스의 유령은 존재할 수가 없다. (즉 수정 구슬이나 델파이에 존재하는 고대 그리스의 오라클 같은 것은 사실이 아니다.) 이와 같이 물리학만이 놀라운 것이 아니라 우주는 근본적으로 수많은 놀라운 사실들로 가득 차 있는 것이다.

그렇다면 물리학의 새로운 관점인 양자역학을 고려함으로써 섀넌의 정보이론은 과연 어떠한 의미를 가지게 되는 것일까? 섀넌이 그의 정보이론에 양자역학이라는 새로운 관점을 포함시키지는 않았지만, 우리가 모든 우주를 정말로 기술하고자 한다면 섀넌의 정보이론의 기초들이 여전히 유효한 것일까? 그 답은 '그렇다'지만 조금은 다른 의미를 지닌다. 구분 가능성과 확률이라는 것이 여전히 양자론의 중심에 있을 것이며, 구분 가능성이라는 개념은 양자적 효과의 기괴함을 고려하기 위해 더욱더 광범위하게 다루어져야 할 것이다. 우리가 섀넌의 정보이론을 확장시킬 때 우리는 그동안 숨겨져 있었던 현실의 새로운 요소들을 부가적으로 발견할 수 있을 것이다.

이 책의 2부에서 우리는 더욱더 확장된 정보이론을 소개할 것인데 섀넌의 정보이론을 넘어서는 새로운 이론인 양자정보이론은 현실의 새로운 면을 발견할 수 있도록 우리를 인도할 것이다. 양자정보이론은 특정한 경우에 있어서만 섀넌의 정보이론으로 대치될 수 있으며 이는 이 책의 1부에서 다루었던 내용이다. 2부에서는 양자역학에 대한 화려한 설명을 모두 필요로 하지는 않는다. 여기서 우리는 정보를 아주 먼 거리까지 전송하는 능력, 이전에는 상상할 수 없을 만큼 빠르게 계산하는 능력, 도청자나 컴퓨터로부터도 안전하게 통신할 수 있는 방법과 같은 새로운 정보처리 방법에 대해 논의하게 될 것이다. 그러나 진정한 놀라움은 양자역학을 고려함으로 인해 우리가 우주에 대한 기존의 이해를 극적으로 반전시키며 우주의 기원에 대해 전혀 새로운 관점을 갖게 된다는 점에 있다.

전 미국 국방장관이었던 도널드 럼스펠드는 섀넌이 제안한 정보이론이 양자정보이론으로 전환한 것에 대해 다음과 같이 평가했다. "고전정보이론에서 양자정보이론으로의 논의의 전환은 무엇을 모르는지도 모르도록 잘 알려지지 않은 사실들을 최소한 무엇이 모르는 것인지를 구분할 수 있도록 해주었을 뿐만 아니라 알려진 것들을 더 잘 알 수 있도록 도와주었다." 이와 같은 사실은 여전히 우리가 알지 못하는 모르는 사실들이 훨씬 더 많이 존재한다는 것을 부정하지는 않는다. 우리는 여전히 우리가 무엇을 모르는지 알지 못한다. 궁극적으로는 훨씬 더 많은 것들이 베일에 가려진 채 여전히 연구되고 있다는 것이다.

다행히도 양자역학의 논리는 럼스펠드의 연설만큼이나 어렵지는 않다. 2부에서는 양자정보를 가능하면 명료하고 단순한 방법으로 설명하고자 한다.

8장

양자역학
: "조명, 카메라, 액션!"

2005년 봄, 나는 리즈 대학 물리학과 사무실에서 시험 채점을 하던 와중에 모르는 곳으로부터 한 통의 전화를 받았다. 당시에 그 전화로 나는 그리 놀라지 않았는데, 몇 주 전 나는 『뉴 사이언티스트*New Scientist*』라는 대중 과학 잡지에 글을 기고했었고 이 글과 관련해 비슷한 종류의 전화를 여러 통 받은 적이 있었기 때문이다. 전화를 건 대부분의 사람들은 매우 열정적이었으며 내 글과 관련해 더 많은 것을 알고 싶어했다. 몇몇은 내 글을 다 읽어보지도 않은 듯했지만 그래도 그들 모두는 나의 글에 큰 관심을 갖고 있었다. 그들의 질문은 때때로 황당하기도 했는데, 어떤 이들은 "양자역학이 내 머리카락이 빠지는 것을 방지하는 데 도움이 될까요?"라고 묻기도 했고, 또 어떤 이는 그가 다른 우주에 있는 자신의 쌍둥이 형제를 만났다고 이야기해주기도 했다. 옥스포드에서 우리는 그들 중 누가 가장 창조적인 질문을 했는가에 대해 투표를 하기도 했는데, 어떤 질문들은 상당히 물리적이기도 했지만 어떤 질문들은 물리학 법칙조차 무시해버린 황당한 질문들도 많이 있었다. 질문들 중 어떤 것들은 우리가 과학을 소통함에 있어서 큰 책임을 지고 있음을 상기시켜주었고, 과학자들이 과학을 논의하는 데 있어서 명확하고도 접근이 용이하면서 실질적 도움을 줄 수 있어야 한다는 점을 느끼게 해주었다. 나의 동료 중 한 명은 종종 물리를 조금 아는 것이 전혀 모르는 것보다 사실은 훨씬 더 위험하다고 이야기하곤 했다.

하루는 전화를 한 통 받았는데, 그는 "안녕하세요, 베드럴 교수님. 제 이름은 존 스푸너라고 하는데요, 저는 연극 감독인데 양자역학에 관한 연극을 만들려고 합니다"라고 이야기했다. 그는 이어 "저는 양자역학을 소재로 연극 하나를 만들고 있는데 교수님께서 우리가 해석한 양자역학이 얼마나 정확한지에 관해 조언을 해주셨으면 합니다"라고 말했다. 그 이야기를 듣고 한동안 조금 놀란 채로 있었는데 '이 사람이 무얼한다구? 내가 잘못들었나?' 하며 혼자 되묻기도 했다. "양자역학에 관한 연극이라고?" 어쨌든 몇 년 전 마이클 프레인Michael Freyn이 만든 〈코펜하겐Copenhagen〉이라는 연극이 큰 성공을 이루었던 것을 생각하며 그와 비슷한 일이 내게도 이루어졌다는 생각에 뿌듯함을 느꼈다. 〈코펜하겐〉은 1941년 양자역학의 아버지라 불리는 두 사람, 덴마크 물리학자인 닐스 보어와 독일 물리학자인 베르너 하이젠베르그Werner Heisenberg 사이에 이루어졌던 실제 만남을 소재로 해 만들어졌다. 이 연극에서는 양자역학의 미묘함에 관해 실랄한 토론과 설명들을 하려는 노력이 두드러졌지만, 스푸너는 그의 연극에서는 조금 다른 목적으로 새로운 접근을 시도하려 했다. 그리고 나는 그 부분이 더욱 마음에 들었다. 얼마 간의 세부적인 논의 끝에 우리는 더 많은 논의를 하기 위해 그 다음날 만나기로 약속했다.

그러한 제안이 더욱더 끌렸던 이유 중에 하나는 과학과 예술이라는 서로 배타적으로 보이는 분야들이 어떻게 연결될 수 있는지가 내게는 매우 흥미로웠기 때문이다. 그들이 공연을 준비하는 건물은 내가 일하는 곳에서 200미터 밖에 떨어져 있지 않았다는 편의성도 있었지만 말이다.

다음날 아침 나는 내 가방을 연구실에 던져놓고 존을 보기 위해 극장으로 향했다. 극장은 대학의 동쪽 편에 있는 가장 역사적인 한 구석에 위치하고 있었다. 근처엔 1898년 G. F. 댄비라는 사람에 의해 지어진 트리니티 성 다비드 교회가 있었는데 이 교회는 리즈의 고딕 건축물들 가운데 가장 아름다운 특별한 건물이었다. 그 즈음 리즈 대학은 이 훌륭한 건물을 학생들을 위한 극장으로 사용하도록 하는 새로운 정책을 시행하고 있었는데, 때때로 이 건물은 리즈에서 가장 좋은 클럽이 되기도 했다. 리즈에 살고 있는 사람에게는 할로라고 하는 클럽으로 더 잘 알려져 있다. 어떤 이들은 연극배우와 클럽을 즐기는 사람들이 기존 종교에 가장 관심을 가지는 사람들라는 것이 최근의 시류라고 말하기도 한다.

그 극장에 처음 갔을 때 나는 연극에 대해 아무것도 몰랐고 그들이 내게 무얼 원하는지도 정확치 않았기 때문에 조금 긴장해 있었다. 나는 아마도 최악의 경우엔 양자론의 기초 강의를 해야 할지도 모른다고 생각했고 만일을 대비해 몇 개의 도표를 가지고 가기도 했다. 중앙 홀에 들어섰을 때, 몇몇 사람들은 구석에 모여 열띤 토론을 벌이고 있었다. 그들은 손을 흔들어 나를 불렀으며 내게 질문할 준비를 하고 있었다. 나의 등장이 그들이 논쟁을 벌이고 있던 것과 연관이 있었음에 틀림없어 보였으며 술렁이고 있었다. 그들은 거두절미하고 자신들이 하고 싶은 이야기들을 쏟아내기 시작했으며 내게 하나의 캐릭터가 두 장소에 동시에 존재하는 것을 그리는 연극이 과연 가능할지에 대해 물어보았다. 그들은 양자론과 양자 전송에 관해 조금은 알고 있지만 가능하다면 더 많은 것을 알고 싶어했다.

연극 단원들 중 몇몇은 그런 아이디어가 가능할 것이라고 믿는 눈치였지만 다른 이들은 그러한 터무니없는 일이 일어날 수 있다는 사실에 대해 여전히 회의적인 상태였다. 그러나 그들 모두는 곧 그러한 일들이 내가 매일매일 연구하는 분야라는 사실을 듣고는 매우 놀라는 눈치였다. 몇몇 다른 이들은 내가 이론적으로만 연구를 하고 인간을 가지고 실험을 하지 않는다는 사실에 조금 실망하는 눈치가 역력하기도 했다.

나는 양자물리학의 핵심에는 비결정론이라는 개념이 자리 잡고 있음을 설명해주었다. 비결정론indeterminism이란 어떤 물체가 한 순간에 하나 이상의 상태로 존재할 수 있다는 것과 연결되어 있다. 즉 당신이 동전을 던진다면 그 동전은 어느 한 순간에 앞면과 뒷면을 동시에 보일수 있다는 것을 의미한다. 전문적인 용어로 이것은 양자적 중첩 현상quantum superposition이라 불린다. 양자역학을 이해하고 가르치는 일이 어려운 이유 중 하나는 그러한 직관에 어긋나고 모순적인 양상을 설명해야 하기 때문이다. 사람들은 대개 그러한 일이 있을 수 있음을 한 번에 받아들이지 않는다. 실제로 아이슈타인조차도 죽기 전까지 그 사실이 틀렸을 것이라고 믿었다.

물리학에서 양자적 중첩 현상을 보여주는 아주 간단한 실험들이 존재하고 있으며 나는 그 실험에 대해 연극 단원들에게 설명해주었다. 빛의 최소 단위인 광자가 빛살가르개beam-splitter를 만났다고 생각해보자. 빛살가르개라는 것은 은으로 코팅되어 있는 거울을 말하는데 거기에 코팅된 은의 양에 따라 광자가 반사되고 투과되는 확률을 조정할 수 있다. 예를 들어, 반사와 투과 확률을 정확히 반반으로 만들었다고 가정해보자. 이는 아주 평평한 동전을 던지는 것과 동일한 효과를 줄 텐데 이때는 1/2의 확률로 동전은 앞면이 될 것이고 1/2의 확률로 동전은 뒷면이 될 것이다.

이때 던져진 동전이 앞면 혹은 뒷면을 보이는 것과 같이 광자가 빛살가르개를 통과할 때면 동일한 확률로 통과하거나 반사된다. 만일 빛살가르개 두 개를 연속적으로 놓게 된다면 첫 번째 빛살가르개에서 갈렸던 빛은 두 번째 가르개에서 다시 합쳐지게 될 것이다. 이 실험은 동전을 두 번 던지는 실험과 비견될 수 있다. 동전의 경우에 있어서 앞앞, 앞뒤, 뒤앞, 뒤뒤라는 네 가지 경우가 동일한 확률로 일어나게 될 것이다. 흥미롭게도 광자에 있어서는 그 네 가지 경우의 수 가운데 하나의 결과만 나타난다. 그렇다면 어떤 특별한 빛의 성질이 다른 결과를 이끄는 것일까?

광자가 첫 번째 빛살가르개를 통과한 다음 특정한 경로를 통해 두 번째 빛살가르개로 들어가는 경우를 생각해보자. 만일 광자가 첫 번째 빛살가르개를 통과하지 못하고 반사된다면 그때 그 광자는 다른 경로를 통해 두 번째 빛살가르개로 들어가게 된다. 이때 우리는 어떤 경로로 광자가 이동했는지는 알 수는 없지만 둘 중 한쪽 경로로 이동했다는 것만은 확실히 안다. 그러므로 광자가 두 개의 빛살가르개를 통과하게 된다면 그 경로는 네 가지 조합이 가능하다. 반반(반사되고 반사되는 경우), 통반(통과하고 반사되는 경우), 반통(반사되고 통과하는 경우), 통통(통과하고 통과하는 경우). 여기에서 살펴볼 수 있듯이 그 결과는 두 개의 동전을 던졌을 때와 같은 결과를 준다. 동전의 경우엔 그 네 가지 경우 중 한 가지의 사건이 일어난다는 것은 확실히 알 수 있지만 그것이 네 가지 중에 어떤 결과인지는 그 동전을 보기 전까지는 알 수 없다. 놀랍게도 광자를 측정하는 경우의 결과는 동전의 경우와 같지 않다. 실제 광자는 항상 두 번째 빛살가르개로부터 한쪽 방향(광자가 입사된 방향)에서만 관측되기 때문이다. 어떻게 그런 일이 가능한 것일까?

만일 광자가 첫 번째 빛살가르개를 확실히 통과했다거나 반사됐다면 우리는 같은 일이 두 번째 빛살가르개에서도 일어나리라 예상할 수 있을 것이다. 그러한 일이 절대 일어나지 않는다면 우리는 첫 번째 빛살가르개에서 일어나는 일을 다시 한 번 살펴보아야 할 것이다. 기묘하게도 그 결과로부터 우리가 내릴 수 있는 유일한 결론은 실제로 광자는 반사와 통과를 동시에 겪게 된다는 것이다. 그러므로 실제로 이 시험이 이야기하는 바는 광자는 다른 두 위치에 동시에 존재할 수 있다는 사실이다. 이것이 두 개의 빛살가르개를 연결했을 때 같은 결과를 반복해서 줄 수 있는 유일한 방법인 것이다.

연극 단원은 양자역학의 발견자들이 처음 그랬던 것처럼 그 사실을 듣고 완전히 기절초풍했다. 하지만 양자적 입자가 동시에 여러 다른 장소에 존재할 수 있다는 사실은 실험적으로 아무런 의심의 여지가 없다. 양자역학의 탄생 이래 그 사실을 증명하기 위해 여러 방법들이 시도되어왔다. 여기서 나는 어떻게 광자가 동시에 다른 위치에 존재할 수 있는지를 보여주는 더 많은 증거들을 보이고자 한다.

첫 번째 빛살가르개에 광자가 반사되었다면 뒤에 어떤 조작을 통해 그 속도를 줄이고, 광자가 통과했다면 아무 일도 하지 않았다고 가정해 보자. 그렇게 광자의 속도를 줄이는 일은 '반파장 판half-wave plate'이라 고 불리는 광학 장치 조각을 사용하면 가능하다. 흥미롭게도 첫 번째 빛 살가르개에 반사된 광자의 속도를 줄임으로써 두 번째 빛살가르개에서 일어나는 일을 바꿀 수 있다. 반파장 판이 없는 경우 두 번째 빛살가르 개에서 언제나 반사되어 나왔던 광자는 반파장 판을 사용했을 때 빛살 가르개를 항상 통과할 수 있게 조정할 수 있다. 이것이 바로 광자와 같 은 양자적인 입자들과 동전과 같은 고전적인 입자들의 핵심적인 차이 인 것이다. 만일 광자가 동전의 예와 같이 무작위적이라면 위와 같은 조 작은 불가능할 것이다. 어떠한 방법의 조작으로도 첫 번째 동전을 던진 다음에 두 번째 동전이 어떤 면이 나올지를 결정하는 일은 불가능하다. 두 번의 동전이 던져지는 일은 완전히 독립적인 사건이고 그 일은 결정 적인 방법으로 일어나므로 처음 동전이 던져진 후엔 어떤 방법으로도 그 결과를 바꿀 수는 없다. 그러나 광자의 경우 첫 번째 행동도 비결정 적이며, 그러므로 그 두 가지 결과는 여전히 동일한 정도로 가능하다.

궁극적으로 이 실험은 광자가 완전히 반사되거나 통과되지 않으며 동시에 반사되거나 통과될 수 있다고 생각할 때에만 설명이 가능하다. 실제로 그것이 우리가 관측할 수 있는 결과를 설명하는 유일한 방법인 것이다. 그렇다면 첫 번째 빛살가르개에서의 비결정성이 어떻게 두 번 째 빛살가르개에서의 결정론적인 결과를 줄 수 있는 것일까? 그러한 과정은 간섭 효과interference라고 알려진, 즉 하나의 결과는 증폭되고 다른 하나의 결과는 서로 상쇄되어버리는, 효과에 의해 가능한 것이다.

연극 단원 중 한 명이 물었다. "하지만 물에서 일어나는 물결도 서로 간섭할 수 있지요. 그것도 양자 간섭 효과입니까?" 그 답은 아니다이다. 물결에서 일어나는 고전적인 파동의 경우에는 하나의 파가 다른 파와 간섭하는 것이지만, 광자의 경우에는 광자 자체가 그 자신과 간섭을 일으킨다는 면에서 다르다. 이는 완전히 다른 가정이며 고전물리학에서는 이에 해당하는 개념이 존재하지 않는다.

물론 우리가 이야기하고자 하는 양자역학 실험은 광자에 한정되지 않는다. 이 사실을 확증하는 수만 가지 실험이 존재하며 동시에 다른 여러 장소에 존재할 수 있음을 증명하는 여러 가지 입자(전자, 핵, 원자, 분자……)들이 존재한다. 사실상 그러한 실험들은 대학 학부 과정에 해당하는 간단한 실험에 불과하다. 더 나아가 우리는 우주에 존재하는 어떠한 입자도 동시에 여러 다른 장소에 존재할 수 있음을 주장하기에 충분한 결정적인 증거들을 생각해볼 수 있다.

이 시점에서 이전에 질문을 했던 연극 단원의 질문이 이어졌다. "잠시만요, 다 좋고 그럴 듯하기는 한데, 그렇다면 어째서 우리는 동시에 두 장소에 존재하는 사람을 볼 수 없는 거죠?" 물론 그의 질문은 참으로 유효했다. 세상의 모든 것이 원자나 분자들의 조합으로 구성되어 있다면 우리는 동시에 여러 장소에서 존재하는 것들을 볼 수 있어야 하는 것이 아닌가?

왜 우리가 양자역학에서 예견하는 그러한 현상을 모든 물체들에서 볼 수 없는지에 대한 답은 측정의 문제에 달려 있다. 측정 혹은 관측이라는 것은 측정되는 계의 상태에 영향을 미칠 뿐 아니라 그 상태를 변화시킨다. 그렇기 때문에 측정을 한다는 행위로 우리는 그 계가 측정 이전에 있던 가능한 여러 상태 중 하나의 상태에 존재하도록 만들게 되는 것이다. 예를 들자면, 영웅적인 연극배우가 한순간에 여러 나라에 동시에 존재할 수 있다고 하더라도 누군가가 그에게 "너는 지금 어느 나라에 있니?"라고 묻는 순간, 그 영웅은 자신이 어디에 있는지에 대해 하나의 답만을 주어야 하는 것이다. 같은 논리로 내가 동시에 다른 여러 장소에 존재할 수 있다고 하더라도, 내가 그 연극배우들에게 이야기를 할 때 그들이 내 이야기를 듣는다는 사실은 그들이 나의 존재를 확신하는 측정 행위가 되는 것이다. 그러한 상호작용은 내가 동시에 다른 여러 장소에 존재하는 일을 불가능하게 만든다.

그러한 이유로 우리의 영웅이 다른 인생 경로로 다른 가족들과 함께 다른 국가에서 동시에 살고 있다는 것이 가능한 이야기이기는 하지만 그것이 양자역학에서 이야기하는 바는 아니다. 양자역학에 따르면 우리의 영웅이 그 누군가와 상호작용을 하는 순간 하나의 위치에 존재할 수밖에 없다. 우주에 있는 모든 물체들은 측정에 의해 여러 상태 중 어느 하나로 가지 않는다면 모든 가능한 상태로 존재하는 것이 가능하다.

그렇다면 어떻게 광자가 빛살가르개나 반파장 판과 상호작용하는 것은 측정 행위에 해당되지 않는 것일까? 그것이 바로 양자역학에서 측정이라는 핵심적인 문제에 속한다. 어떤 종류의 상호작용은 그 물체의 양자성을 파괴하고 결정론적 답을 주지만 어떤 다른 종류의 상호작용은 물리적 물체가 동시에 다른 장소에 있을 수 있는 가능성을 여전히 남겨 놓는다. 그 규칙은 만약 당신이 어떤 물체가 가지고 있는 성질의 정확한 값을 알고자 한다면 (즉 위치, 운동량, 에너지 같은) 그 값을 알기 위해 그 물체가 가지고 있는 양자성을 없애야 한다. 그렇지 않다면 그 물체의 양자역학적 성질은 그대로 남아 있게 된다.

더 일반적으로 그 양자 물체는 주변 환경과의 상호작용을 통해 양자성을 잃게 된다. 사실상 모든 입자들은 그 성질을 유지하기 위해 지속적으로 환경과 싸움을 벌인다. 그 입자를 둘러싸고 있는 환경은 언제나 그 입자의 성질을 더 알고 싶어 하며, 이는 측정과 같은 역할을 한다. 이 부분에 대한 명확한 설명을 하기 위해 물리학자들은 여러 가지 생각을 하며 많은 연구를 한다. 현재 기술로 우리는 여전히 수 초 이상 원자가 주변 환경과 상호작용하는 것을 막을 수는 없다. 수 초는 꽤 긴 시간이며 원자의 성질 중 일부에만 적용되기는 하지만 그 짧은 시간 내에 우리는 입자들의 양자적 비결정성을 이용해 꽤 신기한 일들을 할 수 있는데, 예를 들어 양자 전산이나 양자 암호와 같은 일을 할 수 있다.

동시에 많은 다른 상태로 존재할 수 있다는 양자적 비결정성은 단순히 원자와 같은 작은 입자에만 국한되지 않는다. 이는 우리 주변에서 볼 수 있는 놀라운 거시적인 효과들에 영향을 미치기도 한다. 이는 초전도체라 불리는 물질 내에서 어떻게 전기가 아무런 저항 없이 흐를 수 있는지를 이해하는 데 큰 도움이 되기도 하고, 어떻게 중성자별이 중력을 이겨내는지, 어떻게 커다란 거미가 수직의 벽을 오를 수 있는지, 우리가 딛고 서 있는 땅이 원자들로 이루어졌고 그 원자 사이에 그렇게 많은 빈 공간이 있는데도 어떻게 우리는 넘어지지 않는지도 설명할 수가 있다. 그러한 많은 질문들에 대한 답은 양자역학에 대한 이해를 통해 얻을 수 있다.

그 연극배우들과의 토론을 계속 이어나가며 나는 이야기했다. "비결정론에 대한 설명이 그리 어렵지도 않고 아주 중요한데 왜 학교에서는 아이들에게 이것을 가르치지 않는지 모르겠어요." 사실상 영국에서는 고등학교 물리 시간에 양자역학을 의미있는 수준까지 가르치지 않는다. 나는 개인적으로 이것이 부끄러운 일이라 생각한다. 더 일찍 양자역학적 사고에 노출될수록 실제로 자연이라는 것이 어떻게 존재하는지를 받아들이기가 훨씬 더 쉽기 때문이다. 어른이 되고 나면 사람들은 훨씬 더 비판적이 되고 사고의 유연성도 떨어져서 때때로 우리의 제한된 상상력은 더욱더 방해받는다. 이러한 우리의 토론 이후로 존은 그가 중학생들에게 양자역학을 쉽게 가르칠 수 있는 또 다른 연극을 생각해보는데 적극적이 되었다. 나는 그 학생들이 연구를 통해 우리들에게 이전 사람들이 생각하지 못했던 점들을 알려주고 양자론이 우리가 생각했던 것보다 훨씬 더 강력하다는 것을 보여주기를 희망한다.

이 시점에서 나는 내가 하고자하는 이야기를 다 했다는 생각에 그들의 연극에 관해 물어보았다. 연극의 시작점에서 주인공은 미국에 있는 스파이에 관한 이야기를 소개한다. 스파이라는 단어를 듣자마자 나는 곧장 끼어들어 양자론의 가장 놀라운 적용 중에 하나인 양자 암호 체계에 관해 이야기하고 싶은 충동을 느꼈다. 아마 그들이 원하기만 했다면 그 내용을 연극에 집어넣었을지도 모르겠다.

암호 과학은 어떻게 하면 더 안전한 통신을 할 수 있는지와 어떻게 하면 통신의 내용을 엿볼 수 있는지를 공부하는 학문인데, 최근 양자론의 원리를 이용해 큰 발전을 한 분야이다. 그것이 오늘날 가장 단순하면서도 가장 효과적인 양자론의 적용 분야 중 하나이다.

안전하게 통신을 하고자 하는 요구는 문명 이전부터 있어왔다. 가장 용맹한 고대 그리스 전사로 알려진 스파르타 사람들은 기원전 400년에 스키테일Scytale이라고 불리는 도구를 사용해 아주 정교한 암호 체계를 개발했다.

전투의 모든 결과는 스파르타 장교들 사이에 교환되었던 중요한 정보에 달려 있었는데 적들에게 빼앗기지 않고 그 정보를 그들의 승리를 위해 사용하는 일은 아주 중요한 일이었다. 스키테일은 긴 방망이인데 (그 단어 자체는 바톤을 의미했다) 그 주위를 세로 방향으로 긴 천 조각으로 싸서 그 천에 메시지를 써넣은 것이다. 그 천을 벗겼을 때 메시지의 글자들은 완전히 무질서하게 배열된다. 원래의 메시지를 복원하기 위해서는 그 방망이나 혹은 그 방망이와 같은 반지름을 가진 막대기가 필요하다. 그렇지 않다면 글자들을 정렬해 원래의 메시지를 복원하기가 쉽지 않았다.

스파르타 사람들의 메시지를 암호화하는 방법은 조합법으로 알려져 있다. 조합permutation이란 글자들을 알아볼 수 없을 정도로 마구잡이로 뒤섞는 수학적 방법의 이름이다. 어떤 종류의 무질서적 조합이라 하더라도 그것에 어떠한 구조가 존재한다면 그 글자들을 다시 제대로 배열할 수 있을 것이다.

고대인들에게 알려진 다른 암호화 방법은 대치substitution라는 방법이다. 이는 기원전 50년에 카이사르에 의해 처음으로 쓰였다. 어떻게 카이사르는 자신의 군대 지휘관들과 소통했을까? 아이디어는 매우 간단했다. 일단 알파벳을 적는다. 예를 들어, ABCDEFGHIJK을 적는다고 치자. 그리고 나서 그들의 배열을 이동시킨다. 예를 들어, DEFGHIJKLMN. 그렇게 배열을 바꾸고 나면 A가 문장에서 나올 때마다 그것을 D로 바꾸고, B는 E로 바꾸는 식으로 치환한다. 이 경우 알파벳의 처음 세 글자 DEF는 ABC를 의미하게 된다. 이 방법을 사용하면 'ATTACK TOMORROW'(내일 공격하라)라는 말은 'DWWDFN WRPRUURZ'와 같이 의미를 알기 어려운 배열로 암호화될 수 있다. 이 경우 암호문 자체는 아무런 의미도 지니지 못하게 된다.

그러한 암호 체계에서는 어떻게 알파벳의 배열이 이동되었는지나 사용하는 막대기의 지름을 알지 않고서는 그 내용을 해독해낼 수 없다. 고대에 사용된 대치법과 조합법 이후에 암호화 방법은 양피지와 옷감을 사용하는 방법으로 진화했으며 현재는 컴퓨터를 이용한 매우 복잡한 암호화 모델이 쓰이고 있는데, 현실적으로 이렇게 만들어진 암호를 풀어내는 일은 불가능에 가깝다. 최신 암호 체계는 그것을 풀어내는 데 대개 1000대의 병렬처리 컴퓨터가 필요하며 그것이 아니라면 150년의 시간이 걸린다. 놀라운 점은 대치와 조합이라는 방법은 암호화에 있어서 여전히 가장 보편적인 방법이기는 하지만 원칙적으로는 그 방법으로 만들어진 암호는 해독될 수 있다는 것이다. 물론 그것이 아주 어려운 일이기는 하지만 말이다. 그러나 최근에 증가하고 있는 컴퓨터의 계산 능력을 감안한다면 그러한 암호 체계가 얼마나 안전하게 더 버틸 수 있을지는 모르는 일이다.

실제로 수만 가지 암호화 방법이 알려져 있지만 섀넌에 의해 증명된 유일하게 도청이 불가능하다고 알려진 암호 체계는 '일회용 난수표one-time pad'라고 불리는 방법이다. 일회용 난수표는 우리의 계산 능력을 무한대라고 가정한다고 해도 쉽게 풀릴 수 없는 암호화 방법이다. 그것은 훨씬 더 강력한 기반을 갖고 있으며 그것이 제대로 이루어진다면 현재 혹은 미래에 있을 수 있는 어떠한 계산 능력도 암호 해독에 아무런 도움이 되지 못한다. 그것은 이론적으로 아주 간단한 방법인데 암호를 완벽하게 안전한 것으로 만들기 위해 다음의 네 가지 방법만을 따르면 되는 것이다.

1. 안전하게 통신을 하기 위해 두 사람은 암호 키를 미리 나누어 가지고 있어야 한다. 그 키는 당신의 메시지를 암호화된 형태로 사용하며 그리고 나서 원래의 형태로 다시 복원한다. 이 키는 통신을 하는 두 사람만 알고 있고 다른 사람은 알지 못한다. 일단 암호 키가 형성되고 나면 두 사람은 아무 때나 그 키를 사용해 안전하게 통신할 수 있는 방법을 선택할 수 있다.

2. 당신의 메시지를 암호화하는 데 사용되는 키는 완전히 무작위적이어야 한다. 어떠한 방법이든 다음 자리가 0인지 1인지를 예측할 수 있는 방법이 있다면 그 코드는 잘 고안된 공격에 노출되어 있으므로 더 이상 사용할 수 없게 된다.

3. 그 키는 메시지와 같은 길이여야 한다. 즉 키를 구성하는 비트의 수는 메시지를 구성하는 비트의 수와 같다. 그것이 더 짧다면 그 암호 체계는 공격에 노출될 수밖에 없다.

4. 그 키는 단 한번만 사용되어야 한다. (반복적인 사용은 그 코드가 공격에 노출되도록 한다.)

이는 매우 훌륭한 방법인데 만일 우리가 그 과정들을 문제 없이 수행할 수 있다면 우리는 완벽하게 안전한 통신을 할 수 있으며 암호학자 대부분은 직업을 잃게 될 것이다. 하지만 실제로는 일회용 난수표를 사용하기가 그리 쉽지 않기 때문에 암호 기술은 여전히 발전하고 있다. 위에 열거한 요구 조건들을 살펴보면 조건 3과 4는 그리 어려운 일이 아니지만, 조건 2의 경우는 조금 더 생각해볼 필요가 있다. 완벽히 무작위적인 키란 과연 무엇을 의미하는 것일까? 또한 조건 1은 조금은 우수꽝스러워 보이는데 비밀 메시지를 교환하기 위해 암호 키를 나누어 가질 필요가 있다는 것은 과연 무엇을 의미하는 것일까? 암호 키를 안전하게 나누어갖기 위해 사용하는 방법을 비밀 메시지를 나누어갖기 위해 사용할 수 있다는 것은 너무나 자명하다. 이는 곤란스럽게도—당신은 비밀스러운 통신을 하기 위해 암호 키를 필요로 하지만, 암호 키를 나누어 갖기 위해 당신은 먼저 비밀 통신을 해야 한다!—자기모순적 성격이 있다. 완전히 비밀스러운 통신이라는 문제를 풀기 위해서는 (조건 2를 만족시킨다고 가정했을 때) 암호 키를 나누어 가질 수 있어야 한다는 문제를 먼저 풀어야 한다. 그 문제는 소위 말하는 암호 키 분배 문제라 불리는데, 이는 컴퓨터 공학에서 여전히 풀리지 않는 문제로 남아있는 암호학의 난제 중 하나이다.

이 난제를 푸는 데 양자론이 도움을 줄 수 있는데 양자역학을 이용하면 조건 1의 키 분배 문제를 해결할 수 있을 뿐더러 조건 2도 해결할 수 있다. 즉 완벽하게 무작위적인 키를 만들어낼 수 있는 것이다. 두 번째 문제의 경우는 10장에서 다시 살펴보게 될 것이다.

양자론은 키 분배 문제에 참신한 해결책을 제시한다. 측정이라는 것이 비가역적으로 어떤 상태를 결정한다는 사실을 이용하면 우리는 언제 어떠한 상태가 도청되었는지를 알 수 있다. 이것은 이전에 논의한 바와 같이 각 키의 비트가 동시에 몇 가지 다른 상태에 동시에 존재할 수 있다는 사실에 근거한다. 만일 어떤 도청자가 몰래 그 키에 관한 정보를 얻어내려 한다면, 그 간섭 효과는 측정과 같은 방법으로 적용되어 그 비트를 하나의 상태나 다른 상태에 존재하도록 한다. 정보를 보내는 사람과 받는 사람은 그 키의 일부분을 분석함으로써 그 키를 도청한 도청자가 있는지 없는지를 알 수 있다. 물론 그렇게 알려진 도청자는 실제로 어떤 사람이 존재했기 때문이 아니라 일종의 잡음 때문일 수도 있다. 그러나 안전상의 이유로 우리는 아주 극단적인 경우까지를 가정해보도록 하자.

그러한 접근은 1980년대 초기에 미국과 캐나다의 학자인 찰스 베넷Charles Bennett과 자일스 브래사드Giles Brassard에 의해 발견되었으며 여러 선구적인 연구 집단에 의해 실제로 구현되었다. 옥스포드의 물리학자 아르투르 에커르트Artur Ekert에 의해 제안된 대안적인 방법도 역시 많은 주목을 받았다. 현재 기술로는 정보의 전송률이 그리 높지는 않지만 그래도 하나의 정보 조각이라도 절대적으로 안전하게 전송하고자 한다면 양자적 방법을 사용할 수 있다. 예를 들어, 최근 (2007년 10월)에서야 그 양자 전송 시스템이 제네바에서 있었던 스위스 국가 선거일 동안에 니콜라스 지생Nicolas Gisin에 의해 테스트되었다. 제네바 주(법정)는 그 표를 세는 데 제공된 라인을 사용해 법정 사무실과 중앙 투표소 사이에 통신을 시도했다. 그 메시지는 매우 짧았으며 몇 줄에 불과한 비트만을 전송했지만 스위스 정부는 어떠한 도청도 원하지 않았으므로 아주 중요한 의미를 갖는 순간이었다고 할 수 있다. 이는 고전적으로 해답이 없는 문제를 풀기 위해 순전히 양자론이 적용된 사례였다.

그것들 모두는 양자론이 현실적인 기술에 적용되는 좋은 예일 것이다. 그렇다면 그 이후에는 어떠한 도전이 우리 앞에 놓여 있는 것일까? 중요한 질문은 양자역학을 통해 정보의 개념은 어떻게 변화하게 되는 것일까이다. 정보이론은 결정론적인 결과를 준다고 가정하는 반면 양자역학은 몇몇 다른 결과가 존재한다고 하는 것을 우리는 이전 장에서 살펴보았다. 사회질서에 관해 이야기한다면 정보는 서로 다른 사회적 주체들을 묶어주는 힘으로 볼 수 있다. 비슷하게 정보는 서로 다른 양자적 계 사이를 묶어주는 힘으로 생각될 수 있다.

상호 정보가 100%를 넘어설 수 없다고 가정하는 데에는 별 무리가 없다. 이는 어떤 것이 완벽함을 능가하는 것으로 존재할 수 없다는 것을 의미한다. 만일 좋은 학교에 가는 모든 아이들의 인생이 모두 행복하다면 좋은 학교와 성공적인 인생 사이에는 100%의 상호 정보가 있다고 말할 수 있다. (성공의 의미가 무엇이든 말이다.) 물론 당신은 100% 이상의 정보를 공유할 수는 없다. 그러나 이상하게 들릴지 모르겠지만 양자적 계는 실제로 100% 이상의 정보를 나누어 가질 수 있다. 자연을 완전히 기술하기 위해서는 그러한 상황을 잘 설명할 수 있어야 한다. 그렇지 않고서는 자연에서 존재하는 실체 중 어떤 부분을 우리의 이해에서 남겨 놓게 되는 것이다.

어떻게 정보라는 것이 100%를 넘을 수 있을지를 이해하기 위해 전자의 스핀이라 불리는 가장 간단한 양자적인 계를 생각해볼 수 있다. 팽이에 비유하자면, 전자를 외부 자기장의 영향으로 임의의 방향으로 회전하는 작은 팽이라고 생각해볼 수 있다. 팽이와 같이, 전자는 주어진 방향의 시계 방향 혹은 반시계 방향으로 회전한다고 생각해보자. 주어진 방향은 수직 방향이거나 수평 방향, 혹은 45도 방향 등이 될 수 있다. 놀랍게도 전자의 방향을 서로 다른 시점에 연속적으로 측정해 본다면 그 측정들 사이에 상호 정보는 우리가 이전에 가능하다고 생각했던 것을 넘는 값을 실제로 갖게 된다. 고전물리학에 의하면 다른 시점에 스핀은 수직 방향 혹은 수평 방향으로 상호 관계를 가질 수 있는데, 이는 만일 스핀의 측정값이 수직의 시계 방향이라면 두 번째 측정도 같은 결과를 준다는 것이다. 이 경우에 그들 사이의 상호 정보는 100%가 된다. 반면 실제 전자의 경우에는 양자역학적으로 행동하며 그 스핀의 측정값은 수평 방향인 동시에 수직 방향, 그리고 다른 모든 방향으로도 한꺼번에 상호 연관성을 가질 수 있게 된다. 이는 전자가 시계 방향과 반시계 방향으로 동시에 회전할 수 있음을 의미하는데 이것이 바로 어떤 고전적인 팽이도 가질 수 없는 현상인 것이다. 이 경우 우리는 그들은 200%로 공유한다고 이해할 수 있다. 이러한 극도의 상호 연관성은 양자 얽힘 현상quantum entanglement으로 알려져 있는데 아인슈타인은 그 현상을 '놀라운 원격 작용 현상spooky action at a distance'이라고 표현했다.

"전체는 적어도 그것의 부분보다는 크다"라는 어구는 물체들 간의 상호 정보를 이해하는 데 도움을 준다. 예를 들어, 스티브와 브라이언이라는 두 친구가 있는데 그들 각각은 앞으로 무엇을 할지에 대한 선택권이 있다고 하자. 스티브는 그가 현재 하고 있는 일을 계속할 수도 있고, 그만두고 다른 직업을 찾아볼 수도 있다. 브라이언도 같은 선택의 기로에 서 있다. 만일 그들의 미래가 완전히 불확실하다면 그들 각각에 1비트의 정보를 부여할 수 있는데, 이는 그들이 각각 두 가지 가능성에 대한 선택권이 있기 때문이다. 스티브와 브라이언의 합산된 미래에 담겨진 정보는 적어도 각각이 가진 정보보다는 명확하게 큰 값을 가질 것이다. 그러나 우리는 여전히 브라이언이 어떤 선택을 하게 될지 모른다. 그 불확실성은 이제 1비트 만큼 크고 모든 것은 브라이언의 선택에 달려 있다. 이는 이전 장에서 이야기한 "네가 마신다면 나도 마신다"라는 예와 같은 의미이다. 비록 두 시나리오에 있는 우연적 연결이 다르기는 하지만 그것은 같은 상호 정보량을 준다. 게다가 상호 정보는 전혀 우연성에 의지하지 않기 때문에 아무런 우연적 연결성이 없는 두 부분도 100%의 상관관계를 공유한다는 것이 충분히 합리적일 수 있다.

우리는 이제 그 모든 것을 어느 계에 불확실성 정도의 척도인 엔트로피로 이야기할 수 있다. 전체계의 엔트로피는 고전적으로 말하자면 적어도 그의 부분의 엔트로피보다는 크거나 같다. 그러한 의미에서 엔트로피를 면적과 비슷한 양으로 생각하는 것도 의미가 있다. 미국의 면적은 적어도 그 속에 있는 주들의 크기보다는 크다. 몇몇 주는 서로 포개지기도 하고 공동 구역이 되는 지역이 있기도 하지만, 그래도 미국의 면적이 주들의 크기보다는 크다는 것은 항상 사실이다. 그러므로 당신이 미국에 있는 누군가를 찾고자 할 때 그가 어디에 있는가에 관한 불확실성은 적어도 캘리포니아의 어딘가에 있을 누군가를 찾을 때의 불확실성보다는 큰 것이다. 캘리포니아에서 그 사람의 위치에 대한 불확실성은 미국 전체에 그들이 있을 위치의 불확실성보다 클 수 없다. 미국에는 캘리포니아 이외에도 다른 많은 장소가 있기 때문이다.

하지만 놀랍게도 양자역학에서 이런 이야기는 더 이상 성립하지 않는다. 양자적 상황에서 그러한 일은 가끔씩 비상식적인 결과를 주기도 하는데, 이는 만일 당신이 한 사람을 찾는 영역을 전체 미국보다 캘리포니아로 한정했을 때 그 사람을 찾는 일이 더 어려워질 수도 있음을 의미한다. 양자적 상황에서는 캘리포니아의 면적이 미국의 전체 면적보다 더 클 수도 있기 때문이다.

양자 상태가 그러한 방법으로 행동한다는 것을 어떻게 알 수 있을까? 당신은 아마 그런 사실이 진실인지도 궁금해할지 모른다. 그것은 우리가 직관적으로 이해할 수 있는 것과는 많이 다르다. 하지만 그것은 엄연한 사실이며 두 개의 회전하는 전자를 가지고 실험해볼 수 있다. 전자는 전체 상태가 불확실한 방법으로 생성될 수 있지만 그들 개개를 볼 때면 아주 다르게 행동한다. 다른 말로 하면 그들 상태를 완전히 기술하기 위해서는 서로 서로가 필요한 것이다. 이와 같은 현상은 고전적으로는 도저히 사고할 수 없는 일이다. 예를 들어, 만일 질량을 가진 하나의 상태에 질량을 더한다면 전체 질량값이 감소하는 일은 고전물리학의 영역에서는 결코 발생하지 않는다.

결국 우리는 양자역학에서 두 개의 원자들이 '똑같이 닮은 쌍둥이'라고 불릴 정도로 최대의 상호 연관성을 가진다는 사실로 되돌아가게 된다. 거기에는 표준을 넘어서는 상호 정보가 부가적으로 존재하는 것이다.

만일 이것이 실제로 자연이 존재하는 방법이라면, 그것을 여전히 정보의 관점에서 바라볼 수 있는 것일까? 그렇다. 하지만 섀넌의 엔트로피로는 부족하다는 것이 명백하다. 섀넌의 정보 문제에서는 적어도 전체는 부분이 가지고 있는 정보량보다는 더 많은 정보량을 가지고 있기 때문이다. 하지만 우리가 이전에 논의했듯이, 이는 양자계에 있어서는 사실이 아니다. 그러므로 정보는 섀넌이 제안했던 것보다 더 일반적으로 다루어질 필요가 있는 것이다.

정보의 고전적인 개념인 비트를 양자역학적 비트, 혹은 큐빗qubit이라 불리는 새로운 방법으로 다시 규정할 수 있다. 큐빗은 비트와 다르게 양자역학적 시스템에 적용되며 0와 1의 상태에 동시에 존재할 수 있다. 이러한 차이점을 제외하면 섀넌의 이론의 다른 부분은 여전히 유효하다. 정보를 정량화하기 위해 비트의 엔트로피를 이용하는 대신 큐빗의 엔트로피를 취할 수 있다. 이 말은 벤 슈마허Ben Schumacher라고 불리는 존 휠러의 학생이 처음으로 만들어냈다. 비트에서 큐빗으로의 변화는 비록 단순해보일지 모르지만 심오한 의미를 지니고 있다. 전체가 그 부분보다 더 작을 수 있다는 예로 돌아간다면, 두 상호 연계된 양자계의 전체 엔트로피는 실제로 개개의 엔트로피보다 작은 양일 수 있는 것이다.

양자정보이론은 특정한 경우에 섀넌의 정보로 환원될 수 있다는 점에서 섀넌의 정보보다 더 큰 집합이다. 섀넌의 예를 통해 우리가 배울 수 있었던 것을 넘어 양자 정보가 우리에게 자연에 관해 이야기하는 바는 양자 정보처리 과정을 통해 아직도 알려지지 않은 많은 가능성들이 존재한다는 것이다. 양자정보이론은 아주 빠른 컴퓨터, 완벽한 암호 체계, 쉽게 믿어지진 않지만 어떤 물체들을 원거리로 전송하는 일들을 가능하게 해준다.

어떤 독자들은 양자정보로의 한 단계 승격이 내가 이 책의 1부에서 기술했던 내용의 모든 결론을 무효화할지 모른다고 걱정할지 모르겠다. 사실은 그와는 정반대이다. 우리는 DNA에 대해 양자 정보라는 관점에서 접근할 수도 있었지만, 거시적 현상이라는 관점에서 보았을 때 고전 정보이론을 사용한 결과는 DNA의 가장 중요한 모든 기능을 모두 기술할 수 있다. 이 책의 1부에서 기술한 정보처리 과정에 대해서도 같은 논리로 이야기할 수 있다. 모든 그러한 계들은 양자정보이론의 관점에서 모두 다시 유도해낼 수 있을 뿐만 아니라 그들이 거시적인 계가 될 때에는 고전정보이론으로 근접한 설명을 하는 것이 가능하다. 양자물리학이 거시적인 물체에 적용되지 않는다는 것이 아니라 반대로 우주에 있는 모든 물질들에 적용될 수 있기 때문이다. 거시적인 계에서는 양자물리학의 예측이 고전물리학과 크게 다르지 않음을 이야기할 뿐이다. 그렇기 때문에 거시적인 계에서는 굳이 복잡한 양자역학적 계산을 사용할 필요를 느끼지 않을 뿐이다.

정보의 관점으로부터 우리는 양자론의 가장 중요한 두 가지 면을 요약해볼 수 있다. 첫 번째는 큐빗이란 것은 동시에 여러 가지 서로 다른 상태로 존재할 수 있다는 것이고, 두 번째로는 그 큐빗을 측정했을 때 우리는 그것으로부터 고전적인 결과, 즉 결정론적 결과를 얻게 된다는 것이다.

위의 두 가지 면은 어디에 적용하느냐에 따라 긍정적으로 혹은 부정적으로 작용할 것이다. 큐빗이 동시에 여러 가지 상태로 존재할 수 있다는 사실이 가져다주는 긍정적인 면은 큐빗이 고전전인 비트보다 훨씬 더 복잡한 구조를 띠고 있다는 점이다. 그러한 구조는 고전정보이론과 비교했을 때 더 강력하고 유연한 양자 정보처리를 할 수 있게 해준다. 몇몇 경우에 있어서는 그 반대인데, 특히 암호 체계와 같은 경우 만일 수신자가 정확한 세부 사항을 가지고 있지 않다면 그 상태를 파괴하지 않고서는 메시지를 해독할 수 없다. 이는 측정의 효과가 영향을 미치기 때문이다. 긍정적인 면에서 살펴보자면, 그것은 양자 암호에서 도청자를 잡아낼 수 있게 해주는 성질이기도 하다. 또한 부정적 측면을 보자면, 측정은 큐빗을 고전적 비트로 전환함으로써 우리의 정보처리 능력을 감소시키기도 한다.

양자 정보의 장점과 단점은 다음 장의 양자 연산에 관한 논의를 통해 살펴볼 것이다.

이 장의 주요 논점

- 100년 전 양자역학은 작은 물체들의 움직임을 기술하면서 시작되었다.
- 양자역학이 우리에게 혼돈을 주는 이유는 그 이론이 지금까지 보아왔던 어떤 이론과도 다르기 때문이다. 특히 어떤 하나의 물체가 동시에 다른 상태로 존재할 수 있다고 사고하는 것이 주된 차이점이다. 예를 들면, 하나의 원자가 동시에 이곳과 저곳에 동시에 존재할 수 있다고 양자역학은 설명한다. 양자적 계의 행동이 특이한 또 다른 면은 내재적인 무작위성에 있다. 이는 우리가 그 계에 대해 모든 것을 알고 있다고 할지라고 대부분의 경우 우리는 그 계가 어떻게 행동할지를 알 수 없다는 것을 의미한다.
- 양자물리학의 모든 것인 정보를 이해하는 것은 새로운 방법의 통신을 가능케 하는 것과 같이 실제 세상에 적용될 수 있는 기술을 개발하는 데 큰 도움이 된다.
- 양자 암호화는 양자물리학이 새로운 종류의 정보처리 과정을 구현할 수 있도록 만든 분야인데, 이는 우리가 상상할 수 있는 어떤 것보다 더 안전한 통신을 가능하게 한다.
- 양자 암호는 단순한 이론적 이야기에 머물지 않는다. 양자 암호 기술은 멀리 떨어진 거리에서도 이미 성공적으로 구현된 바 있다.

9장

파동을 타고 가다

: 초고속 컴퓨터

오늘날을 살아가는 사람들 중에 컴퓨터에 대해 들어보지 못한 사람은 아무도 없을 것이다. 그런 트랜지스터가 가득한 상자가 보편화되어 있는 사회에서 본다면 아마 컴퓨터가 없는 지역은 아마존에 있는 원시종족이거나 문명과 격리되어 있는 아프리카의 칼라하리 정도가 아닐까 싶다. 재정을 관리하는 일에서부터 비행기를 조정하는 일, 음식을 데우는 일, 우리의 심장박동수를 조정하는 일과 같이 다양한 일들을 컴퓨터가 하고 있다. 개인용 컴퓨터에서부터 핸드폰이나 오븐과 같은 기계 속에 내장되어 있는 컴퓨터까지 오늘날의 세상은 컴퓨터 없이는 돌아가기 힘들다.

컴퓨터라는 말은 당신의 애플 컴퓨터나 개인용 컴퓨터 이상의 의미를 갖는다. 기초적인 수준에서 컴퓨터라 함은 어떤 명령에 따라 계산을 수행하는 물체를 일컫는다. 그러한 점에서 컴퓨터는 기계나 기계적 도구에 머무르지 않는다. 원자적 물리현상이나 살아 있는 생명체 역시 매우 유의미한 형태의 컴퓨터이다. 사실 그것들은 어쩌면 현재 기술로 만들 수 있는 어떤 형태의 컴퓨터보다 더 진보된 형태라고도 할 수 있겠다. 이와 같은 다른 형태의 컴퓨터에 관해 이 장의 뒷부분에서 살펴보기로 하겠다.

컴퓨터들은 다양한 모양과 크기를 하고 있어서 어떨 때는 이것이 컴퓨터인가 싶은 경우도 있다. 당신은 과연 냉장고를 컴퓨터라고 생각하는가? 어떤 컴퓨터들은 수십만 개의 계산을 일 초만에 해내기도 하고 다른 컴퓨터들은 가장 단순한 계산을 하는 데 아주 긴 시간이 걸리기도 한다. 하지만 이론적으로는 하나의 컴퓨터가 할 수 있는 일은 다른 컴퓨터도 할 수 있다. 올바른 명령과 적당한 기억매체가 있다면 당신의 냉장고도 마이크로소프트사_社에서 나온 윈도우를 실행할 수 있을지도 모른다. 물론 당신의 냉장고 속에 있는 컴퓨터에 원래 디자인된 일과 상관없는 일은 시간 낭비겠지만 말이다. 그렇다고 하더라도 냉장고 속 컴퓨터도 다른 모든 컴퓨터들이 하는 것과 같은 규칙을 따르고 있으며 몇 가지 조작으로도 같은 결과를 줄 수 있는 것이다.

컴퓨터는 1936년 처치-튜링의 논제에 기반하고 있는데, 이 논제는 전자적 컴퓨터와 같은 기계적 계산장치의 성질에 관한 가설이다. 앨런 튜링Alan Turing과 알론조 처치Alonzo Church는 알고리즘의 정형화 개념을 소개했는데, 이것은 오늘날의 최신 컴퓨터들도 그대로 그 논리를 따르는 완전히 기계적인 형태의 계산기였다. 그 논제는 모든 실행 가능한 계산도 그들의 계산 모델(충분한 시간과 저장 공간이 주어지는)을 따르는 알고리즘에 의해 실행될 수 있음을 주장했다. 이것은 모든 최신 컴퓨터들의 기반이 되는 완전한 컴퓨터라는 개념으로 요약된다.

컴퓨터 기술의 소형화도 간과할 수 없는 부분이다. 특히 1940년에 폰 노이만에 의해 처음으로 만들어진 이후 컴퓨터는 더욱더 작아지고 있는데, 그러므로 그 회로의 집적도가 높아져 더욱더 빨라지고 있다. 1950년대 말경엔 인텔의 사장이자 창립자인 고든 무어Gordon Moore가 아주 흥미롭고 놀라운 경향성을 발견했는데, 2년마다 컴퓨터들의 수행 속도와 기억용량이 두 배씩 증가한다는 것이었다. 무어는 그의 보고서에서 그러한 경향성을 언급했고 이후 이는 무어의 법칙Moore's law으로 알려지기 시작했다.

어떠한 이유로 무어의 법칙이 지난 15년 간 맞아떨어졌던 것일까? 그것은 인간의 존재에 달려 있는, 그리고 우리의 능력에 달려 있는 법칙이므로 자연법칙과는 거리가 있다. 그러므로 무어의 법칙 대신 '무어의 경향성' 혹은 '무어의 관찰' 정도로 생각되어야 할 것이다. 컴퓨터 산업을 비판적으로 바라보는 사람들은 무어의 법칙이 맞는 이유는 그가 인텔의 사장이기 때문이라고 종종 이야기한다. 그는 어찌 되었건 다른 회사들에게도 큰 영향을 미쳤다. 인텔이 마이크로칩 산업에서 그런 독보적인 입지를 차지하고 있었다는 것을 생각해보면 무어의 법칙은 어쩌면 자기 충족적인 예언이었는지도 모르겠다.

기술이 무어의 법칙을 계속 따른다고 한다면 실리콘칩 위에 그려진 회로의 크기는 점점 줄어들 것이고 결국에는 몇몇 개의 원자보다 그리 크지 않은 크기로 줄어들고 말 것이다. 그렇다면 그것은 무엇을 의미 하는가? 그 이후에는 어떤 일이 발생하게 될까? 컴퓨터는 과연 얼마나 작아지고 빨라지게 되는 것일까?

물론 그러한 지수적 성장에도 당연한 한계는 존재한다. 현재 우리는 하나의 비트의 정보를 저장하기 위해 100개 정도의 전자를 사용한다. 하지만 10년이 지난 후에 우리는 하나의 비트의 정보를 저장하기 위하여 1개의 전자만을 사용하게 될지 모른다. 그것보다 더 발전할 수도 있을까? 궁극적인 한계는 어디일까? 만일 물리학이 우리에게 무언가를 말하고자 한다면 우리의 결론에는 뚜렷한 근거가 필요하다. 역사에는 불가능할 것이라 믿어졌던 이야기들이 나중엔 가능한 것으로 판명난 것도 많기 때문이다. 켈빈 경Lord Kelvin은 공기보다 무거운 기계는 날 수 없을 것이라 말했지만 라이트 형제에 의해 그 말이 틀렸다는 것이 증명되기까지는 30년이라는 시간밖에 걸리지 않았다. 또한 우리가 계산의 궁극적인 한계를 발견한다고 하더라도 그 한계가 얼마 동안 지속될지는 아무도 모르는 일이다.

그러한 궁극적 한계를 이해하기 위해 우리는 컴퓨터라는 것이 과연 무엇인지를 이해할 필요가 있다. 사실 그것은 매우 쉬운 일인데, 컴퓨터란 비트를 처리하는 기계일 뿐이다. 우리가 현재 사용하는 컴퓨터들은 비트(0과 1의 조합인)들을 옮기고, 바꾸고, 그리고 다시 뒤섞는 불Boole의 논리를 사용한다. 조지 불은 1854년에 대수학에 관한 책을 출판했는데 거기에서 그는 수학적으로 모델링할 수 있는 계산 과정의 완벽한 체계에 관해 논의했다. 섀넌은 이를 그의 통신 체계를 정립하는 데 사용했다. 현재 불이 만든 연산의 구현은 트랜지스터라는 기계로 가능하게 되었으며 최근에는 다양한 구현 방법들이 존재한다. 우리가 이미 알고 있듯이, 주어진 한 순간에는 두 개 중 하나의, 0 혹은 1의, 상태로만 존재할 수 있다. 그러나 양자역학에 따르면 한 물리 체계에서 동시에 0과 1의 상태가 동시에 존재할 수 있다. 사실상 0과 1 사이에 있는 무한 범위의 상태도 있을 수 있는데, 이를 큐빗이라 부른다. 큐빗이 차지할 수 있는 상태의 수는 무한대인데, 이는 원칙적으로 0이나 1을 얻을 수 있는 확률이 무한대이기 때문이다. 확실히 0 혹은 1을 얻게 된다면 이는 고전적인 경우로 환원되는 것이다.

또한 무어의 경향성에 비추어볼 때 (반도체 기술에 바탕을 두고 있는) 트랜지스터 회로의 성질을 좌우하는 물리법칙은 원자적 시각에서는 고전적 법칙이 아닌 양자역학적 법칙을 따른다. 그러므로 양자역학의 원리에 기반을 둔 새로운 종류의 컴퓨터를 만들 수 있을까 하는 질문은 사실 우발적인 것이 아닌 아주 자연스러운 새로운 단계인 것이다.

또한 모든 컴퓨터의 '뇌세포'와 같은 역할을 하는 트랜지스터가 어떻게 반도체의 성질에 의해 작동하는가 하는 것도 흥미로운 사실이다. 반도체의 기능을 설명하는 것 또한 전적으로 양자역학을 필요로 한다. 반도체의 작동은 고전적인 방법으로는 설명할 수 없는 것이다. 그렇다면 고전역학이 고전적 컴퓨터가 어떻게 작동하는지를 설명할 수 없다는 결론을 내릴 수 있는 것일까? 또는 우리가 고전적 컴퓨터 역시도 사실은 양자 컴퓨터라고 말하고 있는 것일까?

고전적 정보처리 과정은 거시적 관점에서 자연에 꽤 가까운 근사치라고 말할 수 있을 뿐만 아니라 고전적 정보처리 과정의 목적을 꽤 정밀한 정도까지 달성하는 데 큰 문제가 없다고 말할 수 있다. 사실상 지금까지는 우리가 개개의 원자를 이용해 계산하는 양자적 단계에 접근하지 못했지만, 이러한 사실은 우리에게 양자 컴퓨터와 양자정보이론의 연구에 매진하는 데 큰 동기부여가 되고 있다.

양자 컴퓨터는 아주 흥미로우면서도 빠르게 발전하는 분야 중 하나이다. 전혀 다른 여러 배경지식을 가진 사람들, 물리학과 컴퓨터공학, 정보이론에서 수학과 철학을 공부한 다양한 사람들이 최근 양자물리학에 근거한 계산을 공부하고 있으며 연구자들의 숫자는 꾸준히 늘어가고 있다.

고전 물리법칙은 양자역학을 근거로 한 계산과 비교했을 때 완전히 다른 조건의 정보처리 과정으로 우리를 인도한다. 그러한 사실은 미국의 물리학자 리처드 파인먼Richard Feynman에 의해 처음으로 소개되었다. 이후에는 다소 독립적으로 영국의 물리학자 데이비드 도이치에 의해 자세하게 연구되어 크게 확장되었다. 리차드 파인먼과 데이비드 도이치는 모두 1장에서 언급되었던 존 휠러라고 하는 유명한 물리학자의 학생이었다. 그렇기 때문에 그들 모두가 물리학과 컴퓨터 사이의 궁극적인 연관성에 대해 질문을 던졌던 것은 놀라운 사실이 아니다.

양자 컴퓨터의 두 가지 가장 성공적인 적용은 아주 큰 숫자를 소인수분해하는 문제와 큰 데이터베이스에서 원하는 정보를 찾아내는 문제였다. 첫 번째 문제는 아주 큰 소인수를 인수분해하는 것이 어렵다는 사실에 기초를 둔 현대의 암호 체계와 중요한 연관성을 가지고 있다. (이 부분은 나중에 좀 더 자세히 설명하게 될 것이다.) 두 번째 문제 역시 매우 중요한 의미를 가지고 있는데, 이는 자연에 존재하는 모든 문제들은 맞지 않는 많은 답들 속에서 맞는 답을 찾아내는 문제로 환원될 수 있기 때문에 그 중요도가 매우 크다고 할 수 있다. 검색이라는 것은 아주 광범위한 개념인데 당신이 당신의 컴퓨터에서 하나의 파일을 찾는 문제에서부터 어떤 식물이 태양의 에너지를 유용한 일로 변환하는 데 필요한 분자를 찾아내는 데까지 광범위하게 적용될 수 있다. (이 문제도 뒤에서 자세히 설명할 것이다.)

그렇다면 왜 여기서 양자역학이 도움이 되는 것일까? 그렇다면 왜 우리는 우리가 매일매일 사용하는 평범한 컴퓨터로는 이 문제를 풀 수 없는 것일까? 사실 그 대답은 '그럴 수도 있다'이지만, 소인수의 크기가 커질수록, 찾고자 하는 데이터베이스의 크기가 커질수록, 그 답을 얻게 되는 시간은 더욱더 길어지게 되기 때문에 대부분의 경우에는 곤란에 직면하게 된다. 양자물리학은 그러한 문제를 해결하는 데 도움을 준다. 모든 가능성을 한 번에 한 가지씩만 확인하는 전통적인 컴퓨터와는 다르게 양자물리학은 여러 가지 가능성을 동시에 확인할 수 있도록 도와준다.

벨 연구소의 피터 쇼어Peter Shor와 롭 그로버Lov Grover의 이야기를 해보도록 하자. 우리는 벨 연구소에 클로드 섀넌에 관해 이야기를 한 적이 있다. 섀넌이 전화선을 통해 보내는 메시지의 최적화에 관해 연구한 반면, 1992년 쇼어는 그 메시지들의 보안에 관해 심도 깊은 연구를 하고 있었다.

보안은 우리의 일상에 아주 중요한 부분을 차지하고 있다. 당신이 무언가를 결제할 때 사용하는 신용카드의 정보는 아주 중요하게 다루어져야 하며, 모든 회사들은 그들이 사용하는 문서가 안전하게 저장되고 공공이나 정부, 혹은 다른 회사로의 노출로부터 안전하기를 원한다. 우리가 8장에서 이미 논의한 바와 같이, 현대의 보안이란 어떠한 것이 '계산적으로 안전함'을 의미한다. 즉 안전하다는 것은 그 암호를 깨는 데 요구되는 계산 시간이 아주 길다는 것을 의미한다. 아마 당신도 직접 그것을 확인해볼 수 있을 것이다. 예를 들어, 당신의 컴퓨터에서 두 숫자를 곱하는 일은 매우 쉽다. 100의 자리의 두 숫자를 선택해 그들을 곱하는 명령을 내려보자. 아마 당신의 컴퓨터는 얼마의 시간이 걸렸는지도 알아차릴 수 없게 그것을 금방 수행할 수 있을 것이다.

반면에 큰 수를 소인수 분해하는 일은 매우 어려운 일이다. 이는 많은 가능성들을 한꺼번에 찾아야 하기 때문이다. 100이라는 숫자를 상상해보자. 그의 소인수들은 무엇인가? 2와 50을 곱하면 100이 될 것이다. 하지만 4 곱하기 25도 100이라는 숫자를 준다. 또한 5와 20을 곱해도 100이라는 숫자를 얻게 되며, 10과 10을 곱해도 100이라는 숫자를 얻게 된다. 소인수의 숫자는 빠르게 증가하며 그들 모두를 찾아내는 것은 현재 존재하고 있는 어떤 (고전적인) 컴퓨터로도 매우 어려운 일이다. 걸리는 시간으로 비교해본다면 이는 숫자를 곱하는 문제에 비해 지수적으로 느리다.

그렇다면 어떻게 양자 컴퓨터는 그러게 효과적으로 소인수 분해를 할 수 있는 것일까? 그 설명은, 쇼어에 의해 쇼어의 알고리즘Shor's algorithm이라 알려진 방법으로 처음 제안되었으며, 양자역학의 중첩 상태를 이용한, 많은 서로 다른 상태들이 동시에 존재할 수 있는 양자 컴퓨터를 이용한 것이었다. 하나의 컴퓨터가 다른 많은 장소에 동시에 중첩 상태로 존재하는 상황을 상상해보자. 각각의 장소에서 각 컴퓨터는 그 숫자를 서로 다른 숫자로 나누어 인수를 찾는다. 그 일은 아주 거대하면서도 불가사의한 속도의 증가를 가져다주는데, 이는 하나의 양자 컴퓨터는 이제 동시에 서로 다른 장소에서 모든 나눗셈을 수행하게 되는 것이다. 그리고 만일 그들 중 하나가 성공을 한다면 우리는 그 소인수들을 찾을 수 있게 되는 것이다.

당신은 당신의 현금카드의 비밀번호가 왜 안전한지 생각해 본 적이 있는가? 어떻게 은행 직원 혹은 은행의 관리자들이 당신의 비밀번호를 알 수 없는 것일까? 어떻게 그들은 당신이 당신의 비밀번호를 입력할 때 그것을 가로채서 당신의 돈을 인출해내지 못하는 것일까?

그 이유는 현금인출기가 다음과 같은 일을 하고 있기 때문이다. 당신이 당신의 돈을 인출하기 위해 비밀번호를 입력할 때 그 (대개 4자리 혹은 6자리) 숫자는 즉각 아주 큰 (말하자면 500자리 정도의 숫자) 숫자와 곱해진다. 그 결과로 나오는 숫자는 (504자리 숫자가 될 텐데) 은행에서 확인된다. 만일 그 숫자가 자신들의 데이터베이스 속에 있다면 당신은 당신의 돈을 인출할 수 있을 것이다.

하지만 여기서 중요한 점은 은행은 그 500자리 숫자로부터 당신의 비밀번호를 꺼낼 수 없을 것이며 그 4자리 숫자는 그들의 데이터베이스에는 존재하지 않는다는 것이다. 만일 은행이 당신의 비밀번호를 알아내려 한다면 아주 긴 시간이 걸릴 것이며 그 시간은 현재 존재하는 가장 빠른 컴퓨터를 사용한다고 해도 우주의 나이만큼 긴 시간이 걸릴 것이다.

여기서 중요한 점은 양자 컴퓨터를 사용한다면 우리는 그 숫자의 소인수 분해를 아주 빠른 시간 안에 할 수 있을 것이라는 점이다. 만일 우리가 만 개 정도의 큐빗을 가진 양자 컴퓨터를 가지고 있다면 500자리의 숫자를 수 초 안에 소인수 분해하는 것이 가능하다. 만일 그런 일이 가능하다면 우리가 현재 사용하는 암호 체계는 무용지물이 될 것이다.

롭 그로버는 1996년에 다른 종류의 문제에 관심을 가졌다. 그로버는 양자 컴퓨터에 의해 제공되는 거대한 평행 연산을 이용해 어떻게 효율적인 검색 알고리즘을 설계할 수 있는지에 관해 연구했다. 그의 아이디어는 다음과 같다. 예를 들어, 어떤 사람이 책을 찾으려고 도서관에 갔는데 그곳에 책들이 전혀 정돈되어 있지 않은 상태로 있었다고 생각해보자. 만일 특정한 책을 찾고자 한다면 당신은 당신이 원하는 책을 발견할 때까지 그곳에 있는 모든 책들을 뒤져야 할 것이다. 만일 그곳에 십만 권의 책들이 있고 각 책을 확인하는데 1초의 시간이 걸린다고 한다면 아주 긴 시간, 십만 초, 대략 2주 정도의 시간이 걸릴 것이다. 만일 양자 컴퓨터를 이용한다면 그 시간을 획기적으로 줄일 수 있으며 단지 1,000초 정도의 시간이면, 몇 시간 정도의 시간이면, 책을 찾을 수 있다. 그 사실은 그로버에 의해 증명되었다.

만일 네 가지의 경우가 있다면 (00, 01, 10, 11로 표시할 수 있는 2바이트의 정보) 우리는 대략 원하는 숫자를 찾기 위해 최고 세 번의 검색이면 충분하다. 이는 당신이 각 요소를 살펴보아야 하며 최악의 경우 당신이 살펴본 처음 세 개의 요소가 당신이 원하는 것이 아닐 수 있는 것이다. 반면 양자 검색은 네 개의 양자 데이터를 뒤지는 데 단지 한 번의 과정이면 충분하다. 데이터베이스의 크기가 증가함에 따라 양자적인 효과를 이용하는 이득은 더욱더 증대된다.

네 개의 요소를 가진 데이터베이스를 뒤져서 우리가 원하는 하나를 찾는 일은 두 개의 동전을 던져 그것이 모두 앞면이 될 확률을 찾는 일과 비슷하다. 첫 번째 동전을 던지는 일은 우리가 원하는 요소가 데이터베이스의 반쪽 중 어디에 속해 있는지를 묻는 것과 같고, 두 번째 동전을 던지는 일은 어디에 정확히 원하는 요소가 있는지를 알려준다. 이는 고전물리학을 통해서는 네 개의 결과를 정확히 구분하기 위해 최소한 두 개의 동전을 던지는 일이 필요한 것이다.

그러나 양자 컴퓨터를 이용한다면 한 번의 과정을 통해 문제를 해결할 수 있다. 양자 전산은 하나의 광자가 두 개의 빗살가르개를 통과하는 일과 비슷하기 때문이다. 여기에는 네 가지 다른 가능성(반사반사, 통과반사, 반사통과, 통과통과)이 존재하는데 여기서 어느 하나의 결과를 얻기 위해서는 단지 하나의 광자만 있으면 충분하다. 중첩이라는 양자적 성질은 하나의 광자가 동시에 네 가지 다른 가능성을 탐색하는 것이 가능하도록 하며 다른 경로에서의 간섭 효과를 통해 하나의 결과로 그것들을 압축하는 일이 가능하다. 이러한 논리는 일반화될 수 있으며 양자 컴퓨터를 이용한다면 어떠한 크기의 데이터베이스도 고전적인 컴퓨터보다 더 빠른 방법으로 검색할 수 있게 고안할 수 있다.

양자 컴퓨터를 이용하여 더 빠른 검색을 할 수 있다는 사실이 흥미로운 이유는 거의 모든 대부분의 문제들을 검색 알고리즘으로 치환할 수 있다는 사실 때문이다. 예를 들어, 소인수 분해 문제도 검색 알고리즘으로 그 문제를 환원할 수 있는데, 이는 우리가 원하는 답을 얻을 때까지 가능한 모든 인수들을 다 검색하는 과정을 거치게 함으로써 가능하다. 이 경우 그 답은 하나 이상이 될 수 있기는 하지만 궁극적으로 그 문제 자체는 동일한 것이다. 또한 소인수 분해의 예에서 볼 수 있는 재미난 점이 있는데 검색 알고리즘은 쇼어의 소인수 분해 알고리즘보다 효율적이지 않다는 것이 증명되었다는 점이다. 이는 충분히 예측해볼 수 있는 이야기이다. 검색 알고리즘은 아주 일반적이어서 어떠한 검색 문제에도 적용할 수 있는 반면, 쇼어의 소인수 분해 알고리즘은 소인수 분해 문제를 푸는 데 이용하도록 한정되어 있고 그 문제와 관련된 숨은 성질에 이용하도록 고안되어 있다. 그러므로 맥락상으로 살펴볼 때 일반적으로 양자 연산은 고전적인 연산과 비교해 훨씬 더 강력한 연산 능력을 제공하기는 하지만, 어떠한 경우에 있어서 고전적 알고리즘이 일반적인 양자 검색 알고리즘보다 더 효율적으로 문제를 풀 수 있는 경우도 여전히 존재할 수 있다.

고전적인 문제를 푸는 데 있어서 양자 컴퓨터의 중요한 한계는 문제의 해답을 찾는 과정에 측정이라는 문제가 관여된다는 것이다. 측정은 필요하지만 측정 과정은 확률적이므로 항상 우리의 답이 틀릴 수도 있는 확률은 언제나 일정 정도로 존재하게 된다. 쇼어의 알고리즘과 같이 어떤 경우에는 그 답이 옳은지 그른지를 고전적으로 증명하는 일이 더 명확하며, 만약 그렇지 않다면 우리는 맞는 답을 얻을 때까지 계속해서 양자 컴퓨터를 돌려야 할 것이다. 때때로 우리는 더욱 더 창조적인 답을 찾아야 할 필요가 있기도 하다. 이 점에 대해 독자들은 큰 우려를 할 필요가 없는데, 이는 그것이 양자 컴퓨터를 실행하는 데 중요한 걸림돌은 아니기 때문이다. 더 중요한 걸림돌은 환경에 의한 잡음의 효과인데 실제로 이를 조정하는 일이 매우 어렵다. 고전적 컴퓨터보다 훨씬 더 효율적인 양자 컴퓨터에서는 이 두 가지 요소들을 잘 다뤄야 한다.

소인수를 분해하고 검색을 하는 양자 알고리즘 이상으로 양자 컴퓨터가 고전적 컴퓨터에 비해 훨씬 더 잘 수행할 수 있는 문제들이 있다. 아마도 양자 컴퓨터의 가장 매력적인 적용은 복잡한 물리계를 시늉내는 일에 사용하는 것이다. 어떤 계는 너무나 복잡해서, 예를 들어 우리의 대기와 같은 경우, 현재의 컴퓨터를 가지고서 대기를 시뮬레이션하는 일은 매우 어려운 일이 될 것이며 아주 긴 시간이 걸릴 것이다. 사실상 훨씬 더 간단한 계들, 20개의 원자들과 같은 계들을 시늉내는 일도 현재의 컴퓨터로는 이미 아주 어려운 일이다. 이 문제들은 우리에게 아주 중요한 의미를 갖기 때문에 언젠가는 그것을 풀어내는 일은 매우 중요할 것이다. 물론 지금도 이 문제들에 도전하고 있지만 전체적인 답을 얻는 일은 거의 불가능하며 부분적인 중요한 요소들에 관해서 일정 시간 내에 답을 얻는 데 만족하고 있다. 우리는 기후에 관해 더 정확한 예측을 하고 싶어한다. 기후를 더 정확히 예측하는 일은 삶을 더 풍요롭게 만들 뿐 아니라 우리의 생존에도 큰 영향을 미친다. 이를 위해 다양한 기후의 경향성들을 더 잘 이해할 필요가 있다.

양자 컴퓨터를 이용한 다른 물리 계들을 시뮬레이션하는 것은 이제 단지 시작 단계에 있다. 그 적용의 한계가 어디까지일지 우리는 아직 알지 못한다. 나는 개인적으로 이 분야가 미래에 큰 발전을 이루게 되리라고 생각하고 있지만 현재로서는 그 폭발력을 가늠하기가 쉽지 않다.

흥미롭게도 엔지니어와 컴퓨터 과학자들은 모든 양자역학적 기묘함들을 큰 문제로 바라보지 않으며 오히려 그러한 성질을 기술적으로 충분히 이용해 양자 컴퓨터를 만들 수 있다고 믿는다. 컴퓨터를 이용한 연산이라는 것을 초기에 들어가는 정보와 결과로 나오는 정보 사이에 상호 정보를 극대화하는 과정으로 생각해본다면, 그 연산의 속도는 상호 정보를 성립시키는 비율이며 이는 입력과 출력 사이의 상호 관련성을 성립시키는 비율에 해당하게 된다. 더 나아가, 양자적 큐빗을 고전적인 비트와 비교했을 때 훨씬 더 높은 상호 정보를 제공한다는 사실은 쇼어나 그로버의 알고리즘에서 보았던 양자적 효율성으로 얼마든지 바꾸어 생각해볼 수 있는 것이다.

한 가지 반가운 소식은 작은 규모의 양자 전산은 이미 실험을 통해 실현되었다는 사실이다. 양자 컴퓨터는 비록 매우 제한적인 규모로 작동되기는 했지만, 그래도 현존하는 고전 컴퓨터가 낼 수 있는 속도보다 훨씬 빠른 속도를 내보이는 데 성공적이었다.

양자 컴퓨터를 구성하는 요소인 큐빗들은 원자나 그보다 작은 입자들, 혹은 원자들의 집합체나 그것들의 조합을 통해 구현될 수 있다. 하지만 아직까지 그들 중 어느 것도 중간 단계의 크기, 즉 1,000개 정도의 큐빗들을, 중첩 상태에 있도록 하는 일에는 성공하지는 못했다.

그렇다면 우리는 양자 컴퓨터를 실제로 만들어내는 데 얼마나 가까이에 와 있는 것일까? 그 질문은 우리가 천 개 혹은 만 개 정도의 큐빗을 중첩 상태로 만드는 데 얼마나 근접했는가 하는 질문과 같은 것이다. 현재의 기록에 의하면 양자 컴퓨터는 10에서 15개의 큐빗을 구현하는 정도에 와 있다. 또한 양자적으로 정보를 입력하는 데에는 여러 가지 방법들이 존재할 수 있는데, 이는 양자 정보를 입력하는 데 사용할 수 있는 체계가 여러 가지로 존재하기 때문이다. 가두어둔 이온을 이용할 수도 있고, 어떤 공진기 내에 있는 빛의 입자들을 이용할 수도 있으며, 날아다니는 광자나 자성체 속에 있는 핵자들의 스핀을 이용할 수도 있고, 전자적 공명을 이용한 전자의 스핀이나 초전도체와 같은 고체 물질들 전체를 이용할 수도 있다. 양자 컴퓨터를 구현하기 위한 후보들은 무궁무진하다.

오늘날 실험 물리학자들은 원자를 완벽하게 조정하는 일을 할 수 있다. 그들은 하나의 원자를 아주 작은 구간 속에 (1미터의 백만분의 일에 해당되는 구간) 가두어둘 수도 있다. 그렇다면 그들은 어떻게 원자가 거기에 존재한다는 것을 알 수 있는 것일까? 그들은 그 작은 구간에 레이저를 쏘아서 레이저 빛이 반사되는 경우 그곳에 원자가 있다는 것을 확인할 수 있다.

그렇다면 10개에서 15개의 원자로 과연 우리는 무슨 일을 할 수 있을까? 현재 우리가 가지고 있는 고전 컴퓨터가 할 수 있는 일에 비해 큰 일을 할 수는 없을 것이다. 3에 5를 곱한다면 15라는 숫자를 얻는 일 정도일 것이다. 하지만 그것이 우리의 시작점이 될 것이다. 물론 누구라도 그런 일을 할 수는 있겠지만 그런 종류의 실험의 중요성은 양자적인 수준에서 계산의 가능성을 보여주는 것이고 그것은 아주 큰 일의 작은 시작점이 될 것이다. 현재의 컴퓨터는 3에서 5를 곱하는 연산을 하기 위해 만 개 정도의 원자가 필요하다. 그에 비교해본다면, 양자 컴퓨터는 아주 효율적인 기계이다. 그렇다고 하더라도 현재의 기술로는 15큐빗 이상을 구현하는 일은 아주 어려운 일이다.

그렇다면 어째서 큰 규모의 양자 컴퓨터를 만드는 일이 이토록 어려운 것일까? 그 질문의 답은 8장에서 논의한 것과 같은데, 어째서 우리가 일상에서 경험할 수 있는 거시적인 체계에서는 양자적 효과를 볼 수 없느냐라는 질문과 같은 것이다. 간단히 말하자면, 그것이 어려운 이유는 거시적인 체계가 동시에 많은 다른 상태에 존재할 수 있을 수 있도록 해야 하지만 그 체계의 경우에는 다양한 방법으로 정보가 환경으로 흘러나갈 수 있다는 점이 어려움을 더하기 때문이다. 조금의 정보라도 빠져나가 버리는 순간 중첩성과 양자 컴퓨터는 사라져버린다. 빠져나가 버리는 정보처리 과정을 환경이라고 간주할 수 있는데, 이는 그 계의 상태에 관한 정보를 수집하기 위한 측정의 과정과도 연관될 수 있다. 암호에 관한 우리의 논의에서 알 수 있듯이, 양자적 상태는 측정 과정에서 그 계의 손상을 피할 수 없다. 그러한 과정은 전문적인 용어로는 결맞음의 해체decoherence라고 부른다. 그러므로 기본적으로 거대한 규모의 양자 컴퓨터를 만들기가 어려운 이유는 우리가 왜 서로 다른 위치에 있는 사람을 동시에 관측할 수 없는가와 같은 이유 때문인 것이다.

비슷한 비교가 범죄에도 적용될 수 있다. 통계를 보면 대부분의 성공적인 도둑들은 자기 혼자 범행을 저지르는 것으로 알려져 있다. (대개의 여성 범죄자들이 이 경우에 해당되는데 이 때문에 여성 범죄자들의 범죄 성공률이 남성 범죄자들의 성공률보다 훨씬 높은 것으로 알려져 있다.) 여기서 흥미롭게 생각해볼 수 있는 점은 당신이 더 많은 사람과 범죄를 저지를 경우 어떤 이유에서건 당신이 배신당하게 될 확률은 높아지게 된다는 것이다. 더 많은 사람이 같은 정보를 공유하고 있을 경우 그 정보가 세어나가게 될 확률은 더욱더 높아진다. 사실 같은 원리가 원자의 세계에도 적용된다. 더 많은 원자들이 중첩 상태에 있을수록 그들 중 하나가 환경에 의해 결맞음의 해체 현상을 보이게 될 확률은 훨씬 더 높아지게 된다.

이러한 현상은 양자 전산 입장에서 본다면 좋지 않은 소식이다. 그렇다면 과연 거대한 규모의 믿을 만한 양자 컴퓨터의 구현은 불가능한 일이란 말인가? 다행히도 그렇지는 않다. 완전범죄와는 다르게 완벽한 양자 컴퓨터를 구현할 수 있는 방법은 여전히 존재한다. 그렇다면 그것은 어떠한 방법일까? 완벽한 양자 컴퓨터를 구현해내는 방법은 DNA가 완벽하게 복제될 때 사용되는 방법과 같은 방법이거나, 혹은 적어도 생명이 번식해나가기에 충분한 정도의 복제법과 같은 원리를 따른다. 그 해답은 잉여의 정보 상태를 활용하는 것에 있다.

만일 당신이 당신의 컴퓨터에 100개의 사용 가능한 양자 비트를 지니고자 한다면 실제로는 1,000큐빗의 거대한 양자 컴퓨터를 만들어야 한다. 이것이 의미하는 것은 1큐빗당 추가적인 9개의 복사본을 지닌다는 것이다. 즉 하나의 큐빗이 탈락한다고 하더라도 당신의 컴퓨터는 아직 9개를 지니고 있는 것이다. 그러므로 양자 중첩성은 보호되며 더욱더 중복을 배가하여 최상의 상태를 만들어낼 수 있다. 이것이 바로 잉여 정보 이용의 핵심 개념이다.

이미 논의한 바 있듯이, 최근 양자 컴퓨터의 연구는 마이크로칩을 생산하는 방향으로 가고 있다. 이 연구는 현재 싱가포르에서 활발히 이루어지고 있다. 마이크로칩에 대해서 실험 물리학자들은 극저온 원자를 포함하는 원료를 합성하려고 시도하고 있다. 마이크로 공학은 지난 20년 동안 매우 큰 진보를 이루어왔다. 얼마나 많은 물질이 2차원의 칩이라는 매우 작은 공간 속에 들어갈 수 있는지만 살펴보더라도 이는 매우 놀라운 것이다. 앞으로 충분히 많은 양자 컴퓨터 장치를 만드는 데 5년에서 10년의 시간이 더 걸릴 것이다. 그렇지만 최근에는 매우 많은 노력이 연구에 투입되었으므로 거대한 양자 컴퓨터의 실현 가능성은 이제 충분히 기대해볼만 할 것이다.

크게 본다면 살아있는 시스템으로서 양자 컴퓨터를 만들어내기 위한 노력은 궁극적으로 엔트로피에 반하는 것이라고 할 수 있다. 임의적인 물리 계의 엔트로피가 전반적으로 낮으면 낮을수록, 원자가 얽혀서 구성될 기회는 높아진다. 양자 계산에 유용한 전형적인 원자는 일반적으로 0도에 가까운 온도에 (절대온도의 10억분의 1) 존재해야만 한다. 게다가 연구소의 온도는 그곳보다 3,000억 배 더 높다는 것을 가정할 때, 항시적으로 치열한 전쟁이 일어나고 있는 것이나 마찬가지다. 또한 이것은 맥스웰의 유령의 시나리오와 같이, 몇몇 유용한 정보처리가 될 수 있기 위해 시스템의 엔트로피를 줄여야 할 필요가 있다는 것을 의미하기도 한다.

2003년에 시안타니 고쉬Syantani Ghosh와 그녀의 동료는 양자역학적 영향이 몇몇 가시적 물체 안에서 어떻게 나타나는가에 대해 증명해보인 바 있다. 그들은 많은 원자들 사이에 있는 양자 중층이 몇 백 절대온도상에서 수많은 원자를 포함하는 소금의 한 조각에 존재한다는 것을 보여주었다. 이것은 아원자 입자의 극미한 세계에서는 제한되는 것으로 간주되었던 양자 현상의 힘이 육안으로 볼 수 있는 범위에서 측정될 수 있는 영향력을 생산해낸다는 것을 증명해낸 놀라운 연구였다.

이러한 발견은 기념비적이었으며 아무도 이를 믿기 어려웠다. 내가 2000년도에 『네이쳐Nature』에 투고한 논문에서 비슷한 예측을 내놓았지만 이는 무시되었다. 그러나 이제 고쉬의 실험에 의해 입증된 그 예측은 양자 정보의 신비로움이 더욱 넓은 영역으로 들어섰다는 것을 의미하는 것이다. 『네이쳐』는 그들이 생각하기에 나의 예측이 입증되었다는 사실을 알고 내가 기뻐할 것이라고 생각했기 때문에 친절하게도 내게 고쉬의 논문을 보냈다. 이것은 흔한 일이 아니다. 그녀의 논문으로 인하여 많은 다른 연구자들은 다른 물질 내에서의 비슷한 작용을 증명해보였고, 이들 물질 중 몇몇은 고쉬의 실험 온도보다 더욱 높은 온도에서 실험에 성공했다. 심지어는 놀랍게도 연구실 온도에서도 같은 현상이 발견되었다.

이제 진보한 양자 효과를 육안으로 확인할 수 있는 기반이 마련된 것이다. 이로써 우리는 자연이 이미 우리에게 안겨준 양자 컴퓨터를 프로그램으로 만드는 일만이 남은 그런 날이 언젠가는 도래할 것이라는 희망을 가질 수 있게 되었다. 결국 자연은 우리 인간보다 먼저 멋진 마술을 준비해놓은 것이다. 중복 측정기와 에러 보정기는 살아있는 시스템에 의해 사용된 다양한 방법들 중 하나이다.

그렇다면 양자 컴퓨터가 가지고 있는 빠른 속도의 장점을 이용하는 살아있는 시스템이 어디엔가 있다는 것일까? 더 나아가 아마도 양자 컴퓨터는 너무 흔해서 모든 살아 있는 세포 속에 있는 것일 수도 있다.

더욱더 많은 자연적 과정이 그 기능을 하기 위해 양자 법칙에 의존하고 있음이 분명하다는 증거가 계속 증가하고 있다. 예를 들어, 우리는 지구상의 생명을 유지하기 위한 중요한 자연적 과정 중 하나인 광합성 작용을 생각해볼 수 있다.

5장에서 언급했듯이 살아있는 생물들은 맥스웰의 유령과 비슷한 열역학 엔진과 같다. 이것은 혼란을 증가시키는 자연적인 경향에 대항하는 중요한 임무를 지닌다. 삶은 태양으로부터 오는 매우 무질서한 에너지를 흡수하고 그것을 더욱 정돈되고 유용한 형태로 바꾸는 것에 의해 유지된다. 광합성은 식물이 태양으로부터 빛 에너지를 흡수하고 저장하고 사용하는 메커니즘이다. 광합성 작용을 통해 빛 에너지는 정돈된 형태로 바뀌고 세포의 기능화를 위해 사용된다.

버클리 대학의 연구 집단과 함께 그레이엄 플레밍Graham Fleming은 최근 양자가 광합성에 영향을 미친다는 흥미로운 실험 결과를 내놓았다. 나아가 광합성 에너지 전환과 그로버의 최적의 양자 탐색 알고리즘 사이의 밀접환 관계를 밝혀냈다. 말하자면 식물 내에서 양자 정보처리가 우리가 생각한 것보다 훨씬 더 효율적으로 작용하고 있다는 것이다. 잎에 투사된 빛이 에너지로 바뀌어 저장되는 데 필요한 생물학적 식물의 효율성은 98%의 정도로 매우 높다. 가장 뛰어난 광전지도 20%의 효율성만을 가까스로 성취할 수 있을 뿐인데 말이다. 이렇듯 굉장히 큰 효율성의 차이가 있는데 어떻게 식물 내에서 효율적인 정보처리가 가능한 것일까?

세세한 답을 여기서 제시할 수는 없겠지만 총체적인 그림을 그려보자면 이렇게 이야기할 수 있다. 햇빛이 에너지를 흡수하고 저장하지 않는 대지 표면에 닿을 때 그 에너지는 대개 지표면의 열에 약해서 소멸되거나 반사된다. 이는 차후의 작업에 의해 사라진다. 이러한 지표면에서의 에너지의 소멸은 지표면에 있는 각각의 원자가 다른 원자들과는 독립적으로 움직이기 때문에 일어난다. 이렇듯 일관성 없는 방식으로 빛이 흡수될 때 모든 유용한 속성들은 사라지게 된다. 이때 필요한 것은 지표면에 있는 원자와 분자가 화합하여 움직이도록 하는 것이다. 이것이 바로 모든 녹색 식물이 이루어내는 위업이라고 할 수 있다.

어떻게 이러한 일이 이루어지는지를 이해하기 위해 우리는 식물 내에 있는 각각의 분자를 그로버의 탐색 알고리즘에서의 데이터베이스 원리에 기반해 이해할 수도 있다. 모든 분자들은 서로 상호작용하며 진동한다. 이들 분자들이 빛과 부딪힐 때 진동 방법과 움직임이 바뀌게 되고, 결국 가장 안정된 조합의 에너지로 이루어지는 그로버의 역학이 뒤따른다. 이러한 조합은 그로버의 알고리즘이 규명하려 했던 데이터베이스의 기본이다. 식물이 보통 300절대온도에서 작동하는 반면, 플레밍의 실험은 더 낮은 온도인 77절대온도에서 이루어졌다. 그러므로 만일 어떤 양자 효과가 더 높은 온도에서 지속될 수 있을지는 아직 확실치 않다. 그러나 양자 컴퓨터가 살아있는 체계에 의하여 행해질 가능성이 있다는 사실은 매우 흥미로운 것이며 지속적으로 연구될 만한 분야인 것이다.

무엇보다 가장 흥미로운 것은 양자론이 가장 기본적인 생명 자체에 필요한 것일 수도 있다는 것이다. 4장에서 언급했듯이 생명을 복제하는 정보는 A, C, T, G의 분자인 네 개의 요소 안에 코드화된다. 가장 기본적인 데이터베이스로 비유하자면, 네 요소의 단순한 기록 작업이라고 할 수 있을 텐데, 즉 DNA 복제 컴퓨터의 업무는 임의의 DNA 가닥을 스캔하고 데이터베이스와 각각의 분자를 올바르게 연결시켜 기록하는 것이다. 데이터베이스 논리는 A가 항상 T와 연결되는 것과 C는 항상 G와 연결된다는 것이다. 이것은 우리 세포 내의 복제 과정처럼 작동하는데, 마치 하나의 DNA 줄기에 각각 하나의 분자가 새로운 줄기 위의 짝을 찾아내는 것과 같다. 이러한 방식으로 DNA 복제를 네 개의 기본 데이터베이스 검색 문제와 비슷하게 생각할 수 있을 것이다.

인도 물리학자인 아르빈드Arvind는 자연은 왜 삶을 코드화하기 위하여 2비트(4분자)를 사용하는지에 대하여 질문한다. 하나의 비트(2분자)만 사용한다면 더욱 간편하지 않겠는가? 이에 대한 질문은 4장에서 제시한 바 있다. 만일 여러분이 1개 비트의 단위로 모든 것이 가능하다는 것을 알고 있다면 2비트를 사용하는 것은 이상한 것처럼 보일 수도 있다. 또한 우리는 하나의 비트를 사용하는 것이 더욱 단순한 것이라고 직감적으로 느낀다. 그렇다면 왜 자연은 더 많은 노력을 기울이는 것일까? 만일 자연이 무無에서 시작한다면 2비트 코드화보다 1비트 코드화가 더 쉽지 않겠는가? 아르빈드의 대답은 간단하다. 하나의 비트로 처리하는 것이 더 쉬울 수도 있지만, 2개의 양자 비트를 지닐 때 검색 과정 중에 더 큰 혜택을 볼 수 있다. 그로버의 양자 검색 알고리즘은 2개의 양자 비트로 한 번에 결과를 찾아낸다. 그러므로 만일 복제의 속도를 최대화하기 위해서는 하나의 비트보다 두 개의 양자 비트가 정보를 처리해내는 데 더욱 효율적이다. 이것이 아마 자연이 생각하고 있는 것이 아닐까?

이에 대해 아르빈드의 제안은 매우 중요한 질문을 던진다. DNA는 실제로 양자 컴퓨터가 될 수 있을까? DNA는 거대 분자이므로 이 분자가 어떻게 틀을 이루는지, 어떻게 동시에 많은 다른 상태로 존재하는지 명확하지 않다. DNA가 고전적 컴퓨터에 기반하는지, 아니면 양자 컴퓨터에 기반하는지에 대해서도 잘 알려져 있지 않다. 내가 잘 알려져 있지 않다고 표현한 이유는 DNA는 집중적으로 연구된 기간은 지난 60년 간에 불과하기 때문이다. 그러므로 이 문제에 대해 인내심을 지니고 연구해봐야 하며 아직 선불리 결론을 내려서는 안될 것이다.

이렇듯 더욱 거대한 시스템은 특정 조건하에서 양자가 미치는 영향을 제시해줄 수 있을지도 모른다. 우리가 이를 일반화할 수 있을지 없을지는 확신할 수 없다. 아마도 올바르게 그것을 바라보는 방법을 안다는 것은, 양자역학이 미치는 영향을 우리에게 보여주고 있는 것이나 다름없다. 그렇다면 복잡한 물질이나 에너지는 잠재적으로 적절한 외부 조건하에서 양자 컴퓨터로 사용될 가능성이 있다는 것일까? 한걸음 더 나아가 세계적 컴퓨터 장치에 관한 처치-튜링 논제에 대하여 생각해본다면, 이것은 세상의 어느 한 물질도 어느 정도 효율적인 방식으로 모방이 가능하다는 것을 의미한다. 아마 현실 그 자체도 다층화된 양자 컴퓨터의 산물로 보일 수도 있다. 이는 12장의 중심 내용이 될 것이다.

● 이 장의 주요 논점

- 양자 컴퓨터는 우리가 현재 도달할 수 있는 것보다 훨씬 더 높은 정도의 정보처리를 할 수 있도록 도와준다. 그들은 현재 우리가 가지고 있는 물리법칙으로 만들 수 있는 어떤 것보다도 작고 빠르다.
- 양자 컴퓨터는 고전적 컴퓨터가 풀 수 없는 중요한 문제들을 해결할 수 있게 해준다. 그들 중 두 가지는 인수분해 문제와 검색 문제이다. 전자는 다양한 보안 문제에 적용되는 문제이고, 후자는 다양한 최적화 기술에 적용될 수 있는 문제이다.
- 양자 컴퓨터는 먼 미래의 허황된 이야기가 아니다. 현재 세계 곳곳에 있는 연구실에서 만들어지고 있는 중이다.
- 양자적 효과는 고체 물질과 살아있는 유기체 분자 같은 거시적인 물체에서도 실험적으로 관찰되고 있다.

10장

목적 없이 돌아다니는 아이가
도달하는 곳

: 무작위성 대 결정론

세상의 모든 물리법칙을 담고 있는 궁극적인 법칙 P를 찾는 과정에서 우리는 아주 궁극적인 장애물을 만나게 되었다. 도이치가 논의했듯이 P는 모든 것을 다 담아낼 수 없는데, 이는 그 법칙이 법칙 자체의 근본을 설명할 수 없기 때문이다. 하기에 우리는 P를 유도해낼 수 있는 보다 궁극적인 법칙이 필요했다. 하지만 그러한 궁극적인 법칙도 그것을 유도해낼 수 있는 더욱더 궁극적인 법칙을 필요로 한다. 이는 자신이 앉아 있는 달빛 아래 수용소를 자신의 그림에 담아내려는 비유와 유사한 것이다. 그러한 시도가 성공할 수 없는 이유는 완벽하게 자신이 들어가 있는 그림을 그려낼 수 없으며 무한 회귀의 덫에 걸려버리기 때문이다.

그렇다면 그것은 우리가 온전한 세상의 물리법칙을 이해할 수 없다는 것을 뜻하는 것일까? 아마도 어떠한 가정도 그 자체의 설명이 필요하다는 점에서 그것은 사실일 수 있다. 자연에 내재된 어떠한 법칙도 궁극적으로는 그 이전의 법칙을 필요로 하는 것이다. 그렇다면 우리는 궁극적인 법칙을 찾는 데 완전히 실패한 것인데, 과연 거기서 빠져나갈 길은 없는 것일까? 그렇다면 하나의 사건이 그 이전에 원인을 가지지 않는 어떤 궁극적인 단계라는 것은 존재하지 않는단 말인가? 과연 우리는 무한 회귀의 사슬을 끊을 수는 없는 것일까?

그렇다면 아무런 설명이 필요 없는 사건이라는 것은 무엇을 의미하는 것일까? 이는 모든 가능한 지식을 가지고서도 발생을 유추할 수 없는 그러한 종류의 사건을 말한다. 나아가 이 우주 속에 완벽하게 우연적인 사건이 존재한다고 한다면 그것은 어떠한 결정론적 설명으로도 이야기하는 것이 불가능한, 궁극적으로 완벽한 무작위적인 자연법칙이 있음을 의미하게 되는 것이다.

이러한 일은 아주 많은 논쟁을 자아내는 분야이며 다양한 종교적인 견해뿐만이 아니라, 과학과 철학 내에서도 그에 대한 다양한 견해가 존재한다. 종종 사람들은 그러한 질문에 대해 감정적으로 흥분하기도 하는데, 이는 우리 인간에게 있어서 아주 깊은 의미를 지니는 문제이기 때문이기도 하다. 그렇다면 과연 어떤 사건이 그 시초에 원인이 존재하지 않는 경우가 과연 존재할 수 있는 것일까? 영국의 저명한 철학자인 버트란드 러셀은 그러한 것이 가능하다고 믿었다. 러셀이 성직자 코플스톤Copleston과 벌인 세상의 기원에 관한 유명한 논쟁에서, 코플스톤은 만물에는 그 원인이 있어야만 하며 그러므로 세상 자체도 그 원인이 존재한다고 믿었다. 그리고 그 원인은 궁극적으로 신, 그 자체라고 믿었다. 코플스톤은 러셀에게 다음과 같이 물었다. "러셀 경, 과연 세상이 존재하는 원인에 대해 질문하는 것 자체가 부적절하단 것이 당신이 생각하는 바요?" 그 질문에 러셀은 "네, 그렇습니다. 그것이 바로 제 견해입니다"라고 답했고, 그로써 그 모든 논쟁은 두 개의 다른 관점이 서로 타협할 수 없는 종착역에 이르고 말았다.

흥미롭게도 양자정보 이론은 이와 같은 결정론과 무작위성에 관련된 오래된 질문에 아주 중요한 시사점을 더해준다. 그 질문은 우리가 세상을 이해하는 데 아주 중요한 질문일 뿐만 아니라 이는 매우 개인적인 문제를 해결하는 데에도 중요하다. 그 질문에 대한 답은 우리 인간과 같이 정교한 개체가 완벽하게 자유로운 행동을 한다는 것이 가능한지를 탐구하는 데 있어서 큰 의미를 지닌다. 만일 자연법칙이 세상의 모든 것을 설명할 수 있다면 우리의 모든 행동은 그러한 법칙에서 벗어날 수 없으며 그것의 지배를 받는다. 이는 물론 인간이 가질 수 있는 '자유의지'에 대한 어떠한 여지도 남기지 않을 것이다. 자유의지는 사실상 죽어 있는 물체나 동물들과 비교해볼 때 인간을 특별하게 만드는 요소이기도 하며 우리 인간의 의식에 근간이 되기도 한다.

대부분의 서양인들은 결정론이 모든 자연법칙을 지배할 수 없다고 생각하는데, 이는 비록 그 정도의 차이가 있기는 하지만 우리 인간에게는 자유의지가 있다는 믿음에 기인한다. 자유의지에 대해 조금 더 자세히 이야기해보자면, 진정 자유로운 인간은 자신의 행동을 얼마 만큼이나 잘 조절할 수 있는 능력이 있느냐 하는 것인데, 이는 결정론적인 요소에 얼마 만큼의 무작위적인 요소를 담아낼 수 있느냐와 무관하지 않은 이야기이다. 그렇기 때문에 만일 우리에게 진정 자유의지가 있다는 사실을 받아들인다면 이미 그것은 어떤 의미에서 자연에는 무작위적인 요소가 있다는 사실을 용인하고 있다는 것을 의미한다. 물론 명백하게 모든 자연법칙이 무작위적일 수는 없는데, 이는 그러한 가정 역시 자유의지의 역할을 모두 배제해버리는 효과를 주기 때문이다.

이는 여전히 아주 흥미로운 질문을 던지고 있는데 그것은 두 가지 중 가능한 하나의 답은 ─ "그렇다. 우리는 자유의지를 가지고 있다" 혹은 "아니다. 그렇지 않다" ─ 모두 모순적이기 때문이다. 어떻게 당신은 이 논쟁의 유효함을 증명할 수 있을 것인가? 그것을 증명하기 위해서 당신은 어떤 것에 의해서도 미리 결정되지 않은 방법으로 행동할 수 있어야 한다. 하지만 그것이 당신이 매번 어떤 행동을 할 때마다 과연 적용 가능한 것일까? 이 논쟁을 좀 더 잘 살펴보기 위해 당신이 당신 자신의 성격과는 무관한 행동을 한다고 생각해보자. 예를 들어, 내성적인 성격의 당신이 길거리에서 만난 완전히 모르는 사람과 대화를 하기로 결심했다고 생각해보자. 하지만 그러한 결정을 내리는 그 순간에도 당신이 자기 자신의 기질과 완전히 다른 방식으로 행동하기로 마음먹었다는 사실은 그 자체로서 이미 완전히 결정된 방식으로 행동하게 되는 것이 아닌가! 이는 자유의지를 증명하기 위해 자신의 성격과 반대되는 행동을 하기로 마음먹었다는 사실 자체에서 그렇다고 말할 수 있다. 이 경우, 자유의지를 증명하려는 시도 자체는 사실 당신에게 자유의지가 존재하지 않는다는 것을 보일 뿐이다. 당신의 감정은 자신의 성격과는 반대로 행동해야 한다는 결심을 실행하도록 하는 외부 요인에 의해 완벽하게 조절되는 것이니 말이다. 만일 그러한 사실이 정말이라면 당신이 하고자 하는 일은 결정론적 현실에 대항하여 결정론적 행동을 하려는 것에 불과하며, 이는 그 정의에 따라 결정론적 과정이 되어버리는 것이다.

마찬가지로 자유의지를 증명해보이려는 노력은 자유의지가 존재하지 않는다고 가정해버리도록 만든다. 하지만 그러한 가정의 결론 역시 모든 인간의 정신세계에 반하는 답일 수밖에는 없다. 내가 내 자신에게 하는 일이 어떤 좋은 일일 수도 없다는 말일까? 과연 세상의 모든 것은 나의 유전자와 내가 걸어온 길, 나의 부모님, 혹은 사회적 질서, 더 나아가 우주의 다른 모든 것에 의해 결정되는 것일까? 좀 더 심하게 그것이 사실이라면 좋은 행동을 하는 사람에게는 항상 복이 있고 나쁜 일을 하는 사람에게는 항상 벌이 주어지는 권선징악의 경향이 있다는 것이다. 만일 인간에게 자유의지가 전혀 없다고 한다면 그러한 오해를 사게 되기 십상이다. 과연 어떻게 자유의지가 전혀 없는 어떤 이가 한 행동에 대하여 벌을 줄 수 있다는 말인가? 과연 우리의 모든 도덕성과 판단 기준은 자유의지라고 하는 환상에 근거하고 있다는 말인가? 자유의지가 존재한다는 것이 논리적 근거가 없다고 할지라도 그것을 배제하는 것은 단순히 틀린 이야기가 될 수밖에 없는 것이다.

우리에게 자유의지가 존재하는지 아닌지를 증명할 방법이 없다는 것에 대해 저명한 생물학자인 토마스 헨리 헉슬리Thomas Henry Huxley는 다음과 같이 시적으로 표현했다. "단지 우리가 증명할 수 있는 것은 짐승들이란 고등 종류의 꼭두각시와는 달라서 즐거움 없이는 먹을 수 없고, 고통 없이는 울 수 없으며, 욕망이 없고 아는 것이 없는 지적인 로봇과는 다르다."

자유의지란 무작위성과 결정론이라고 하는 어떤 극단적인 상황의 중간 어디쯤엔가 존재하는 것이 분명하다. 완전한 무작위성과 완전한 결정론은 자유의지에 대한 어떠한 여지도 남기지 않는다. 만일 세상이 완전히 무작위적이라면 앞으로 발생할 일들에 대해 어떠한 제어도 불가능하고, 만일 세상이 완벽하게 결정론적이라면 마찬가지로 세상에서 일어나는 모든 일들은 이미 기술된 방식으로 일어날 것이기 때문에 이역시 어떠한 제어도 불가능한 것이다. 따라서 그러한 관점은 벽에 부딪히기 마련이다.

그렇다면 과연 무작위성과 결정론은 자연법칙을 기술하는 데 있어서 과연 정반대가 되는 개념일까? 그들은 정말로 서로 상충되는 개념이라 공존할 수 없는 성질을 가지고 있는 것일까? 양자역학이라고 하는 최신 물리 모델에 따르면, 그 둘이 함께 공존할 수 있는 방법이 존재한다. 모든 양자적 사건은 근본적으로 무작위적이지만 우리가 관찰할 수 있는 거대한 물체들은 결정론적인 법칙을 따른다. 과연 어떻게 그것이 가능할 수 있는 것일까?

그 답은 우리가 수많은 무작위적인 것들을 결합했을 때 더욱더 예측 가능한 결과들을 얻어낼 수 있다는 데에서 찾을 수 있다. 이는 언뜻 보기에 모순적일 수는 있지만, 사실 그렇지는 않다. 수많은 무작위적 결과들이 더욱더 무작위적인 결과들을 만들어낼 필요는 없기 때문이다.

당신이 동전을 100번 정도 던지는 경우를 생각해보자. 이 경우 그 예측 결과는 아주 불확실할 것이고 예측이 불가능할 것이다. 동전이 앞면이 나올 확률은 50% 이상을 넘지 않을 것이며 이는 거의 무작위적인 사건이다. 하지만 그 동전이 던져지는 각각의 사건의 결과를 예측하는 대신에 100번의 동전이 던져진 후 동전의 앞면과 뒷면이 나온 횟수에 대한 결과를 예측해보는 경우도 생각해볼 수 있다. 이 경우 예측은 훨씬 더 쉬워지는데, 당신이 온전한 동전을 사용했다면 50번의 앞면과 50번의 뒷면이 나왔다고 당연히 예상할 수 있다. 따라서 각 동전을 한 번 던지는 일은 무작위적일지 모르지만 전반적으로는 예측 가능한 경향성이 나타나게 되는 것이다.

물리학에서 우리는 이와 비슷한 일을 항상 접할 수 있다. 어떤 자석 속에 있는 개별 원자들은 그 자체로는 작은 자석으로 여겨질 수 있지만 원자의 자성은 매우 불규칙적이다. 한 원자의 자성 축은 외부에서 아주 강한 영향력을 주지 않는 이상 예측이 불가능한 것이다. 그러나 외부 영향력 없이도 무작위적으로 배열되어 있는 원자 모두를 합친다면 남극과 북극으로 정의할 수 있는 자석을 만들어낼 수 있다. 그러므로 결정론적인 사건은 무작위적인 개별 요소로부터 나타날 수 있는 것이다.

미시적인 수준에서의 무작위성이 거시적인 수준에서도 항상 나타나는 것은 아니다. 이는 양자역학이 우리가 가지고 있는 자연에 대한 가장 정확한 기술임에도 불구하고 거대한 물체들로 이루어진 세상, 즉 우리가 일상생활에서 볼 수 있는 그러한 물체들이 완전히 결정론적으로 움직인다는 것은 아주 그럴듯한 이야기이다. 이는 세상이 미시적인 수준에서 무작위적이라 할지라도 거시적인 수준에서는 자유의지가 존재할 수 없다는 것을 의미한다.

하지만 그렇다면 무작위성이란 정확히 무엇을 의미하는 것인가? 우리는 동전을 던지는 것과 그 결과(앞면인지 혹은 뒷면인지)를 관측하는 것을 무작위적인 과정으로 생각할 수 있다. 이때 그 결과를 관측하기 이전에는 앞면과 뒷면이 나올 확률이 반반이므로 무작위적이라 할 수 있다. 이 경우 그 결과를 예측한다는 것은 매우 어려운 일이다. 하지만 우리가 그 동전에 관한 모든 것을 알고 있다면 어떻게 되는 것일까? 그 동전의 무게와 그 동전이 정확히 어떻게 던져졌으며 그 동전을 둘러싸고 있는 주변 공기에 대해서도 완벽히 알고 있다면 말이다. 뉴턴의 법칙에 따르면, 우리는 동전의 결과를 예측할 수 있어야 한다. 그러므로 고전물리학에 기반을 둔 무작위성이란 아주 피상적인 이야기가 될 수밖엔 없다. 일단 우리가 그러한 모든 정보를 알고 있다면 궁극적으로 무작위성이란 존재할 수 없는 것이다.

양자역학은 무작위성과 결정론의 특이한 결합을 이야기하고 있으며 우리의 논의를 더욱더 풍부하게 만든다. 고전물리학에 있어서의 불확정성은 양자물리학에 있어서의 불확정성과는 다르게 궁극적인 것이 아니며 단순히 우리가 어떠한 사실을 모르고 있다는 것만을 이야기 한다. 조지 불은 그러한 생각을 다음과 같이 표현했다. "확률은 불완전한 지식에 근거한 기대치이다. 어떤 사건에 영향을 미치는 모든 조건에 대해 완벽하게 지식을 습득하면 그러한 기대치를 확실성으로 바꿀 수 있으며, 그렇다면 확률 이론을 요구하게 되지도 않을 것이며 이론의 여지도 남지지 않을 것이다." 그러나 양자역학에서 그러한 기술은 성립하지 않는다. 양자역학을 정의하는 가장 궁극적인 면은 우리가 어떠한 계에 대해 모든 정보를 가지고 있다고 하더라도 그 결과는 여전히 확률적이라는 것이다. 양자론에 따르면 자연법칙은 궁극적으로 무작위적일 수 있는데, 여기서의 무작위성은 그저 표면적으로 보여지는 무작위성(즉 정보에 부재에 따른 무작위성)이 아니다.

여기서 동전을 던지는 일에 해당되는 아주 간단한 양자역학적 실험 하나를 이야기해보고자 한다. 광자, 즉 우리가 이미 이야기했듯 작은 빛의 입자인 광자가 빛살가르개를 만나는 경우를 상상해보자. 빛살가르개는 은이 입혀진 거울을 말하는데 은이 입혀진 정도에 따라 광자가 반사되거나 투과되는 확률을 조정할 수가 있다. 그 확률이 정확히 반반이 되는 경우를 생각한다면 이는 완전한 동전을 던지는 것과 동일한 일이라 할 수 있다.

동전이 던져졌을 때 앞면 혹은 뒷면이 될 수 있듯이 광자가 빛살가르개를 만났을 때 그것을 투과하던지 아니면 반사되던지 하는 경우를 가질 수 있다. 모든 실험들이 보여주듯이 빛살가르개 실험은 완전히 무작위적이다. 매번 광자가 빛살가르개로 보내질 때마다 그 광자의 경로를 예측한다는 것은 불가능하다. 투과와 반사는 같은 횟수로 일어나고 완벽히 무작위적인 사건이 된다.

하지만 광자는 동전과 구분이 된다. 동전의 행동은 무작위적이기는 하지만 궁극적이지는 않는데, 이는 그것이 예측 불가능하기 때문이다. 광자의 행동은 단순히 예측 불가능한 것이 아니라 순전히 무작위적이다. 과연 이 말은 무엇을 뜻하는가?

동전은 고전물리학의 법칙에 의해 지배받는다. 만일 우리가 던져지는 동전의 초기 조건을 완벽하게 알고 있다면, 말하자면 던져지는 동전의 속도와 각도 같은 양들을 완벽하게 알고 있다면, 원칙적으로 우리는 그 동전의 결과를 완전히 예측해낼 수 있다. 물론 그 결과를 계산해내는 데 많은 시간이 걸릴지라도 말이다. 아마 그러한 일은 몇 년 혹은 그보다 더 긴 시간이 걸릴지도 모른다. 그럼에도 불구하고 동전의 역학을 지배하는 방정식은 완벽하게 결정론적이며 원칙적으로 그 결과를 예측할 수 있다. 그러므로 던져진 동전은 무작위적인 것처럼 보여지는 것뿐이다. 하지만 그 동전은 여전히 결정론적이며 단지 예측하기 어려울 뿐이다.

이제 광자와 빛살가르개의 상황을 살펴보자. 여기서 광자를 기술하는 방정식은 양자역학적이며 그 방정식 자체는 결정론적이다. 양자역학의 비결정론적 성질은 정교한 측정 혹은 (환경의 영향에 의한) 조금 덜 정교한 측정에 의해 나타날 뿐이다. 그러한 계가 어떤 것에도 영향을 받지 않을 때 우리는 슈뢰딩거의 방정식을 따라 기술되는 광자에 대한 명확하게 잘 정의된 결정론적인 관점을 얻을 수 있다. 이때 그 방정식이 우리에게 이야기하는 바는 광자가 빛살가르개를 지나면서 그것을 통과하기도 하고 반사되기도 한다는 것이다. 그렇다! 실제로는 두 가지 확률이 한꺼번에 존재하는 것이다. 광자는 이제 두 장소에 동시에 존재하게 되는 것이다. 이는 빛살가르개를 통과해서 그것의 뒤에 존재하기도 하고, 동시에 반사되어 그것의 앞쪽에 존재하기도 한다. 던져진 동전과는 다르게 양자적 방정식으로 이해하면 간단하게 그러한 결론에 이를 수 있다. 하지만 그 결론은 매우 모순적으로 들리기까지 한다.

그렇다면 이때는 과연 무작위성에 무슨 일이 일어나는 것일까? 거꾸로 생각해보자. 이제 우리는 정교한 측정을 통해 광자가 어디에 있는지 살펴볼 수 있다. 만일 우리가 광자 검출기를 빛살가르개의 앞쪽과 뒤쪽에 위치시킨다면 그들은 광자의 존재와 부재를 검출해낼 수 있다. 그러한 일이 일어났을 때 검출기는 그 검출 사건을 큰 소리로 표시하게 될 것이다. 실제 실험에서는 과연 어떤 일이 벌어질까? 그 검출기는 무작위적인 표시를 하게 될 것이다. (빛살가르개의 앞과 뒤에 있는 검출기가 무작위적으로 빛을 검출하게 된다는 것이다.)

각각의 시행에 있어서 어떠한 검출기가 작동하게 될지를 아는 것은 절대로 불가능하다. 이러한 무작위성은 순전히 궁극적인 것이며 이는 던져진 동전과는 다르게 예측이 불가능하다. 왜 그런 것일까? 그렇다면 과연 우리는 광자가 측정 이전에, 양자적 방적식이 이야기하듯, 빛살가르개의 양쪽에 동시에 존재할 수 있다는 것을 어떻게 알 수 있는 것일까? 또한 광자가 검출될 때 결정론적 법칙에 의해 예측할 수 없다는 것을 어떻게 알 수 있는 것일까?

이 경우 '던져진 동전'과 같은 종류의 무작위성이 관련되지 않는다는 것을 알 수 있는 이유는 다음과 같다. 첫 번째 빛살가르개를 통과한 광자를 측정하는 대신 다른 빛살가르개를 첫 번째 빛살가르개 이후에 위치시켜보는 경우를 생각해보자. 이 경우 무슨 일이 벌어지게 되는 것일까? 만일 광자의 행동이 고전적인 경우라면 광자의 행동은 두 개의 빛살가르개 내에서 모두 결정론적인 행동을 하게 될 것이고 그 결과는 더욱더 예측이 불가능해질 것이다. 그러므로 우리는 광자는 두 번째 빛살가르개에서 역시 무작위적이 된다는 것을 예상할 수 있다. 이는 반의 확률로 광자가 그 앞쪽에서 관측될 것이고 반의 확률로 그 광자가 뒤쪽에서 관측이 되는 경우를 말한다. 하지만 그것은 실제 실험실에서 일어나는 결과가 아니다. 실제 실험에서 광자는 항상 어떤 경우에든 두 번째 빛살가르개 뒤쪽에 나타나게 된다. 두 개의 양자적 무작위적 과정은 서로 상쇄되어 결정론적 결과를 주게 되는 것이다. 이는 고전적인 경우에 있어서 절대로 일어날 수 없는 결과다. 당신이 두 개의 이상적인 동전을 던지는 경우를 생각해본다면 이 경우는 항상 두 개의 동전이 앞면의 결과가 나오는 것과 같은 것이다. 하나의 동전을 던졌을 때는 항상 앞면이나 뒷면이 같이 나올 확률이 반반인데도 말이다. 물론 그런 결과는 나올수가 없으며 광자와 같은 양자적 입자들에서만 나오는 결과이다. 이는 어째서 광자와 같은 양자적인 입자들의 행동이 고전적인 계와 근본적으로 다른지를 말해준다.

그렇다면 우리는 여기서 무엇을 배울 수 있을까? 여기서 우리는 근본적으로 모든 기본적인 양자적 사건들은 사실상 무작위적이라는 것을 배울 수 있다. 하지만 이런 무작위적 사건 위에 성립된 자연법칙은 모든 것이 무작위적으로 존재하지 않음을 의미한다. 우리는 어떻게 무작위성과 결정론적 실체가 공존할 수 있으며, 나아가 결정론적 결과가 어떻게 무작위적 근원으로부터 출현할 수 있는지를 알아보았다. 이것은 우리가 실체적 자연의 근원에 대한 통찰을 할 수 있도록 도와준다.

어떻게 무작위적 결과와 결정론적 결과가 서로 연관되는 놀라운 결과를 줄 수 있는지에 관해 아주 아름다운 양자적 정보처리 과정의 예가 있다. 〈스타 트렉Star Trek〉이라는 드라마와 거기에 나오는 공중전화 박스를 생각해보자. 정말로 순간 이동 전송과정이 가능하다고 믿을 수 있을까? 그러한 일이 실제로 일어나리라고 믿는 사람은 거의 없다. 하지만 이제 우리는 그러한 일이 일어날 수 있을 것이라고 믿을 수 있다. 순간 이동은 위치 A에 존재하는 물체를 해체해 B라고 하는 다른 위치에 어느 정도 시간이 지난 다음 다시 나타나게 하는 과정이다. 실제로 양자적 순간 이동 전송 과정은 조금 다른데, 이는 우리가 그 물질의 모든 물리체들을 이동시키는 것이 아니라 위치 A에 있는 입자가 가진 정보를 위치 B에 존재하고 있는 입자로 옮기는 과정이기 때문이다. 물론 원리는 같다. 결국 이 책의 진정한 주제는 모든 것은 정보일 뿐이라는 것이다.

모든 양자적 입자가 구분 불가능하기 때문에 그러한 정보적 전송 자체는 실제적 전송을 만들어낸다. 예를 들어, 모든 전자는 그 질량이나 전하량에 있어 구분 불가능한 입자여서 단지 그들의 스핀이 어떤 방향을 향하는가를 제외한다면 완전히 동일 입자라는 이야기이다. 두 개의 전자가 가진 모든 양들이 같다면 우리는 어느 하나의 전자가 가진 스핀을 다른 곳으로 옮김으로써 양자 정보를 성공적으로 이동시킬 수가 있다. 다른 말로 하자면, 두 번째 전자는 첫 번째 전자와 동일한 복사체가 될 것이며 그 둘은 이제 구분 불가능한 물체가 되었다는 것이다. 이는 양성자나 원자와 같은 다른 입자에도 모두 적용된다.

원격 전송을 수행하는 한가지 방법은 (사실 〈파리The Fly〉와 같은 여러 영화 속에서 여러 번 묘사된 적이 있는데) 먼저 전송하고자 하는 물체의 모든 양들을 다 읽어낸 다음 (즉 그 물체를 구성하는 모든 것에 대한 정보를 알아낸 다음) 그 정보를 고전적 자료로 보관해 그 물체를 복구하려고 하는 지점 B로 그 정보를 전송하는 것이다.

그러한 구현의 한 가지 문제점은 만일 하나의 전자가 있고 그 스핀 값을 모른다면 전송이 불가능하다는 것인데, 이는 우리가 원래 스핀의 양자적 정보에 손상을 주는 측정을 하지 않고서는 그 과정을 실행할 수가 없다는 것을 의미한다. 그렇기 때문에 하나의 양자 상태를 전송하는 것은 양자역학의 법칙에 의해서는 원칙적으로 불가능한 것처럼 보인다.

그러나 그러한 전송을 하기 위해서 우리가 양자의 상태를 굳이 알 필요는 없다. 전송이라는 결과를 얻기 위해 필요한 일은 양자 상호 정보를 이용하는 일이며, 이는 양자 컴퓨터를 구현하기 위해 필요했던 것과 비슷한 종류의 양자 상태인 것이다. 이는 A와 B 사이에 얽힘 상태라고 명명된 특별한 형태의 아주 강한 상호 관계를 필요로 하며, 이를 이용하면 양자 정보를 전송할 수 있는 것이다. 양자 전송을 일으키는 양자적 측정 과정은 여전히 무작위적이지만 이는 A와 B 사이의 고전적인 보조 통신에 의해 극복될 수 있다. 위치 A에서 수행되는 실제 측정 결과는 B라는 위치로 전화선과 같은 일반적인 수단에 의해 전송될 수 있다. 전화로 그 측정 결과가 전달되는 과정이 끝나고 나면 A라는 위치에 있는 입자의 원래 상태는 측정에 의해 파괴된다. 이는 양자적 수준에서의 전송이 실제로 어떻게 이루어질 수 있는가를 잘 나타내고 있으며, 이러한 전송은 양자적 상태의 무작위성에도 불구하고 가능한 일인 것이다.

현재의 기술 수준은 개별 원자나 광자 같은 것들을 몇 미터 정도의 거리로 보내는 정도에 머물러 있다. 이런 기술의 기본적인 원리는 비엔나 대학에 안톤 자일링거Anton Zeilinger 의 연구 집단에 의해 처음으로 증명되었으며 로마 대학에 있는 프랑시스코 드 마르티니Francesco de Martini의 연구 집단에 의해서도 독립적으로 재현되었다. 하지만 아직 더욱더 큰 물체들이나 궁극적으로 사람을 전송하는 것과 같은 문제들은 여전히 의문으로 남아있다. 물론 인간과 같은 물질의 전송은 훨씬 더 복잡한 문제를 야기할 것이 명확하다. 만일 인간을 구성하는 모든 원자들을 확실하게 전송할 수 있다면 원칙적으로는 인간을 전송하는 일도 가능할 테지만 말이다. 여기에 여전히 남아 있는 문제는 당신을 구성하고 있는 모든 원자들의 합이 과연 당신이 될 수 있겠는가 하는 것이다. 이에 대한 답을 우리는 아직 잘 모르고 있다.

좀 더 일반적으로 피상적인 고전적 무작위성과 양자적 무작위성을 구분하기 위해 그 둘의 차이를 계량화할 수 있는 명확한 측정이 필요하다. 그러한 측정은 아직 존재하고 있지 않으며, 그것이 섀넌의 엔트로피와 깊은 연관이 있다고 할지라도 사실은 조금 다른 동기에서 출발하는 것이다. 어째서 섀넌의 엔트로피가 무작위성을 나타내는 양으로서 부적합한지를 이해하기 위해 다음과 같은 예를 고려해보도록 하자.

무작위적 과정을 나타내는 전형적인 예는 동전을 던지는 것이다. 던져진 동전은 앞면과 뒷면이라고 하는 연속적 결과들을 준다. 예를 들어, 10번의 동전이 던져진다고 한다면, '앞앞뒤앞뒤뒤앞뒤앞'과 같은 전형적인 결과가 나올 수 있다. 앞면만 계속 나오는 '앞앞앞앞앞앞앞앞앞'과 같은 결과를 얻는 일은 그리 흔하지 않을 것이다. 전자의 경우와 같은 결과는 동전과 같이 전형적으로 무작위적 행동을 하는 경우에 주로 얻어진다. 후자의 경우에는 무작위적 행동이라고 여기기엔 너무나 정렬되어 있다. 그래서 우리는 후자의 경우와 같은 결과가 나오는 것이 훨씬 더 어려울 것이라고 생각하겠지만, 그것은 사실 잘못된 생각이다.

여기에 문제점이 있다. 앞면과 뒷면은 1/2의 동일한 확률을 가지고 있기 때문에 앞면과 뒷면의 어떠한 배열도 동일한 정도로 나오게 될 것이다. 복권을 하는 많은 사람들은 그런 사실을 종종 간과하곤 한다. 사실 1, 2, 3, 4, 5, 6과 같은 숫자는 2, 3, 17, 30, 41, 45와 같은 숫자 배열과 같은 확률을 가지고 나타난다. 또한 반의 동전이 앞면, 그리고 다른 반은 뒷면이 되는 경우가 모든 동전이 앞면이 되는 경우보다 훨씬 더 확률이 높다는 것 역시 사실이다. 하지만 그것은 전자의 경우에는 해당되는 배열의 숫자가 훨씬 많기 때문이다. 모든 동전의 앞면으로 나오는 경우의 수는 하나인 반면, 동전의 앞면과 뒷면이 반반으로 나오는 가능한 배열의 수는 대략 천 가지가 넘는다. 즉 '앞앞앞앞앞뒤뒤뒤뒤'나 '앞뒤앞뒤앞뒤앞앞뒤'나 '뒤뒤뒤앞앞뒤뒤앞앞앞' 등등 많은 경우의 수가 존재한다는 것이다.

어떠한 특정한 무작위적 배열은 다른 종류의 배열과 비교해볼 때 같

은 빈도를 가지고 있다. 하지만 여전히 우리는 '앞앞뒤앞뒤뒤뒤앞뒤앞'
과 같은 배열은 무작위적이며 '앞앞앞앞앞앞앞앞앞'과 같은 배열은
아주 정렬된 경우라 생각하는 경향이 있다. 그러나 실제 확률적 계산은
그러한 차이를 구분해내지 못하며 그러한 결과가 나올 확률은 전체 가
능한 배열의 숫자의 역수로 동일하다. 이것이 바로 섀넌과 엔트로피가
무작위성을 계량화하는 데 실패한 이유인데 단지 확률에만 그 기반을
두고 있었기 때문이다.

　무작위성을 계량화하는 문제를 해결하는 데 기여한 방법은 1950년
대 후반 안드레이 콜모고로프Andrey Kolmogorov라고 하는 러시아 수학
자에 의해 처음으로 소개되었다. 그의 해법은 어떤 면에서 매우 조작
적이었으며 아주 물리적인 방법이기도 했다. 무작위성에 대한 그의 해
법은 다음과 같다. 어떠한 배열이 얼마나 무작위적인가 하는 것은 그
배열을 만들어내는 것이 얼마나 어려운가에 달려 있다. 그렇다면 그러
한 배열은 과연 무엇으로 만들어낼 수 있다는 말인가? 그 답은 바로
컴퓨터이다.

　앞면과 뒷면의 배열을 만들어내는 컴퓨터 프로그램을 만든다고 생각
해보자. 그 경우 모든 동전이 앞면이 되는 배열, '앞앞앞앞앞앞앞앞
앞'과 같은 배열을 만들어내기 위해서는 단지 하나의 명령어로 충분하
다. "'앞'이라는 단어를 10번 출력하시오." 하지만 '앞뒤앞앞앞뒤뒤앞
뒤앞'이라는 배열은 그렇게 쉽게 만들어낼 수가 없다. 사실 그러한 명령
어는 "'앞뒤앞앞앞뒤뒤앞뒤앞'을 출력하시오"와 같은 것일 수도 있다.
그러므로 이때에도 우리가 무작위적으로 보이는 배열을 가지고 있다면
그것을 만들어내는 프로그램은 적어도 그 배열보다는 더 긴 프로그램

이 필요한 것이다. 물론 실제로는 "초기화 하시오", "배열을 출력하시오", "프로그램을 종료하시오"와 같은 추가적인 명령어가 필요하겠지만 말이다. 하지만 출력하고자 하는 배열의 길이가 아주 긴 경우에 있어서는 그러한 추가적인 명령어의 길이는 무시할 수 있다. 그러나 잘 정렬된 배열의 경우에는 그 프로그램은 훨씬 더 짧아질 수 있다. 콜모고라프의 복잡성complexity이라는 개념이 바로 얼마 만큼의 길이로 정렬된 배열이 얼마 만큼이나 더 짧은 프로그램을 통해 생성될 수 있는지에 관해 말해주는 양이다.

이 정의에는 문제가 없는 것일까? 주의 깊게 살피지 않는다면 서로 다른 컴퓨터들은 어떠한 배열이 얼마나 무작위적인지를 가늠하는 데 있어서 서로 다른 결과를 줄지도 모른다. 하지만 다행스럽게도 우리는 튜링Turing이 이야기한 보편적 연산이라는 개념을 가지고 있기 때문에 이는 큰 문제가 되지 않는다. 보편적 연산을 하는 컴퓨터는 서로서로를 시늉낼 수 있는 능력이 있다. 그러므로 그러한 논쟁을 피하기 위해 콜모고라프는 콜모고라프의 복잡성이라는 개념을 그러한 보편적 연산기로 계산해볼 것을 제안했다.

콜모고라프의 생각을 통해서 본다면 피상적인 고전적 무작위성과 근본적인 양자적 무작위성의 차이를 다시 한번 생각해볼 수 있다. 우리는 '앞앞앞뒤뒤뒤앞뒤뒤앞앞'과 같은 종류의 배열이 무작위적이라고 이야기했는데, 이는 그러한 배열을 생성해내기 위해 그 배열의 길이보다 더 짧은 프로그램이 존재할 수 없기 때문이다. 던져지는 동전에 관해 모든 정보를 (즉 그 동전의 앞면과 뒷면 사이의 무게의 상대적인 차이나 동전이 던져지는 높이와 같은 것들) 알고 있는 경우를 생각해보자. 모든 정보가 정확한 정도의 오차 범위 내에 고정되어 있는 상태에서 던져진 동전의 배열을 만들어내는 프로그램을 만든다고 생각해보자. 고전물리학은 완전히 결정론적이기 때문에 일이 가능하다. 고전물리학 내에서 그러한 프로그램의 길이는 필연적으로 동전을 던지는 행위보다 훨씬 짧을 수 있다. 하지만 양자물리학의 경우에는 그렇지가 않다. 어떠한 검출기에 도달하는 광자의 배열을 예측하는 문제가 있다고 할 때, 그 배열을 기술하는 데 필요한 프로그램은 실제로 각 실험을 해보는 방법 이외에는 존재하지 않는다. 그러므로 그러한 프로그램은 아무리 적어도 그것이 기술하고자 하는 검출기의 검출 사건과 같은 길이를 필요로 하는 것이다. 거기에 지름길이란 존재하지 않는다.

이 경우 신기한 가능성이 나타난다. 그렇다면 우리가 콜모고라프의 논리를 자연의 근원을 이해하는 데 적용할 수 있을까? 자연을 기술하는 법칙이 과연 완전히 그러한 형태로 나타난다고, 즉 우주의 운동성을 이해하려는 노력이 복잡성을 줄이는 것과 같다고 생각할 수 있을까? 그러한 방법으로 물리학이나 생물학, 경제학, 혹은 사회학적 법칙들 역시 각각의 실체들을 기술하는 아주 간단한 프로그램으로 생각할 수 있는 것일까? 예를 들어, 물리학의 모든 실험들을 매번 실행하는 대신, 현재 우리가 알고 있는 물리법칙을 이용해 각 실험 결과를 예측하는 가장 간단한 프로그램을 만들 수도 있다. 그러한 프로그램은 모든 실험들을 실행하는 것보다 훨씬 더 간단할 것이다. 이런 식이라면 물리학자들이 하는 일들은 자연을 기술할 수 있는 가장 짧은 프로그램을 찾아내는 일이라고 생각할 수도 있다. 그렇다면 과학에서 그러한 복잡성의 단순화를 어떻게 찾아낼 수 있는지를 알아보자.

우리가 직면한 상황을 정확히 이해하기 위해 먼저 과학적 논리, 특히 물리학이 사용하는 논리에 대해 이해할 필요가 있다. 이는 칼 포퍼Karl Popper라고 하는 철학자가 일생을 두고 고민했던 것이다. 과학을 이해하는 그의 방법은 마지막 장에서 자연을 이해하는 중요한 열쇠가 될 것이다. 그러므로 여기서 그 내용을 요약해보자.

20세기에 포퍼가 성장할 당시 물리학의 발전은 그 절정에 다다르고 있었지만 다른 과학의 분야들, 사회과학과 같은 것들은 막 시작하는 단계에 있었다. 프로이트Freud는 심리 분석을 통해 선구적인 심리학자의 지위에 올랐지만, 사회학과 정치과학은 막 시작하는 단계였다. 어떤 이는 사회과학을 '유연한soft' 과학이라 불렀으며(물리학과 같은 과학을 사실을 기반으로 한 딱딱한hard 과학이라 부른 반면) 포퍼는 심리학적 분석에 과학이라는 이름을 붙이는 일에 대해 큰 걱정을 했다.

그는 무엇에 과학이라는 이름을 붙일 수 있는 것인지, 과학의 기준을 마련하는 일이 가장 중요하다고 보았고, 그 일을 연구의 주된 목적으로 삼았다. 그 일을 할 수 있기 위해 그가 한 가장 중요한 생각은 다음과 같다. 어떤 물리 이론이 틀렸다는 것을 보이기는 쉽지만 어떤 심리 이론이 틀렸다는 것을 보이기는 쉽지 않다. 하나의 실험적 결과가 물리 이론과 명백한 모순된 결과를 보여준다면 그 모순을 찾아낸 것이 될 것이며, 포퍼의 시대에는 양자물리학에 의해 고전물리학이 틀렸음을 명백하게 입증하는 예들이 빛을 발하고 있을 시기였다.

당신은 어떤 사람이 그의 어머니가 그를 사랑하지 않기 때문에 자신감이 없다는 이야기를 얼마나 많이 들어보았는가? 다시 질문하자면, 어떤 사람들은 자신의 어머니가 자기를 사랑하지는 않지만 그로 인해 자기 자신에 더욱더 의지해야 하기 때문에 훨씬 더 큰 자신감을 갖게 된다는 말도 들어본 적이 있을 것이다. 그러한 식의 논쟁에 문제점이 있다. "어머니가 그를 사랑하지 않았다"라는 이론은 사실 그 범위가 너무 넓다. 범위가 너무 넓어서 서로 반대가 되는 서로 다른 두 가지 사실을 정당화하는 데 사용될 수 있으며, 그 결론은 그 사람이 자신감이 있을 수도, 혹은 자신감이 없을 수도 있다는 것이다. 이것은 심리 이론은 결코 반증이 쉽지 않으며 틀렸다는 것을 보여주는 일은 실제로 불가능하다는 것을 의미한다.

철학자 데이비드 흄David Hume은 주장의 반증이 불가능함에 대해 크게 걱정을 했었다. 그 당시에는 심리학이라는 것이 존재하지도 않았던 때였는데 대신에 그는 철학이나 종교 같은 것에 대해 많은 고민을 했다. 그는 다음과 같은 말을 했다. 세상에 있는 몇 마리의 흰색 백조를 보았다고 해서 "모든 백조는 하얀색이다"라고 주장한다면 이 주장은 결코 증명될 수는 없다. 반면 단 하나의 검은 백조를 발견해내기만 한다면 그 이론이 틀렸다고 충분히 이야기할 수 있다. 뉴턴의 물리학은 200년 가량 검증되어 왔으며 그때마다 그것이 옳았음이 밝혀졌지만 19세기 후반 흑체복사에 관한 단 하나의 실험은 뉴턴의 물리학이 틀렸음을 이야기하기에 충분했다. 흑체복사는 물리학에 있어서는 검은 백조와 같은 존재였고 고전물리학 법칙을 따르는 모든 물리학적 가정을 파괴해버렸다. 물론 그렇다고 해서 고전물리학이 우리에게 전혀 필요 없다고 말하는 것은 아니다. 오히려 이제는 새로운 이론(즉 양자역학과 같은)이 필요한데, 새로운 이론은 고전물리학을 포함할 수 있어야 하며 거기에 검은 백조를 더 할 수 있는 어떤 것이어야 한다. "이 강에 있는 모든 백조는 하얗다"와 같이 항상 반증이 가능한 구체적인 기술과는 반대로, "신은 신비로운 방법으로 일을 한다"와 같은 기술법은 모호하기 그지 없다. 후자와 같은 기술을 과연 어떤 방법으로 반증할 수 있단 말인가.

그렇다면 얼마나 확실하게 과학으로부터 도출되는 것들을 확신 할 수 있는 것일까? 사실 우리는 그러한 확신을 할 수 없다. 그러나 그것은 문제점이기는커녕, 포퍼와 같은 사람은 그 자체가 과학의 본질이라 고 생각했다. 다시 말하자면, 어떤 이론은 그것을 반증할 수 있는 방법이 있을 때만이 온전한 이론이 될 수 있다는 것이다. 어떤 경우에도 그 이론이 반증될 수 없다면, 그리고 그 이론을 배제할 수 있는 실험을 고안해낼 수 없다면, 그 이론은 지식이라는 측면에서 무의미한 것인데, 이는 그 이론의 진위 여부를 판단할 수 없기 때문이다. 그래서 포퍼는 그러한 과학의 부정적인 일면을 가장 궁극적으로 과학의 필요한 요소로 만들어버렸다. 수세기에 걸친 반증과 논쟁을 통해 이론은 더욱더 발전되고, 다양한 가정을 통해 과학은 오늘날에 이르도록 발전되어왔다.

이제 포퍼의 논리가 정보이론의 문맥상에서 어떻게 해석될 수 있는지를 살펴보자. 몇몇 실험에 의해 어떤 이론이 성립되고 나면 그 이론이 나중엔 궁극적으로는 틀렸다는 것이 밝혀진다고 할지라도 그것의 진위에 대해 일단은 확신을 갖게 된다. 그 결과로 그 이론은 다음 단계인 검증 단계를 통과할 가능성이 더욱더 높아진다. 만일 그 이론이 검증 단계를 통과한다면 그 이론적 결과는 낮은 정보도를 갖는 사건이 된다는 것이 바로 정보의 원리이다. 그 이유는 그 결과가 나왔을 때 더 이상 놀라운 결과가 되지 않기 때문이다.

이론에 대한 우리의 확신이 더욱더 커질수록 그 이론이 반증되리라는 우리의 기대는 점점 더 작아지게 된다. 최근에 양자역학을 검증하는 실험들이 많이 진행되고 있지만 양자역학이 틀렸다는 결과를 믿는 사람은 물리학계에서 그리 많지 않다. 이렇게 양자역학에 대한 신뢰가 높다는 사실은 만일 양자역학이 틀렸다고 증명되기만 한다면 그 자체로 아주 놀라운 사실이 되는 이유가 되기도 한다. 그러므로 어떠한 것을 반증한다는 것은 대개, 그것이 물리적이든 아니면 감정적이든 간에, 아주 많은 정보를 담고 있다.

물리학에서의 어떠한 정보는 포퍼가 이야기한 '추측과 논박'의 과학적인 방법을 통해 얻어진다. 이 방법은 정보가 생성되는 과정으로 보일 수도 있다. 또한 이 과정은 매우 엄밀한 것이며 오캄의 '면도날'과 같은 기준에 의해 잘 정의된 것들이다. 우리는 과학적 이론을 보편적 연산기에서 돌아가는 컴퓨터 프로그램과 같은 것으로 생각할 수 있으며 우리가 실행하는 모델의 실험 결과를 얻는 일과 같은 것이라 생각할 수 있다. 모든 가능한 종류의 관측 결과를 몇 개의 방정식으로 압축할 수만 있다면 그러한 이론들은 매우 강력한 것이 될 것이다. 우리가 더욱더 많은 압축을 할 수 있다면 우리는 어떤 것들에 대해 더 많은 이해를 할 수 있을 것이다. 그렇게 될 수만 있다면 몇 개의 법칙으로 모든 자연에 대해 기술할 수 있을 것이기 때문이다.

오캄의 '면도날'이 이야기하는 것은 만일 어떤 것을 설명하는 다른 종류의 이론들이 존재한다면 우리는 그들 중 더 짧은 설명을 맞는 것으로 선택해야 한다는 것이다. 모든 가능한 관측을 설명해낼 수 있는 가장 짧은 기술이 긴 기술보다 더 선호되어진다는 것이다. 신의 존재에 대한 증명을 이야기했던 라이프니츠의 말을 빌리자면, "신은 그 가정에 있어서는 가장 단순하지만 그 현상에 있어서는 가장 풍부한 것을 선택한다." 이 말은 우주에 있는 정보는 몇 개의 단순한 법칙들로 압축될 수 있음을 의미한다.

여기서 우리는 아주 흥미로운 질문을 던질 수 있다. 우리가 만날 수 있는 어떤 이론도 그 길이가 유한하여 그 법칙의 집합의 크기는 고정되어 있다는 것이다. 이는 그레고리 차이틴Gregory Chaitin이라고 하는 미국의 수학자에 의해 정보이론계 내에 처음으로 알려졌는데, 유한집합 법칙은 유한한 결과들의 집합만을 생산해낼 수 있다는 것을 의미한다. 다른 말로 하자면, 어떠한 이론 속으로도 압축될 수 없는 많은 실험적인 결과들이 존재할 수 있다는 것이다. 그리고 이는 결과적으로는 실험적 결과들이 무작위적임을 의미한다. 라이프니츠도 같은 결론에 도달했는데, 그는 다음과 같은 말을 했다. "하지만 어떤 규칙이 극도로 복잡할 때에는 그것이 무작위적이라고 생각할 수 있다." 이 말은 콜모고라프의 무작위성에 대한 관점을 완벽하게 요약하고 있다. 어떤 규칙이 그것을 생산해낼 필요가 있는 결과만큼 복잡하다면 그 결과는 아주 복잡한 것으로 보아야 하며, 다른 말로 하자면 무작위적이라는 것이다.

그러한 논리를 따르자면 양자적 무작위성은 이탈리아 물리학자, 카를로 로벨리Carlo Rovelli가 처음으로 논의한 두 개의 원리로 요약될 수 있다. 그 중 하나는 고전적인 정보로부터 따온 것인데, 가장 기본적인 물리적 계는 1비트 이상의 정보를 담을 수 없다는 것이다. 1비트라는 것이 정보의 가장 작은 단위라는 점을 생각해본다면 이 이야기는 너무나 명백한 것이다. 두 번째 원리는 항상 새로운 정보를 획득할 수 있다는 것이다. 이 원리를 첫 번째 원리와 결합해본다면 양자적 사건 내에서의 궁극적인 무작위성에 대해서도 이야기할 수 있다. 모든 정보를 획득했다고 생각했을 때 새로운 정보를 더 얻어낼 수 있는 유일한 방법은 새로운 정보가 무작위적이었을 때만 가능하다. 그것이 유한한 수의 원리는 단지 유한한 수의 결과만을 줄 수 있다는 사실을 다르게 이야기한 것일까? 만일 그렇다면 그런 암시는 아주 놀라운 것이 된다.

아직도 양자론에 있어서의 무작위성을 이론 자체의 불완전성으로 보는 사람들이 있다. 즉 내재된 더 정교한 결정론적 이론을 우리가 잘 모르고 있기 때문에 나온 결과라는 것이다. 그러나 압축이라는 과정을 통해 물리에 대한 우리의 지식이 증가했다는 점에서 본다면 무작위성이라는 것은 우주에 내재되어 있는 성질이며, 그러므로 그것은 자연을 기술하는 물리법칙 속에 내재된 어떤 부분이어야 한다는 결론에 다다를 수 있을 것이다.

양자물리학 내에 무작위성은 전혀 예상치 못했던 것이 아니며 실제로는 아주 근본적인 것이다. 더 나아가 양자역학을 뛰어넘는 이론(만일 그러한 것이 존재한다면)은 그것이 무엇이든지 간에 여전히 어떤 무작위적인 면모를 담고 있어야 한다는 것을 의미한다. 이것은 아주 심오한 결론이다. 물리가 계속해서 진화한다고 믿는다면 어떠한 새로운 이론도 궁극적인 무작위성을 가질 수밖에 없는 제약을 가지는 것이다.

그러한 이유에서 반증 가능성이 있다는 것은 포퍼가 지적한대로 과학적 지식의 중심적 요소가 되는 것이다. 이것은 다른 형태의 지식, 즉 철학적·심리학적·종교적·역사적·예술적 (어떻게 이름을 붙이든지 간에) 지식에 있어서도 여전히 사실이다. 그러한 관점에서 유용한 과학적 지식은 도박이나 주식시장에서의 경제적 이득과도 같은 종류의 것이다. 만일 어떠한 위험성도 존재하지 않는다면 어떠한 이득도 볼 수 없다. 즉 공짜 점심이란 존재하지 않는다. 그것은 단지 과학적 지식이나 경제적 이득이 그러한 방법으로 증가한다는 것만을 이야기하는 것이 아니라, 당신이 기술할 수 있는 어떠한 맥락 속에서도 유용한 정보는 항상 같은 방식으로 증가하게 된다는 것을 뜻한다.

그러므로 과학이란 미래의 결과에 대한 도박과 같은 방식으로 존재한다. 도박을 통해 우주에 존재하는 불확실성을 이야기하는 우리의 생각은 사실 유명한 독일 철학자 임마뉴엘 칸트Immanuel Kant의 1781년 저서 『순수이성비판Critique of Pure Reason』에 의해 이미 제안된 바 있다. 칸트는 이미 이론의 유효성에 대한 실용적 믿음이 도박과 같은 것이라 이야기한 바 있다. 새년의 이론에 중심이 되는 지수법칙은 어떤 면에서 본다면 그러한 철학적 제안의 실용적 적용이라 말할 수 있는 것이다.

무작위성과 결정론 사이의 상호관계는 칸트의 책을 통해 전파되었다. 포퍼에게 있어서 무작위성은 과학에서 어떤 가설을 세우는 일이며 결정론은 잘 고안된 실험을 통해 그 가설을 논증하는 일에 있다고 할 수 있다. 그에 의하면 지식은 세상에 관한 정보를 얻어내는 유일한 방법이다. 뿐만 아니라 자연의 다른 종류의 요소들에서도 유용한 정보는 같은 방법으로 생성된다.

예를 들어, 생물학적 정보의 진화 과정을 생각해보자. 생물학자들은 생물계의 정보처리 과정은 진화를 통해서 생성된다고 생각한다. 진화는 두 가지 요소를 가지고 있는데, 하나는 유전적 암호 내에서의 무작위적 변종이라는 것과, 나머지는 새로운 요소가 자연선택에 의해 환경에 적응하는 결정론적 과정이다. 그러한 방법으로 생물학적인 정보의 진화는 어떤 유용한 과학적 지식이 생산되는 것과 같은 방법으로 진행된다고 할 수 있다.

같은 사실이 경제학에도 적용되는데, 경제학의 중심 목표는 시장의 경향성을 이해하고 예측하는 것이기 때문이다. 그것이 경제정책이든 단순한 투자 결정이든지 간에 어떤 가정된 전략은 시장에 영향을 주게 될 것이므로 그것은 확증되거나 혹은 반증되거나 할 것이다.

또한 우리는 사회적 역동성도 다른 종류의 정보처리 과정이라는 것을 이야기한 바 있다. 더 나아가 사회의 발전 정도 역시도 정보처리를 하는 용량과 동의어로 받아들일 수도 있다. 이는 사회의 구성 요소들 속에서 종종 발견되는 무작위성이 사회 구성 요소들 사이의 상호작용에서 아주 중요한 역할을 하기 때문이다. 뿐만 아니라 사회 전체적인 입장에서 본다면 사회 전체가 겪게 되는 다양한 종류의 상전이 현상이라는 것은 그 사회가 가진 결정론적인 성향을 보여주는 척도이기 때문에 사회적 역동성을 정보처리 과정으로 이해할 수 있다. 가정과 논증이라는 방법을 적용하는 사회에 더욱 빠른 성장을 할 수 있는 기회가 있다는 것은 아마 우연이 아닐 것이다.

물리학에 있어서 무작위성은 열이라고 하는 개념에 있어서 중요한 요소이며, 사실상 전체 우주는 최고의 무질서도에 도달하는 방향으로 진화하고 있는 것처럼 보인다. 즉 최고의 무작위성 혹은 무질서도를 성취하는 방향으로 말이다. 그러한 과정에서 결정론적 부분은 유용한 일을 효과적으로 뽑아낼 수 있는 과정을 설계하기 위해 유용한 정보를 사용하는 것에 해당한다. 열역학 전체는 무질서한 계에 질서를 부여하려는 맥스웰의 유령의 정교한 노력과 자연적인 무작위적 과정 사이의 전투라고 생각할 수 있다.

우리가 바라보는 모든 것에서 우리는 그에 내재된 정보의 조각들을 볼 수 있다. 더 나아가 그러한 정보는 항상 그 문맥과는 상관 없이 무작위성과 결정론을 통해 진화하는 법칙을 따른다. 그렇다면 무작위성과 결정론의 결합이 모든 정보와 우리를 둘러싼 모든 것들을 만들어낼 수 있는 것일까?

이 장의 주요 논점

- 무작위성과 결정론은 자연의 모든 측면에 내재되어 있다.
- 이는 고대 그리스 시대 이래로 계속해서 우리를 즐겁게 만들었던 자유의지에 대한 질문과 연결되어 있다.
- 추측과 논박의 과정을 통해 우리는 어떻게 지식이 진화했는지를 볼 수 있다.
- 양자역학은 진정한 무작위성으로의 문을 열었다. 즉 가장 궁극적인 단계에서 어떤 사건이란 아무런 내재된 원인을 가지고 있지 않다.
- 콜모고라프는 무작위적인 과정에서 나온 결과의 합이 실제로 그 과정을 실행하는 것보다 더 간단한 방법으로 구현될 수 없다는 것이 무작위성의 핵심임을 간파했다.

제3부

우리는 이 책의 1부에서 정보라는 것이 매번 일어나는 우리 주변의 여러 가지 일에 어떻게 관여하는지를 살펴보았다. 정보는 생명을 전파하는 생물학적 과정에서 중요한 역할을 할 뿐만 아니라 주식에 투자할 때나 무작위적인 에너지로부터 유용한 일을 얻어내는 데에도 중요한 역할을 한다.

2부에서는 정보라는 것이 단순히 눈으로 볼 수 있는 것 이상의 어떤 것이라는 것을 이야기했다. 물리학의 내재된 모델이 고전적 관점보다는 양자적인 관점에 맞추어졌을 때 정보이론은 새롭게 해석되어야 하며 이전보다 훨씬 더 많은 통찰을 가능케 한다. 양자 정보의 중요한 이점은 양자 비트라는 것이 동시에 여러 가지 상태로 존재할 수 있다는 점이며, 이 점을 뒤집어본다면 무작위성이 내재한다는 것이다. 이는 양자 정보를 이용해 유용한 일을 하려 할 때 방해가 되기도 하지만 그러한 성질 자체가 때때로 유용하게 이용될 수도 있다. 양자 암호의 관점에서 본다면 무작위성은 도청을 불가능하도록 만드는 핵심 요소이기도 하다.

더 중요하게는 우리가 우주에 대해 더 많은 지식을 얻고자 하는 것과 같이 어떠한 정보가 더욱더 복잡하거나 더 높은 질적 상태가 되어갈수록 무작위성은 전적으로 문제를 푸는 열쇠가 된다. 무작위성을 통해 새로운 정보를 접하게 되고 난 후에는 부정확하거나 불필요한 요소들을 결정론적으로 제거하는 과정을 거치게 된다. 그러한 결정론적 요소가 우리로 하여금 유용한 지식을 습득할 수 있게끔 한다.

우리는 이 책의 1부와 2부에서 정보처리라는 공통된 언어를 통하여 겉으로 보기엔 아무런 연관성이 없는 개념들을 연결시켜 보았다. 그러나 여전히 의문은 남는다. 그렇다면 그러한 정보는 도대체 어디서 왔단 말인가? 이 질문은 우리를 1부에서 질문했던 것으로 되돌아가게 만든다. 즉 무에서의 창조라는 것이 가능한 것일까?

앞에서 논의된 모든 이론들과 실험들은 합리적인 의구심을 뛰어 넘고 있으며 많은 사람들에 의해 논의되었고 이제는 사실로 잘 받아들여지고 있는 것들이다. 이 책의 3부에서는 좀 더 추상적이고 이제껏 어디에서도 논의된 적 없는 것들에 대해 살펴보고자 한다.

11장

모래알을 헤아리다

: 결국, 누구의 정보란 말인가?

9장에서 우리는 튜링의 보편적 기계라는 개념에 대해 논의한 바 있다. 이 기계는 충분한 시간과 에너지가 주어진다면 다른 어떤 기계가 하는 일도 시늉낼 수 있다. 예를 들면, 우리는 어떻게 당신의 저온의 소형 중앙처리장치가 마이크로소프트 윈도우를 돌릴 수 있는지를 논의했으며, 무어의 법칙에 따라 그런 컴퓨터의 크기가 점점 더 작아지고 빨라진다는 것을 알고 있다. 언젠가는 하나의 원자만을 가지고도 오늘날의 개인용 컴퓨터가 하는 일을 완전히 시늉내게 할 수 있는 날이 올지도 모른다.

이와 같은 미래에 대한 기대는 시간과 에너지만 주어진다면 우주의 아주 작은 부분들도 시늉낼 수 있는 놀라운 가능성이 있다는 것을 의미한다. 그러므로 우주는 아주 작은 보편적인 수많은 연산장치로 이루어졌다고 이야기할 수 있다. 하지만 정말로 이것들이 우주가 그 자체로 가장 큰 양자 컴퓨터라는 것을 의미하는 것일까? 만일 그렇다고 한다면 그렇게 거대한 양자 컴퓨터의 힘은 어느 정도일까? 얼마나 많은 비트로 구성되어 있으며 얼마나 많은 연산 과정을 처리할 수 있는 것일까? 그러한 컴퓨터는 과연 얼마나 많은 양의 정보를 갖고 있는 것일까?

자연에 존재하는 모든 것이 정보로 이루어져 있다는 것이 우리의 견해이기 때문에, 과연 전체에 얼마나 많은 정보가 있는지, 그리고 과연 그러한 정보의 총량이 증가하는 것인지 아니면 감소하는 것인지를 아는 것은 매우 유용하다. 열역학 제2법칙은 우주의 엔트로피가 항상 증가하고 있다고 기술한다. 물리적 엔트로피가 섀넌의 정보와 같은 형태를 갖고 있기 때문에 열역학 제2법칙은 우주가 가지는 정보의 내용 역시 증가할 것이라고 이야기해주고 있다. 그렇다면 과연 그것은 무엇을 의미하는 것일까? 만일 우리의 목표가 우주의 모든 것을 이해하는 것이라면 종결점은 항상 우리로부터 점점 더 멀어져가고 있다는 사실을 받아들여야만 할 것이다. 정보량은 계속해서 늘어나고 있기 때문이다.

우리는 우리가 획득한 정보로부터 자연의 법칙과 원리를 정의한다. 예를 들어, 양자역학은 고전역학이 이야기하는 바와 완전히 다른 세계가 존재한다고 이야기한다. 석기시대에 동굴 속에서 사는 사람들이 자연에 대해 가진 이해는 뉴턴 시대의 자연에 대한 이해와 완전히 다른 것이다. 마찬가지로 현재를 살아가는 우리는 우주를 이해하는 것에서부터 자연을 재구성하는 데까지도 정보를 이용한다. 우리는 우주를 거대한 풍선으로 생각해볼 수 있는데, 그 안에 있는 또 다른 작은 풍선 속에 우리가 실제로 접할 수 있는 자연이 존재한다. 자연은 우주에 대한 우리의 이해를 기반으로 하고 있으며 우주에 대한 우리의 지식은 추측과 논박을 통해서, 그리고 자연의 법칙과 이해의 진보를 통해 향상되어감으로써 큰 풍선 안에서 작은 풍선은 점점 더 큰 비중을 차지하게 된다. 그렇다면 우주가 우리를 더욱더 놀라게 하는 비율은 자연에 대한 우리의 이해가 발전하는 속도보다 더 큰 것일까? 다른 말로 하자면, 과연 우리가 모든 우주를 다 이해할 수는 있는 것일까?

포퍼학파의 논리는 이 질문의 답을 찾는 데 큰 도움이 될 것이다. 우리가 세상을 이해하는 데 근원이 되는 추측과 논박이라는 바로 그 논리는 우리가 그러한 질문에 대답할 수 없다고 말해준다. 우주가 더 이상 우리를 놀라게 할 수 없다는 사실을 알게 될 때에만, 그리하여 더 이상 현재 우리가 가지고 있는 자연에 대한 이해를 뛰어넘는 새로운 물리이론이 존재할 수 없을 때에, 그제서야 우리는 모든 우주에 대해 이해할 수 있다고 확신할 수 있다. 하지만 과연 어떻게 우리는 우주에서 일어나는 새로운 현상들이 더 이상 우리를 놀라게 할 수 없다는 것을, 그리고 더 이상 우리가 가진 자연에 대한 관점을 바꿀 수 없다는 것을, 과연 어떻게 알 수 있을까? 우리는 아직 그에 대한 답을 모르고 있다. 우리는 언젠가에도 우리가 놀라게 될지 아닐지 알 수 없다. 이는 궁극적으로 알려지지 않은, 알 수 없는 사실인 것이다. 설령 우리가 모든 것을 알 수 있을지 없을지 모른다고 하더라도, 그것이 현재 우리가 가진 자연에 대한 이해를 바탕으로 얼마 만큼을 더 알아낼 수 있는가를 고민하는 일을 멈추게 하지는 않는다. 그렇다면 과연 우주에는 얼마나 많은 정보가 있는 것일까? 그렇게 터무니 없어 보이는 계산을 과연 어디서부터 시작해야 하는 것일까? 흥미롭게도 그러한 논의에 도전한 것이 우리가 처음은 아닐 뿐더러 나보다 훨씬 더 훌륭한 철학자들도 그러한 질문을 통해 많은 고민을 해왔다.

고대 그리스 도시였던 시러큐스Syracuse에 살았던 아르키메데스 Archimedes(기원전 287~212년경)라는 유명한 철학자도 그러한 사람 중 하나였다. 아르키메데스는 천문학, 수학, 공학과 철학에 많은 공을 세웠을 뿐만 아니라 이론적인 면에서나 실용적인 면에서도 뛰어난 것으로 당대에 명성이 자자했다. 그는 국가를 위해 자주 일을 했는데, 특히 사람들은 모르는 문제가 있을 때마다 그를 찾아가서 자문을 구하곤 했다. 그에 관한 일화 중 하나를 소개해보자면, 시러큐스가 해적들에 의해 공격을 받은 적이 있었는데 그때 그는 거대한 구면 거울을 가지고 태양광을 모아 해적들의 배가 육지에 도달하기 전에 모두 태워버리는 아이디어를 내기도 했다고 한다. 이 일은 그가 도시를 위험으로부터 구해낸, 전설로 남아 있는 여러 번의 사건들 중 하나에 불과하다.

무엇과도 바꿀 수 없는 과학에 대한 그의 열정은 그가 살았던 방식 그대로 죽음을 맞이한 데에서 엿볼 수 있다. 아르키메데스가 죽기 전에 마지막으로 남긴 말은 "나의 원을 건드리지 말라"는 것이었으며 그는 그 말을 자신을 죽인 군인들 앞에서 했다고 알려져 있다. 사실 군인들은 그를 호출하기 위해 왔었지만 아르키메데스는 군인들에 대해 완전히 무관심했고 자신의 일에 완전히 몰두하고 있었기 때문에 화려했을 수도 있었던 그의 인생은 비극적 결과를 맞이하게 되었다.

그의 연구 중 하나는 시러큐스의 귀족 킹겔로스 2세King Gelos II에 의해 위임받은 것으로, 인류 최초의 연구 논문으로 알려져 있다. 그의 일은 우주를 채울 수 있는 모래알의 숫자를 세는 일이었는데, 보통 사람으로서는 상상도 할 수 없는 종류의 일이었다. 킹겔로스가 과연 왜 그러한 일을 그에게 위임했는지에 대해서는 확실치 않지만 아마 그는 그저 자신의 대화를 화려하게 하기 위해 그러한 위임을 하지 않았을까 추측할 뿐이다.

모래알은 그 당시 알려진 가장 작은 알갱이였으니 모래알의 부피로 그러한 질문을 하는 것은 어쩌면 자연스러운 일일 수 있다. 사모스Samos 에 살았던 아리스타르코스Aristarchus(기원전 310~230년경)의 태양 중심적 천체 모델을 반박하며 아르키메데스는 우주는 둥글며 우주의 지름과 지구가 태양주위를 도는 궤도의 지름의 비율은 지구가 태양 주위를 도는 궤도의 지름과 지구의 지름의 비와 같다고 그 근거를 제시했다. 물론 그 계산은 모든 사람의 생각과 달랐다. 그 부피의 최대값을 구하기 위해 아르키메데스는 자신이 가진 자료들의 어림치를 사용했다.

먼저 그러한 서사적 비율의 크기를 기술하기 위해 그는 당시 사용하던 그리스 수체계를 확장할 필요가 있었다. 실제로 당시까지만 해도 그렇게 큰 숫자를 표시하기 위한 언어가 존재하지 않았기 때문에 그는 그것을 만들 필요가 있었다. 예를 들어, 아르키메데스는 '수많은myriad' 이라는 단어를 현재 우리가 '만'(10,000)이라고 쓰는 숫자를 명명하기 위해 사용했다. 그에 따라, '수많은 수많은myriad myriad'은 '억'(10,000× 10,000)이라는 숫자를 나타내게 된다. 그러나 진정한 어려움은 그가 아주 제한된 천문학적 지식만을 가지고 우주의 크기를 헤아리기 위해 필요한 가정을 한다는 데에 있었다. 그의 추론은 다음과 같다. ① 지구의 둘레는 '300myriad'에 해당된다. (대략 5만 킬로미터에 해당되는 데, 이는 지구의 실제 둘레와 매우 근사하다.) ② 달은 지구보다 크지 않으며 태양의 크기는 달의 30배를 넘지 않는다. (이 부분은 실제보다 많이 과소평가된 것이다.) ③ 지구에서 관측할 경우 태양의 각지름angular diameter은 대략 0.5

도보다는 큰 값이 될 것이다. (이 부분은 실제와 크게 다르지 않다.)

이 가정들을 통해 아르키메데스는 우주의 지름이 10의 14스타디아sta-dia(현대적 용어로는 2광년)보다 크지 않다고 계산했으며, 그렇다면 10^{63}을 넘지 않는 모래알이 우주를 채우기 위해 필요하다고 예측했다. 아르키메데스의 예측에 따르면 당신이 우주의 각 점들을 비트라고 볼 때 (그 위치에 모래알이 있는 경우와 없는 경우를 따져서 하나의 비트라고 생각한다면) 그가 말하는 비트 수는 2에 10에 63승, 즉 $2^{10 \times 63}$인 것이다. 이는 그 자체로 아주 큰 숫자인데, 우리는 그 숫자를 아르키메데스 이후 이천 년이 지난 지금 새롭게 예측한 값과 비교해볼 것이다.

물론 우리가 가진 우주에 대한 현재의 지식과 비교해본다면 아르키메데스의 수준은 훨씬 낮다. 그러므로 이천 년 전에 우리가 가진 지식에 비해 과연 우리는 얼마나 정확한 지식을 가지고 있는가를 질문해볼 수 있다. 지난 이천 년 동안 포퍼의 방법론은 자연을 훨씬 더 정확하게 이해하는 데 큰 역할을 했다. 과학자들은 가장 짧고 단순한 방법으로 자연의 요소를 기술하기 위해 다양한 가설을 세웠으며 관측과 실험을 통해 그들의 모델들을 검증해왔다. 그러한 모델들이 (가설과 검증의 방법으로) 검증됨에 따라 새로운 정보와 이해가 빛을 발하기 시작했고 틀린 이론들의 잿더미 속에서 새로운 이론들이 속속들이 자리를 잡기 시작했다. 여지껏 우리는 생물학적 · 계산학적 · 사회학적 · 경제학적인 실체들의 일면들을 보아왔다. 우리가 발견한 것은 정보라는 것이 외적으로 전혀 연관성이 없는 학문들을 하나로 묶어내는 자연스러운 방법이라는 것이다. 이 책을 통해 살펴보고자 한 핵심 요소는 정보처리 과정의 성질이 전적으로 물리법칙을 따른다는 것이다. 때문에 우주에 담겨진 정보의 양을 계산하기 위해 우리가 현재 가지고 있는 자연에 대한 최고의 이해를 이용한다는 것은 아주 자연스러운 일이다.

현재 우리가 자연을 이해하기 위해 가진 최상의 두 가지 이론은 양자론과 중력이론이다. 물론 생물학이나 사회학, 경제학도 비슷한 주장을 할 수 있으며 칼비노의 탁자에서 같은 자리를 차지하고 있다고 말할 수 있다. 그러나 일반적으로는 양자론과 중력이론이 우리에게 알려진 가장 정교한 궁극적인 이론으로 여겨진다. 콜모고라프가 이야기한 정보의 내용, 혹은 그것을 기술하기 위해 사용되는 가장 짧은 프로그램으로 이야기될 수 있는, 어떤 메시지의 복잡성도 같은 이유에서 양자역학과 중력이론에 의해 기술되는 정보와 동일한 것으로 여겨질 수 있다. 그렇기 때문에 양자역학과 중력이론은 우주를 기술하기 위한 가장 짧은 프로그램이다.

우리는 10장에서 어떻게 양자론이 정보로서 이해될 수 있는지를 살펴보았다. 그렇다면 중력도 같은 방법으로 이해될 수 있는 것일까?

중력이론은 양자론과 다르다. 양자론의 효과는 아주 미세하거나 아주 거시적인 물체들에서 나타날 수 있는 반면, 즉 비교적 큰 물체들에서 그 효과는 미미한 반면, 중력은 다른 방식으로 나타난다. 중력의 효과는 비교적 큰 물체들, 즉 행성과 같은 물체들에서 나타나며 아주 작은 물체들에서는 그 효과가 미미하다. 현재 기술로는 두 개의 원자가 아무리 가까이 있다고 할지라고 그들 사이에 중력 효과를 측정해낼 수 있는 방법은 존재하지 않는다.

두 이론은 어떤 영역의 양극단에 존재하는 것처럼 보이지만 사실 따로 떨어진 것이 아니다. 양자물리학과 중력이론을 연결하는 하나의 통일 이론을 찾아내는 일은 아직까지도 물리학에서 아주 중요한 일로 여겨지고 있으며 물리학의 최전선에 있는 분야이다. 일반적인 수준에서 (곰곰이 생각해보면) 어떻게 중력이 양자 정보의 결과로서 나타날 수 있는가 하는가를 이야기해보고자 한다. 물론 아직까지는 이에 대한 자세한 내용들은 완성되지 않았다. 하지만 나는 현재까지 알려진 그 어떤 것보다 양자 정보가 자연에 내재된 모든 것을 훨씬 더 잘 기술한다는 강한 믿음을 가지고 있다.

아인슈타인의 일반상대론을 따르는 중력에 대한 현대적 관점은 중력을 시공간의 곡률curvature로 볼 수 있다는 것이다. 당신은 당신이 공을 공중으로 던질 때 그것이 지면으로 되돌아 오는 것 같이 당기는 힘을 중력이라고 알고 있을 것이다. 그러나 아인슈타인의 관점은 중력에 대한 가장 일반적이며 정확한 기술인데, 그의 관점에 따르면 시공간은 서로 떨어질 수 없기 때문에 상호 연결된 곡면을 이룬다. 그것을 시각화하기 위하여 당신의 침대가 시공간을 나타낸다고 상상해보자. 어떤 물체가 침대에 놓였을 때 그 물체 주위로 침대는 움푹 파인 모양을 하게 될 것이다. 만일 침대에 축구공을 놓았다면 그 파인 모양은 잔잔할 것이며 당신이 직접 침대 위에 올라갔다면 그 모양은 훨씬 더 크고 뚜렷할 것이다. 만일 당신에 침대에 앉아 있을 때 당신 근처에 그 공을 두었다면 그 공은 당신이 만들어 놓은 침대의 곡면을 따라 당신 쪽으로 끌려오게 될 것이다. 그것과 정확히 같은 방법으로 모든 물체들은 시공간 상에서 서로 잡아당기는 인력을 작용하게 되는데, 물체들이 시공간이라고 하는 구조물에 각인을 만들어 그 효과를 전파시키며 서로에게 영향을 미치게 되는 것이다. 당신이 앉아 있었던 침대와 같이 시공간의 굴곡을 이해하는 것은 중력의 효과를 기술하는 가장 중요한 요소인 것이다.

그러므로 시공간 내에서의 어떠한 굴곡은 시공간을 휘게 만드는 물체의 질량에 따라 그 거리와 시간 간격에 변화를 주게 된다는 것을 의미한다. 예를 들어, 지구에 더 가까운 곳에 있는 사람에게는 지구로부터 멀리 떨어져 있는 사람에 비해 그 시간이 훨씬 더 빠르게 흐르는데, 그것은 지구에 가까운 사람이 지구의 중력장에 더 큰 영향을 받기 때문이다. 물론 그것은 그 사람이 다른 어떤 무거운 물체에도 영향을 받지 않을 때의 이야기이다. 양자 정보로 중력을 설명하기를 원한다면 기하학적 굴곡과 정보(혹은 엔트로피)의 개념이 어떻게 연결될 수 있는가에 대해 답할 수 있어야 한다. 놀랍게도 그 답은 이 책의 마지막 장에서 이야기할 기발한 양자 상호 정보라는 양 속에서 찾을 수 있다.

엔트로피의 개념은 이미 이 책에서 여러 번 이야기한 바 있다. 엔트로피의 개념은 어떤 메시지나 물리적 계의 정보량과 동의어로 쓰일 수 있다. 어떠한 계가 더 큰 엔트로피를 가진다는 것은 더 많은 정보를 지닌다는 것을 뜻한다. 나는 이 책의 1부에서 엔트로피를 여러 다른 목적에 사용한 바 있다. 그것은 통신 채널의 용량을 가리키기도 하고, 물리적 계의 무질서도를 말하기도 하며, 위험 요소를 감수한다는 측면에 있어서는 내기로부터 취할 수 있는 이득을 말하기도 하고, 때로는 사회적 연결도를 일컫기도 한다. 이후 논의에서 우리는 엔트로피를 물리적 엔트로피로, 즉 물리적 계에 존재하는 무질서도를 계량화하는 양으로 생각할 것이다.

어떤 계 내에서 엔트로피로 측정된 불확실성과 그 계의 크기 사이에는 아주 흥미로운 관계식이 존재한다. 우리가 어떤 경계 내에 존재하는 물체를 바라보고 있다고 가정해보자. 과연 그 물체가 가진 복잡성은 얼마나 큰 것일까? 자연스러운 답은 물체의 엔트로피는 그 물체의 크기, 특히 부피에 달려 있다는 것이다. 어떤 분자가 동그란 공간 내에 백만 개의 원자 배열을 담고 있다고 하자. 만일 각 원자가 그것과 관련된 엔트로피 값을 가진다고 한다면, 전체 엔트로피를 원자의 개수에 각 원자의 엔트로피를 곱한 값이라고 생각하는 것은 자연스럽다. 그러므로 전체 엔트로피는 분자의 부피에 비례하는 양이 될 것이다.

흥미롭게도 현재 우주가 처해 있는 상태와 같이 낮은 온도에서는 엔트로피는 대개 그 물체의 부피가 아니라 그 물체가 외부와 접하고 있는 면적에 비례한다고 밝혀졌다. 간단한 계산을 통해서 우리는 물체의 면적은 항상 그 물체의 부피보다 작은 값이라는 것을 알 수 있다. 만일 우리가 공 모양의 분자를 생각해본다면 그 부피는 그 표면에 존재하는 원자의 개수에 표면 내부에 존재하는 원자를 더한 값으로 생각할 수 있다. 그러므로 공 모양의 분자의 최고 엔트로피는 그 공 속에 존재하는 총 원자 개수, 즉 부피에 비례한다고 말할 수 있으며, 이는 개개의 원자가 전체적인 불확실성에 독립적으로 기여한다는 가정 속에서 내릴 수 있는 결론인 것이다. 그러나 실은 좀 놀랍게도 양자론이 우리에게 이야기해주는 바는 그렇지가 않다. 엔트로피는 실제로 표면에 존재하는 총 원자의 개수에 비례하며, 부피와 비교한다면 상당히 작은 양이다.

그렇다면 어째서 논리적으로 그럴 듯해보이는 사실이 양자론과 차이가 있는 것일까? 이 질문을 다루기 위해서 우리는 양자역학을 다시 한번 자세히 살펴볼 필요가 있으며, 특히 양자 상호 정보의 성질을 관심

있게 살펴볼 필요가 있다. 양자 상호 정보는 서로 다른 물체 사이의 아주 강한 상호 관계성의 형태를 취하고 있으며, 그러한 상호 관계성은 양자 컴퓨터의 예에서 보았듯이 양자 정보처리와 고전적 정보처리 과정 사이에 궁극적인 차이를 준다.

전체 우주를 두 부분으로 나누어본다고 가정해보자. 예를 들면, 위에서 이야기한 분자와 나머지(분자들 밖에 존재하는 모든 것들)로 생각해볼 수 있다. 이 경우 분자와 그 나머지 사이의 양자 상호 정보는 단순히 분자의 엔트로피에 해당된다. 하지만 양자 상호 정보는 분자 자체가 가진 양이 아니라 결합된 양, 즉 어떠한 물체들 사이의 양자적 상호 관계에 해당되는 확률분포에 해당되는 양인 것이다. 즉 분자와 우주의 나머지 부분 사이의 결합적인 성질이다. 그러므로 그것은 그 둘 사이의 양자 상호 정보의 크기가 그 둘 사이에 공유되는 어떠한 양에 비례해야 한다는 것을 뜻하며, 이 경우에 있어서는 경계면이 그 역할을 한다. 즉 분자의 표면 넓이가 되는 것이다.

이것은 매우 심오한 결론이다. 우리는 엔트로피를 어떤 물체의 정보 내용물로 생각할 수 있다. 정보 내용물이 물체의 내부에 존재하는 것이 아니라 표면의 면적으로 존재한다는 사실은 줄잡아 말하더라도 참으로 놀라운 사실이다. 그 의미는 모든 물체의 정보 내용물은 물체 자체에 있지 않으며 그 물체가 우주의 다른 모든 것과 연결되는 관계적 양이라는 것이다.

이것이 암시하는 또 다른 중요한 결과에 관해서는 차차 살펴볼 것이다. 그러한 체계 내에서 우주가 0의 정보 내용물을 갖는다는 것은 어쩌면 당연한 일이며, 단지 우주의 부분만이 어떤 정보를 갖는다고 말할 수 있다. 우주는 정의상 우주의 밖엔 아무것도 존재하지 않으며 그러한 연결을 생각할 수도 없다. 그러나 우주의 부분들은 서로 연관성을 가질 수 있다. 우리가 우주를 두 부분, 혹은 더 명확히 구분되는 영역으로 나누자마자 정보는 생성되기 시작할 것이며 그 정보는 그 영역의 크기가 아닌 분할된 표면의 넓이에 해당한다. 그러한 구분과 분할 행위 자체가 정보를 증가시키게 되는데, 이는 연계되어 있는 어떤 부분을 잘라내는 행위이기 때문인 것이다.

우리는 다음과 같이 결론을 형상화할 수 있다. 분자 내부에 존재하는 원자가 우주에 존재하는 원자들과 일련의 고리를 가지고 연결되어 있다고 생각해보자. 우리가 우주에 연결할 수 있는 고리 숫자의 한계는 그 분자의 표면적에 의해 제한받게 되는데 그것은 얼마나 많은 고리를 그 분자의 표면으로부터 얻을 수 있는가에 해당하는 유한한 값이다. 분자와 우주 사이에 분산될 수 있는 정보는 그 둘을 잇는 고리의 개수에 비례한다. 그것이 어째서 정보가 분자의 표면적에 비례하는지를 논리적으로 뒷받침해준다.

레오나르 서스킨드Leonard Susskind라고 하는 물리학자는 엔트로피와 면적 사이의 관계를 홀로그래픽 원리holographic principle라고 부를 것을 제안했다. 홀로그래피는 전통적으로 광학의 영역인데 어떻게 3차원의 영상을 2차원 사진 필름에 성공적으로 저장할 수 있는지를 연구하는 학문이다. 이 일은 어떠한 물체에 레이저 빛을 비추어 빛이 그 물체에 반사될 때 그 반사 빛을 사진 필름에 저장함으로써 성공적으로 수행될 수 있다. 이후에 그 건판에 빛을 비춘다면 그 물체의 3차원 영상은 원래 물체가 있었던 위치에 다시 나타나게 되는 것이다. 독자들은 아마도 이 현상을 수많은 잡지나 딱지, 장난감과 공상과학영화를 통해 본 적이 있을 것이다.

광학적 홀로그래피는 1960년대 런던에 있는 임페리얼 대학 연구실에서 일했던 데니스 가보Denis Gabor에 의해 발명되었다. 그곳은 이후 40년이 지나 내가 일할 기회가 있었던 곳이기도 하다. 그는 1971년(내가 태어났던 해)에 그 일로 노벨상을 받았다. 그는 맥스웰의 유령의 광학적 버전을 만들어보고자 홀로그래피를 사용했는데, 그것은 나도 박사과정에 있는 동안 생각해본 적이 있었다. 그의 발견의 놀라운 점은 3차원 공간에 존재하는 모든 정보를 저장하기 위해 2차원 공간이면 충분하다는 것을 보였다는 것이며 그것은 당연히 노벨상 감이었다.

2차원에 저장되는 방법은 쉽게 알 수 있지만 도대체 입체성을 주는 세 번째 차원은 어디서 오는 것이란 말인가? 세 번째 차원은 우리가 홀로그램을 3차원 공간에서 볼 수 있게 해준다. 그에 대한 답은 간섭 현상interference이라 알려진 빛이 가지고 있는 고유한 성질과 연관되어 있다. 실험 장치로 되돌아가 본다면, 빛은 내부적 시계를 간직하고 있어 그 빛이 물체로부터 반사될 때 2차원의 사진 필름에 직접적으로 도달하는 빛과 간섭 현상을 일으키며, 그 시계가 가리키는 시간이 바로 세 번째 차원으로 작용해 간섭 모양이 형성되는 것이다. 그것은 당신이 홀로그램을 직접 볼 때 전형적인 2차원의 상을 보게 되지만 반사되는 빛을 본다면 그 빛들은 다른 시간에 당신에게 도달하게 될 것이고 그 빛의 간섭 현상이 3차원 상을 보게 하는 것이다.

서스킨드는 정보(즉 엔트로피)가 표면적에 비례한다는 것에 놀라서는 안되며 오히려 그것을 원리로서 받아들여야 한다고 주장한다. 그에 따르면, 이 원리는 우주에 존재하는 어떤 것에도 적용되어야 한다. 즉 물질이나 빛과 같이 에너지를 가진 모든 것에 적용되어야 한다. 더 나아가 그러한 물질 이면의 핵심은 양자 상호 정보인데, 이는 그것이 무엇이든지 간에 어떤 물체에 한쪽 면에 있는 어떤 것과 그것의 다른 쪽 사이에 존재하는 물리량을 말한다는 것이다. 이제 그러한 논리로 중력에 대해서도 논의할 수 있다.

일반상대론에서 아인슈타인의 방정식은 4차원 시공간의 기하학적 구조 위에서 에너지 질량의 효과에 관해 기술한다. 존 휠러의 말을 빌리자면, 그의 방정식에서는 물질은 시공간이 어떻게 휘었는지를 말해주며 시공간은 물질이 어떻게 움직일 수 있는지를 알려준다. 즉 지구는 태양 주위를 돌고 있는데 이는 태양이 상당히 크게 시공간을 휘어놓았기 때문이라는 것이다. 그렇다면 양자 정보로부터 중력을 포함하는 에너지와 굽은 공간 사이의 관계식을 이끌어낼 수 있을까?

1990년대 중반 테드 제이콥슨Ted Jacobson은 이것이 가능하다는 아주 중요한 논쟁을 제기한 바가 있다. 이제껏 우리는 그의 논쟁을 잘 설명하는 데 필요한 모든 기본적인 부분들에 대해 이야기했다. 이미 우리는 어떻게 열역학적 엔트로피가 어떤 계의 기하학적 모양에 비례하는지에 대해 논의했다. 열역학에서 어떤 계의 엔트로피에 온도를 곱한 값이 그 계의 에너지와 같은 양이라는 것은 잘 알려진 사실이다. 그러므로 질량 에너지 등가원리에 입각해 큰 에너지를 나타내는 큰 질량은 시공간에 더 큰 굴곡을 주게 된다.

에너지와 엔트로피 사이에 간단한 진술인 에너지보존법칙은 아인슈타인의 중력 방정식을 만들어내는데, 이 방정식은 바로 질량과 굴곡 간의 관계를 기술한다. 이 경우에 있어서 엔트로피는 기하학을 포함한다. 그러므로 열역학에 따르면 더 무거운 물체는 더 큰 엔트로피를 갖게 된다. 그러나 우리가 방금 논의한 홀로그래피 원리에 따르면 엔트로피는 그 질량을 둘러싸고 있는 면적과도 관계가 있다. 그러므로 더 무거운 물체일수록 더 넓은 면적의 굴곡을 만들어내는 것이다.

이 경우에 해당되는 구체적인 예를 살펴보는 것이 좋겠다. 빈 공간에 해당되는, 즉 질량과 에너지가 존재하지 않는 시공간을 생각해보자. 그곳에 정확하게 중앙이 되는 부분을 빛이 만들어내는 단면을 가지고 나눈다고 생각해보자. 우리는 비어 있는 우주를 생각하고 있기 때문에 그 빛은 어떤 것에도 영향을 받지 않는다. 이제 나누어진 한쪽 부분에 무거운 물체를 가져다놓는다고 생각해보자. 열역학에 따르면 그러한 행위는 엔트로피를 변화시키는데, 이는 홀로그래피 원리에 따라 빛이 진행할 수 있는 면적에 영향을 줄 뿐만 아니라 그 빛이 굽어져 진행하는 것을 그 주위에 기하학적 모양의 변화로 여길 수 있다는 것이다. 실제로 그것은 1919년 아서 에딩턴Arthur Eddington에 의해 처음으로 일반상대성원리를 실험적으로 구현하기 위해 제안된 것이다. 그는 별이 보여지는 위치가 정확하게 아인슈타인의 일반상대성원리를 예측하는 정도 만큼 변해 있다는 것을 관측했다. 별에서 오는 빛은 태양에 의해 당겨지는 중력장을 통해 우리에게 도달하기 때문에 그 위치가 변해 있는 것처럼 우리에게 보여지는 것이다.

흥미롭게도 블랙홀과 같은 무겁고 어두운 물체를 측정해내는 데에도 같은 방법을 적용할 수가 있다. 블랙홀이 그 정의에 따라 검은 물체이고 빛을 전혀 내지 않는다고 한다면 과연 우리는 그것을 어떻게 볼 수 있는 것일까? 블랙홀은 거대한 중력장을 형성하고 있기 때문에 우리가 그것을 보는 것과 같은 효과를 낼 수가 있다. 우리가 블랙홀을 직접 볼 수는 없지만 블랙홀이 만드는 중력장을 물질이 느끼는 효과로 관찰할 수 있으며, 특히 그것을 둘러싸고 있는 빛은 큰 영향을 받는다. 특히 블랙홀 바로 뒤에 있는 별이 내뿜는 빛은 일반적인 방법으로 분산되는 대신에 블랙홀의 강력한 중력장에 이끌려 한 점으로 모아지게 된다. 지구에서 그 별을 본다면 그 별에서 오는 빛은 그것이 원래의 강도로 되돌아가기 전에 관측되었을 때보다 훨씬 더 강력하다는 것을 관찰할 수 있을 것이다. 그러한 강도의 변화는 그 별 앞에 위치한 블랙홀에 의해 설명될 수 있다. 그것은 전문용어로 중력의 렌즈 효과gravitational lensing라고 알려져 있다.

엔트로피에 의해 측정된 정보는 양자역학과 중력이론 모두를 설명하는 데 사용될 수 있음을 알아보았다. 양자역학에 따르면 어떠한 계의 엔트로피는 유한하지만 항상 더 많은 엔트로피, 즉 무작위성을 생성해낼 수 있다. 양자 엔트로피가 면적에 비례한다는 사실은 열역학 제1법칙, 즉 어떠한 계의 에너지는 보존된다는 것과 관련이 있는데, 중력 방정식을 이끌어내는 데에도 이 법칙이 사용될 수 있다. 여전히 양자역학과 중력이론은 서로 양립할 수 없는 것으로 여겨지고 있는데, 이제껏 우리가 논의 한 바에 따르면 실제로 양자역학과 중력이론은 서로 밀접하게 관련되어 있다. 이것이 바로 제이콥슨의 논문이 많은 사람들을 흥분시킨 이유이다.

여전히 그러한 논의에 여러 가지 면이 더 심사숙고되어야 한다. 그러나 전반적인 논의로부터 내릴 수 있는 결론은 중력이라는 것이 정보처리 과정에 어떤 새로운 것을 더하지는 않는다는 것이다. 현재 존재하고 있는 모든 이론은 양자역학 원리의 적용을 필요로 한다. 이를 둘러싼 논쟁의 세세한 부분이 모두 맞는 것은 아닐지라도 여전히 양자 정보라는 성질은 중력을 고려하건 안하건 간에 변하지 않는다.

그러한 것을 염두해 둘 때 과연 얼마 만큼의 정보가 전체 우주에 압축될 수 있느냐는 질문으로 되돌아갈 수 있다. 이미 논의한 바 있듯이 정보는 면적에 비례하는 값이다. 그런데 얼마나 정확히 그것이 비례하는 것일까? 이것은 이스라엘의 물리학자인 제이콥 베켄슈타인Jacob Bekenstein에 의해 예측된 바 있다. 베켄슈타인의 범위bound 라고 알려진 관계식은 다음과 같이 기술된다. 어떤 물리적 계 속에 묶여 들어갈 수 있는 비트의 수는 최대한의 경우 10^{44}의 비트 정보에 킬로그램의 단위로 그 계의 질량과 미터 단위로 최대의 길이(그 길이의 제곱은 그 계의 면적에 해당한다)를 곱한 값에 해당한다. 참고로 베켄슈타인의 블랙홀 엔트로피에 관한 작업은 영국의 저명한 물리학자 스티븐 호킹에 의해 다음과 같이 요약되었다. "블랙홀은 그들이 보여지는 것과 같이 검지 않다." 블랙홀은 호킹 복사Hawking radiation라고 불리는 빛을 내뿜는데 이것은 궁극적으로 양자역학적 효과에 그 기원을 두고 있다.

어떤 물체가 지닌 수많은 성질들 중에 그것이 가지고 있는 정보와 같은 심오한 성질을 알기 위해서 단지 두 가지 성질, 즉 그것의 면적과 질량만 있으면 된다는 사실은 아주 놀라운 일이다. 그것을 좀 더 실용적으로 적용해보자면, 우리의 두뇌가 지니고 있는 정보 역시 쉽게 계산해낼 수 있다. 평균적으로 사람의 두뇌는 그 지름이 약 20센티미터 정도이며 대략 5킬로그램 정도이다. 계산해보면 전형적인 사람의 두뇌는 대략적으로 10^{44} 비트의 정보를 저장할 수 있다. 현재 알려진 최고의 컴퓨터와 비교해본다면 그것은 매우 큰 양이다. 현재 최고의 컴퓨터는 대략 10^{14} 정도의 정보를 담아낼 수 있다. 그러므로 인간의 두뇌에 해당하는 능력을 갖는 컴퓨터를 만들어내기 위해서는 여전히 10^{30}에 해당되는 정도 만큼의 더 많은 발전이 있어야 한다.

우리는 이제 처음 우리가 의도했던 바대로 우주에 존재하는 총 비트 수를 계산하기 위해 베켄슈타인의 범위를 적용해보고자 한다. 천문학자들은 이미 대략적인 우주의 크기와 질량을 예측한 바 있는데, 그들에 따르면 우주의 지름은 대략 150억 광년이며 우주의 질량은 대략 10^{42} 킬로그램이다. 만일 당신이 그 정보를 베켄슈타인의 수식에 적용해본다면 우주의 용량은 대략 10^{100} 비트 정도의 정보를 담을 수 있다. 그것은 어마어마하게 큰 숫자이지만 궁극적으로 무한대는 아니다. 사실상 수학자들은 그 정도 숫자라면 여전히 무한대와 비교했을 때 0에 더 가까운 숫자라고 말한다. 아르키메데스가 계산한 우주를 모두 채울 수 있는 모래알의 숫자는 10^{63}개이다. 이미 언급한 바와 같이 모래알의 존재를 정보의 비트와 비교해본다면 우주가 담아낼 수 있는 용량에 대한 아르키메데스의 추정은 이천 년 전에 살았던 사람의 생각치고는 꽤 그럴듯한 것이었다.

우주를 양자 컴퓨터로 치환했기 때문에 같은 논리로 우리는 우주의 정보처리 속도에 대해서도 베켄슈타인의 범위로부터 곧바로 유추해낼 수 있다. 만일 우주의 나이를 10^{17} 초라고 하고 우주가 10^{100} 비트를 현재까지 만들어냈다고 가정한다면 정보처리의 총량은 대략 초당 10^{83} 비트를 만들어낸다고 할 수 있다. 그 숫자를 최신 컴퓨터인 펜티엄 4와 비교해본다면, 펜티엄 4의 경우 정보처리 능력이 초당 10^{10}보다 크지 않다는 것을 감안할 때 우주를 시뮬레이션하기 위해서 10^{73}개의 펜티엄 컴퓨터가 필요한 것이다. 이것은 10에 0이 73개나 붙는 어마어마하게 큰 숫자이다. 만일 우리가 우주를 이해하기 위해 현재 우리가 가진 컴퓨터에만 의존해야 한다면 사실 우리는 그리 멀리 가지는 못할 것이다. 이것은 인간의 지적 능력에 대해 많은 것을 암시하고 있다.

우주와 비교했을 때 완전히 다른 극단에 존재하는 원자와 원자핵과 같은 작은 물체들에 대해서도 생각해볼 수가 있다. 베켄슈타인에 따르면 수소 원자는 대략 4백만 비트를 부호화하는 데 쓰일 수 있는 반면, 양성자의 경우 대략 40비트 정도만을 담을 수 있다. 그 이유는 양성자가 원자에 비해 훨씬 더 작기 때문이다. 만일 우리의 기술이 훨씬 더 진보한다면 어쩌면 우리는 하나의 수소 원자를 가지고 1,000 자릿수를 소인수 분해하는 양자 컴퓨터를 구동할 수 있을지도 모른다.

우리가 계산한 비트의 숫자가 우주에 존재하는 비트의 총량과 얼마나 비슷할까? 포퍼가 이미 우리에게 이야기했듯이, 우리는 과학을 우주에 존재하는 비트를 압축하는 기계로 생각할 수 있으며 반대로 그러한 법칙은 자연의 실제적인 움직임을 생성해내는데 사용될 수 있을 것이다. 내일 당장 당신이 관측한 실험 결과가 그러한 압축에 변화를 주어 새로운 법칙을 만들 수 있을지는 아무도 모르는 것이다. 이백 년 동안 믿어진 이론도 단 하나의 실험 결과 때문에 논박되고 새로운 과학으로의 발전을 이루어낼 수 있다. 양자 정보가 고전 정보를 뛰어넘는 개념이 되어버린 것과 마찬가지로 멀지 않은 미래에 현재 우리가 잘 모르는 어떤 자연법칙들이 발견되어 그 법칙을 바탕으로 새로운 정보처리 방법으로 진보할 수 있을지도 모르는 것이다.

그렇다면 우리는 그러한 추측과 논박이라는 과정을 끝까지 계속할 수 있는 것일까? 과연 우리는 궁극적인 이론이 무엇이 될지 크게 걱정하지 않으면서 자연에 대해 일관된 관점을 제시할 수 있는 것일까?

완전한 파괴

: 존재가 만들어낸 무

이 책의 중요한 관점은 자연에 내재된 서로 다른 많은 면들이 일종의 정보처리 과정이라는 형태를 띤다는 것으로 요약될 수 있다. 정보이론은 처음에는 다소 순진하게 출발했지만 섀넌이 던졌던 특정한 질문의 결과는 결과적으로 두 사람 사이의 통신 채널의 용량을 최대화할 수 있게 만들었다. 섀넌은 우리가 필요로 하는 모든 것은 하나의 사건이 일어날 확률과 연관시킬 수 있으며 그 사건의 정보 내용은 정량화할 수 있도록 만들어주었다. 흥미롭게도 이러한 접근의 단순성과 직관적인 성질 때문에 섀넌의 관점은 여러 다른 문제에 성공적으로 적용되기도 했다. 생물학적인 정보도 섀넌의 이론에 따라 연속적 통신으로 볼 수도 있다. 즉 자연선택의 목적도 미래라는 시간에 자신의 유전자를 전파하는 행위라는 것이다. 통신과 생물학만이 정보를 최적화하는 것은 아니다. 물리학에 있어서 어떠한 계는 자신을 엔트로피가 최대가 될 수 있도록 조절하기도 하며 엔트로피는 섀넌의 정보와 같은 방법으로 정량화될 수 있다. 같은 종류의 정보가 다른 현상들에서도 많이 나타난다. 경제적 고찰 역시 엔트로피에 의해 지배되며, 통신에 있어서 그 용량을 최대화하는 것과 같은 방법으로 이익을 최적화하기도 한다. 사회과학에 있어서 사회는 상호 관련성에 의해 지배를 받는데 그러한 상관관계 역시 새넌의 엔트로피에 의해 정량화된다.

그러한 모든 현상 이면에는, 그렇다와 아니다 혹은 켜짐과 꺼짐과 같은 명확한 결과를 주는 사건을 나타내는 고전적인 불Boole의 논리가 있다. 우리가 가지고 있는 자연에 대한 가장 정확한 기술법인 양자론에 따르면, 정보의 조각들은 훨씬 더 정확한 개념인 큐빗으로 근사될 수 있다. 고전적 비트와는 다르게 큐빗은 여러 가지 상태로 동시에 존재할 수 있는데, 즉 그렇다와 아니다 혹은 켜짐과 꺼짐이 함께 존재하는 형태이다.

새넌의 정보이론은 양자론을 고려하는 수준까지 확장되었으며 그 결과로 나타난 양자정보이론은 그 자체로 큰 장점이 있음이 이미 드러났다. 양자정보이론의 진정한 힘은 훨씬 더 안전한 암호 체계를 담아낼 수 있는 통신규약에서 크게 드러났으며, 전혀 새로운 방식의 전산, 양자적 전송, 그리고 새넌의 단순한 관점에서는 불가능했던 다른 많은 응용에서도 잘 드러난다. 그러나 양자정보이론은 궁극적으로 새넌의 정보이론의 확장이기 때문에 적당한 조건하에서 새넌의 정보이론으로 환원된다. 또한 생물학적 계가 광합성과 같은 특정한 과정을 진행하는 데에 있어서 양자 정보를 사용하기 때문에 정보의 고전적인 이해에 따라 가능한 어떤 것보다 훨씬 더 효율적이다.

이 책의 중요한 목표는 어떻게 자연을 정보라는 관점으로 이해할 수 있느냐 하는 것이다. 그러한 관점에서 전체 우주를 양자 컴퓨터로 보는 것은 양자 정보가 우리가 가진 가장 정확한 기술이라는 점에서 가장 적당하다고 볼 수 있다. 이러한 관점에 따르면 우주는 총 정보량을 10^{100} 정도의 비트의 저장 용량을 갖는 기계이며 초당 대략 10^{90}의 정보를 처리할 수 있는 능력이 있다고 할 수 있다. 이러한 근사치가 가능한 이유는 우주를 아주 작고 작은 단위로 쪼갰을 때 그 작은 단위로 저장된 정보의 내용물은 우주의 표면적에 비례한다는 사실 때문이다.

그렇다면 과연 정보란 어디로부터 오는 것일까? 만일 두 사람이 서로 통신을 하고 있다면 한 사람은 다른 사람을 위해 정보를 생성하게 된다. 경제적 · 사회적 맥락에서 본다면 정보는 인간의 상호작용으로부터 오게 된다. 생물학적 계와 같이 인간의 상호작용이 만드는 정보는 DNA와 같은 분자적 성질에서 오게 된다. 분자의 행동 방식은 궁극적으로 양자 물리의 법칙에 의해 지배된다. 그러한 방법으로 자연을 구성하는 데 필요한 어떠한 정보도 양자 정보로 환원될 수 있다. 그렇다고 하더라도 어디에서 양자 정보가 생성되는지는 여전히 문제로 남아있다.

전 우주가 디지털 방식으로 존재한다는 가정으로 돌아간다면 모든 정보를 물리법칙 내에 압축할 수 있기 위해서는 그것을 해독해야 한다. 그 법칙이라는 것은 실제로는 자연으로부터 나오는 것이다. 자연이 법칙 안에 모두 담겨질 수 있다고 하는 것은 소설 같은 이야기가 아니다. 아르키메데스의 예에서 보았듯이 고대 그리스 사람들은 최초의 온전한 과학자라고 할 수 있는 갈릴레오 갈릴레이가 이해한 방식과 같은 방식으로 우주를 이해하고 있었다.

우주의 진실이 수학이라는 방식으로 암호화되어 있다는 갈릴레이의 관점은 그가 한 다음과 같은 이야기에서 잘 알 수 있다. "철학은 우주라고 하는 거대한 책에 잘 쓰여 있어서 우리가 계속해서 새로운 눈을 뜰 수 있도록 만든다. 하지만 우리가 그것이 쓰인 언어를 이해하지 못한다면 그것을 이해할 수가 없다. 그것은 수학이라는 언어로 쓰여 있으며 그 글자는 삼각형, 원, 그리고 여러 가지 기하학적 모양을 하고 있는데, 이것들이 없이는 한 글자도 이해할 수 없으며 우리는 어둠의 미로에서 계속해서 헤매야 할 것이다."

하지만 우리는 두 가지 점을 고려함으로써 갈릴레오의 감상적 고찰을 뛰어넘을 수 있다. 첫 번째로는 우리는 기하학적 기호 대신 정보라는 것을 사용하고자 한다. 두 번째로 우리는 어떻게 정보가 우주에서 생성될 수 있는지를 설명하고자 한다. 일단 정보가 해독되고 나면 적절하게 정의된 법칙으로 압축할 수 있으며 우리는 그러한 법칙에 암호화된 정보를 통해 자연을 이해할 수 있는 것이다. 그 법칙 자체는 그렇게 진화하는 관점의 전반적인 모습이 될 것이다. 만일 그렇게 되지 않는다면 우리는 무한 회귀 속에 빠져버리고 말 것이다. 그러므로 우주는 정보처리 기계로 여겨질 수 있으며, 다른 말로 한다면 거대한 양자 컴퓨터인 것이다.

우주가 컴퓨터라고 하는 관점은 새로운 것이 아니다. 콘라드 주세 Konrad Zuse라고 하는 유명한 폴란드의 수학자는 2차세계대전 당시 다양한 암호학적 기술을 개척하기도 했는데, 그는 우주를 컴퓨터라고 하는 관점으로 바라본 최초의 사람이었다. 이후 많은 연구자들이 그의 관점을 따랐는데, 그 중에 에드 프레드킨Ed Fredkin과 톰 토폴리Tom Toffoli라고 하는 미국인들이 유명했으며 그들은 1970년대에 이와 같은 관점에서 몇 개의 논문을 쓰기도 했다. 프레드킨은 여전히 우주의 디지털 모델과 그의 내부적 작동 방법에 대해서 대가大家로 알려져 있다. 문제는 그러한 모든 모형들은 우주가 고전적인 컴퓨터라는 가정하에서 이루어졌다는 것이다. 그러나 현재 우리는 우주도 양자 컴퓨터로 이해되어야 한다는 것을 잘 알고 있다.

때때로 우리는 자연을 기술하는 프로그램의 일부를 다시 편집해야 한다는 사실을 알고 있기 때문에 자연은 항상 진화한다. 어떠한 모형에 근거한 프로그램의 조각들이 그 부정확성으로 인해 논박될 수 있으며 그런 프로그램은 최신의 것으로 갱신될 필요가 있다. 모형에 대한 논박과 프로그램의 일부를 바꾸는 일은 논박 자체가 그 모형이 맞다는 것을 증명하는 것보다 훨씬 더 많은 정보를 가지고 있기 때문에 자연에 대한 관점을 바꾸는 데 큰 역할을 한다.

그러한 논박은 '불가no-go' 정리 같은 것에서 더욱더 명확해진다. 불가 정리가 적용되면 물리학은 그것을 그냥 버려버린다. 물리학에 있어서 가장 일반적인 법칙 중에 하나인 열역학 제2법칙에 따르면, 어떤 다른 효과가 작용하지 않는다면 열이 차가운 곳에서 더운 곳으로 이동할 수 없다. 그러므로 열역학 제2법칙은 물리적 과정이 어떠한 일을 할 수 있는가를 규정하지 않는 대신에 그들이 무엇을 할 수 없는가를 확실히 알 수 있도록 해준다. 우리가 '밝혀진 사실들'과 '밝혀진 모르는 것들'에 대해서는 알 수 있는 반면, 우리는 '밝혀지지 않은 모르는 사실'들에 대해서는 알 수 없다. 그러한 논리는 매우 일반적이기 때문에 아주 강력하다. 같은 일이 상대성이론에서도 적용될 수 있는데, 상대성이론에 따르면 어떤 것도 빛보다 빠른 속도로 이동할 수 는 없다.

'불가'라는 방식으로 양자역학에 대해 이야기해본다면, 양자역학은 우리가 도달할 수 있는 상상력의 한계에 대해 말해준다. 우리가 양자역학적인 물체가 서로 다른 위치에 동시에 존재할 수 있다고 말할 때 그런 상태를 우리가 일반적으로 생각하는 방식으로 이해하기란 매우 어렵다. 실제로 우리가 부정적인 방법을 사용해 이야기해본다면, "동시에 두 지점에 물체가 존재한다"는 것은 사실이 아니라고 할 때엔 "동시에 두 지점에 물체가 존재하지 않는다"는 것 역시 사실이 아니라는 것을 항상 같이 받아들여야만 한다. 곧 "어떤 물체가 동시에 두 지점에 존재한다"는 것과 그것의 반대인 "어떤 물체는 동시에 두 지점에 존재하지 않는다"는 두 개의 이야기는 모두 사실이 아니다. 과연 왜 그럴까? 논리적으로 어떤 진술이 그것과 그것의 부정이 동시에 틀린다는 것은 불가능한 것처럼 들린다. 어떤 사람에게는 이것이 모순적인 것인양 들리겠지만 보어는 이러한 사실을 이해하기 위한 깊은 지혜를 짜낼 수 있었다. 그는 다음과 같이 이야기했다. "얕은 진리는 그 반대가 틀렸다는 것을 가리킨다. 하지만 더 깊은 진리가 있다면 그의 반대 역시 더 깊은 진리가 된다."

그렇다고 해서 우리가 양자역학의 수수께끼를 풀기 위해 일상의 논리 법칙을 바꿀 필요는 없다. 두 개의 다른 실험적 과정을 두 가지 방식으로 기술한다고 해서 거기에 모순이 존재한다고 할 수는 없다. 양자적 입자가 서로 다른 두 장소에 동시에 존재하는 것이 사실이 아니라고 말할 때 이것은 실제로 우리의 측정 과정에 대해 이야기하고 있는 것이다. 우리가 입자의 위치를 측정할 때 그 입자는 항상 한쪽 혹은 다른 쪽의 위치에서 검출되지, 두 위치 모두에서 동시에 검출되지는 않는다. 그 사실은 정말로 입자가 존재한다는 것을 확증한다. 그러나 우리가 측정을 실제로 하지 않고 대신에 그 물체가 검출되지 않는 방법으로 상호작용을 시킨다면 그 물체는 서로 다른 위치에 동시에 존재할 수 있는 것이다. 그렇다면 두 가지 다른 방법으로 그 물체를 취급하는 것은 그 물체의 행동 방식의 또 다른 출현을 보여주게 된다. 이러한 사실에는 실제로 어떠한 모순도 존재하지 않는다.

흥미롭게도 포퍼의 과학 철학과 매우 유사한 입장을 취하는 신학적 관점도 존재하는데, 그것은 비아 네가티바Via Negativa 혹은 부정적인 방법이라고 알려진 관점이다. 이 관점은 터키의 중심부 카파도시아라는 지역에 살던 한 신부에 의해 처음으로 시작되었는데, 그의 세상에 대한 모든 관점은 결코 풀릴 수 없는 문제들에 기반하고 있다. 예를 들어, 그들은 그들이 신을 믿기는 하지만 신의 존재는 믿지 않는다고 주장했다. 이것은 큰 모순처럼 보이지만 실제로는 그렇지 않다.

사실상 그러한 부정적 방법의 논증법은 동양에도 잘 알려져 있다. 힌두교인들은 신에게 다가가는 방법을 산스크리트어로 '네티Neti'라고 불리는 (즉 '이것이 아니다'라는) 방법으로 정립했는데, 그것은 '아드바이타 베단타Advaita Vedanta' (즉 우주를 유일의 그리고 분리가 불가능한 '브라만'은 항상 부정적인 방법으로만 볼 수 있는 존재이다)를 포함하는 몇 가지 고전적인 전통으로 문헌에 기록되고 있다.

카파도니아의 신부는 실제로 신의 성질을 신이 어떤 존재인가를 통해서가 아니라 신은 어떤 존재가 아니라는 관점으로 묘사되어야 한다고 믿었다. 그러한 부정의 신학에 있어서 기본적인 전제는 신은 인간의 이해와 경험을 훨씬 넘어서는 존재이기 때문에 우리가 그것에 가까이

가기 위해서는 그것의 반대되는 면들을 나열함으로써만 가능하다는 것이다. 그러므로 우리가 신의 존재를 이야기할 수 없는 이유는 그 존재라는 것 자체가 인간이 기진 개념이며 이 개념은 신에게 적용될 수 없다는 것이다.

신이 무엇이 아닌가 하는 그 목록들은 카파도니아의 신부에 의해 정리되었는데 이 정리는 또한 물리법칙과 과학의 일반적인 정신을 연상시킨다. 물리학자들이 우주가 무엇이고 그것이 어떻게 정확히 행동하는가를 말한다는 것은 불가능하다. 적어도 우주에 대한 궁극적인 기술에 있어서는 그렇다는 것이다. 하지만 우리는 우주가 그렇지 않다는 것을 확실히 말할 수 있다. 우리는 지구가 사천 년 전에 창조되지 않았다는 것은 안다. 그것보다는 훨씬 이전이지만 그것이 정확히 언제인지는 알 수 없다. 우리는 어떻게 지구가 창조되었는지를 정확하게 알지 못하지만 우리는 지구가 우주의 바다 표면 위에 그 등을 내밀고 있는 거대한 거북의 등 위에서 떠오른 것이 아니라는 것은 알고 있다. 혹은 지구가 태양 이전에 생성되지 않았다는 것은 확실히 안다.

우리는 궁극적인 물리법칙이 무엇인지 정확히 알지는 못하지만 물리법칙이 우주의 다른 곳에 존재하는 것과 다르지 않은 방식으로 지구에 존재한다는 것을 믿는다. 그러므로 과학이 모든 것의 궁극적인 기원에 관해 완벽하게 우리에게 알려줄 수는 없다. 과학은 우주가 어떻게 생겼는지보다는 어떻게 생기지 않았느냐에 대해 이야기해주는 방법으로 형성되어 있다. 예를 들면, 과학은 지구를 우주의 중심으로 생각해서는 안된다는 것을 말해준다. 또는 인간을 진화의 목적이나 중심으로 생각해서는 안 된다고 말해준다. 그것은 정확히 어떻게 인간에 대해 생각해야 하는가를 말해주지는 않지만, 예를 들어 궁극적으로 원숭이와 완전히 다른 어떤 것으로 생각해서는 안 된다는 것도 말해준다.

카파도니아의 신부들은 우리가 자연에 대한 궁극적인 이해에 이르는 것과 같은 방법으로 신에 대한 궁극적인 지식에 도달했다. 그들은 신이 무엇이 아니라고 말함으로써 신에 도달했으며 과학자들 역시 과학적 방법은 추측과 논박의 방법을 통해 자연에 어떠한 방식으로는 존재하지 않는다고 말한다. 비록 부정적 화법이 종교에서는 종종 비합리적인 신비주의로 여겨지지만, 사실 그러한 신비주의는 과학적 방법론과 비교해본다면 상당히 합리적인 근거를 가지고 있다.

자연을 기술하는 부정법이 항상 옳은 것이 아니라고 하더라도 우리는 자연을 법칙의 집합으로 요약할 수 있다. 그 법칙은 반증될 때까지 옳은 것으로 받아들여진다. 물리법칙은 자연의 압축이며 보편적 양자 컴퓨터를 사용하면 그 압축된 것을 다시 자연으로 복구해낼 수 있다. 하지만 물리학의 압축된 법칙들은 여전히 자연을 재생산하기 위해서 보편적 양자 컴퓨터를 필요로 한다. 우리가 모든 것의 기원을 설명하려고 한다면 그러한 컴퓨터는 어디에서 올 수 있는 것일까?

하지만 문제는 이보다 훨씬 더 극적이다. 우리가 컴퓨터를 가지고 있다면 자연을 재생해낼 수 있는 자연법칙을 가지고 있다는 뜻이다. 그러므로 자연법칙이 효과를 발휘하기 위해서는 먼저 컴퓨터를 가지고 있어야 한다. 반면 컴퓨터가 제 기능을 하려면 역시 어떤 종류의 법칙으로 기술되어야 한다. 그렇다면 과연 무엇이 먼저란 말인가, 양자 컴퓨터인가 아니면 물리법칙인가? 이것은 닭이 먼저냐 달걀이 먼저냐 하는 종류의 논쟁과 유사하다.

그러나 법칙과 컴퓨터가 동시에 아무것도 존재하지 않는 것에서부터 동시에 탄생할 수는 없는 것일까? 그러한 확률은 아마도 상상하기 매우 힘들지만 역사적으로 보면 그러한 시도는 여러 번 있어왔다. 그러한 일을 하는 한 가지 방법은 적어도 내게는 아주 고상하거나 과학적으로도 그럴 듯해보이지는 않지만, 인류 원리anthropic principle라고 불러일으킬 수 있다.

인류 원리란 인간이 존재하는 방식 그 자체가 자연법칙을 설명한다고 이야기한다. 인류 원리에 따르면 자연법칙이 틀렸다고 하는 것은 우주에 대해 이야기하는 우리 존재 자체를 부정하는 것을 의미한다. 그러한 논리는 재귀적으로 들릴지 모르지만 사실상 그렇지 않다. 어떠한 재귀적 논리가 옳다고 말하는 것은, 어쩌면 하찮게 들릴지는 모르겠으나, 그 논리가 증명하고자 하는 바를 하나의 가정으로 받아들이는 것이기 때문에 그것은 사실이 될 수밖에 없다. 다음과 같은 말을 생각해보자. "나는 제니퍼 로페즈를 좋아하는데, 왜냐하면 그는 인기 있는 사람이기 때문이다." 인류 원리는 단순하게 생각해본다면 그저 틀린 것일 수도 있다. 어떤 종류의 법칙으로부터 나온 결론이 그 법칙을 인식하는 존재(인간과 같이 과학을 하고 자연법칙을 발견하는 존재)를 부정하는 결과를 낳을 수도 있다. 인류 원리에서 더 현대화된 발전은 마틴 리스Martin Rees 경에 의해 촉발되었는데 그는 영국 왕실 천문관이었으며 현現 왕립천문학회 회장이다. 리스에 의하면, 그는 재미 삼아 자기가 키우는 개의 생을 걸고 내기를 했는데, 모든 가능한 우주가 실제로 존재하며 우리는 알맞은 조건을 가진 우주의 일부분에 존재한다는 것이다.

다른 가능한 답은, 우리가 이미 살펴보았듯이, 어떤 이가 법칙과 법칙을 도출할 수 있는 컴퓨터를 창조했다는 것이다. 전통적으로 신은 원천적인 정보의 창조자로 여겨져왔다. 안타깝게도 이 경우에도 신의 원천에 대해 설명해야 한다는 어려운 일이 남아 있게 된다.

하지만 예를 들어 컴퓨터만을 살펴보자. 컴퓨터를 가지고 우리는 다른 세상을 창조할 수 있다. 모든 컴퓨터 게임은 사실상 아마도 우리 자신과 매우 다른 방법으로 세상을 시뮬레이션할 것이다. 그것은 게임을 아주 흥미롭게도 어렵게도 만드는 이유일 것이다. 게임과 컴퓨터들은 점점 복잡해지기 때문에 화면은 더욱더 정교해져서 실제적인 것과 시뮬레이션한 것을 구분해내는 일은 점점 더 어려워 질 것이다. 〈메트릭스Matrix〉라는 키아누 리브스가 주연한 영화를 상상해보라.

그러나 여전히 우리는 신에 의지하는 일로부터 벗어날 수 없다. 이 경우 신은 우리가 살고 있는 우주를 만들어내는 소프트웨어를 프로그래밍하는 프로그래머이다. 이것에 답하는 것이 왜 과학자들에게 쉽지 않는가 하는 이유는, 설명했듯이, 비록 우리가 더 나은 관점을 가지고 있다고 하더라도 그것은 정보의 기원에 대한 질문을 단지 대체해버리는 일이기 때문이다. 만일 당신이 그 누군가에 의한 시뮬레이션이다라고 말한다면 과연 그 누군가는 과연 누가 창조했으며 누가 그에게 우리를 시뮬레이션하라고 이야기했다는 것일까 하고 의아해할 것이다.

그러한 형태의 모든 답은 결국 무한 회기로 빠르게 되돌아간다. 그에 대해 우리는 이미 논의한 바 있다. 모든 창조자를 설정하는 순간 그것을 창조하는 또 다른 창조자를 고안해낼 것이 요구된다. 신은 우주를 창조했으며 다른 신이 그 첫 번째 신을 창조했고 그것에 대한 무한 연속이 계속된다. 그러므로 그러한 가정은 '어떻게 자연이 존재할 수 있는가'

와 같은 질문에 진정한 답이 될 수 없는 것이다.

무한 회귀의 문제는 폰 노이만의 복제이론으로 귀결된다. 이 이론에서 그는 어떤 존재가 다음 세대로의 복제에 관한 정보를 가지고 있어야 한다면 복제된 세대도 그 다음 세대에 관한 정보를 가지고 있어야 하며 그러한 일은 계속되어야 한다는 문제에 직면하게 된다. 하지만 그러한 종류의 논리는 자연에서 유지 가능하지 않은데, 그것은 모든 미래 세대에 대한 정보를 현재의 세대가 가지고 있어야 한다는 것이고 제한된 공간 내에 무한대의 정보가 담아질 수 없기 때문에 이러한 결론은 사실상 불가능하다. 그러한 이유로 우리는 이 문제를 설명하기 위해 다른 가능성을 생각해야 한다.

세대를 통틀어 어떻게 신의 형상이 인간의 지식이라는 관점에서 변화되어 왔는지를 살펴보는 일은 흥미롭다. 역사 이전의 사람들은 삶의 각 요소들 속에서 다른 종류의 신을 보았고 각각의 신은 그러한 요소들을 창조했으며 그러므로 그들이 창조한 것에 책임이 있었다. 고대 그리스 사람들의 신에 대한 관점을 살펴보면, 그들에게 세상에 여러 종류의 신이 존재한다는 믿음이 있었지만 신의 숫자는 그리 많지 않았고 추상적인 개념들과 연계된, 즉 사랑, 전쟁, 평화나 행복과 같은 것들을 상징하는 존재였다. 유대교나 기독교, 이슬람교와 같은 몇몇 종교들은 유일신의 관점을 견지하기도 한다. 동양에서는 다양한 종류의 우주적 합일체의 원리 같은 것을 종종 만나게 되기도 한다. 물론, 대부분의 종교는 다신교이기는 하지만 말이다.

유일신에 대한 관점은 이천 년 동안 존재해왔지만 그때마다 신의 역할은 다소 변화되어왔다. 16세기에 요하네스 케플러Johannes Kepler에게 있어서 신은 기하학자 같은 존재였으며, 한 세기 후 뉴턴에게 있어서 신은 우주와 함께 물리법칙을 창조한 후 뒤로 물러나서 자연의 진화를 관찰하는 존재였다. 뉴턴의 세상에서 물리법칙은 전적으로 결정론적인 것이었으며 모든 것은 정렬된 형태로 일어난다. 이 이야기의 가장 최신 버전에서는 신을 컴퓨터 과학자로 이야기하고 있는데 그는 앉아서 우주를 프로그래밍하는 존재로 묘사된다.

비록 신이 연출해낸 역할 중 어떤 것도 정보의 기원에 대한 질문을 성공적으로 대답해내고 있지 않지만, 특이한 경향은 신이 직접적으로 관여하는 일이 점점 더 적어진다는 것이다. 고대로 돌아간다면 신은 우주에 존재하는 모든 것을 아주 작은 것까지도 모두 창조했고 그렇게 창조한 피조물들의 세세한 연속적인 작용에도 모두 관여하고 있어서 그의 일은 모든 것에 간섭하는 것이라고 말할 수 있을 정도였다. 그런데 뉴턴의 시대에 와서는 신은 단지 물리법칙을 창조한 존재라고 말한다. 일단 신이 그 일을 하고 나면 그는 편하게 앉아서 쉴 수가 있었다. 그러므로 창조라는 것이 너무나 손쉬운 것이어서 신이 필요하지 않을지도 모른다는 식의 관점에 도달하는 것은 매우 자연스런 과정일지도 모른다.

수학에서도 비슷하게 우리가 이야기하려고 한 '무에서의 창조'에 관점이 존재한다. 공집합으로부터 자연수를 창조하는 훌륭한 방법이 1920년 폰 노이만에 의해 제안되었다. 여기에 그가 상상한 바가 있다. 하나의 집합은 여러 가지 것들(우주와 마찬가지로)의 집합체이다. 공집합은 아무것도 가지고 있지 않은 것들의 집합이기 때문에 그것을 0의 정보라고 생각할 수 있다. 폰 노이만은 모든 숫자는 정신mind의 작용에 의해 공집합으로부터 자발적으로 나타날 수 있다고 제안했다.

이것이 처음에는 조금 이상해 보일지는 모르지만 논리적으로는 아주 완벽한 것이다. 하나의 정신이 공집합을 본다. 이때 공집합이 역시 그 안에 공집합을 포함하고 있다고 생각하는 것은 그리 어려운 일이 아니다. 하지만 생각해보자. 여기서 공집합은 공집합을 포함하고 있고 그것은 원래의 집합이 비록 그 원소가 공집합이라고 하더라도 어떠한 원소를 가지고 있음을 뜻한다. 그렇다. 정신은 그러므로 공집합을 담고 있는 집합을 생성해냄으로써 1이라는 숫자를 생성해내게 된다. 만일 우리가 공집합에 포함되어 있는 공집합도 또 다른 공집합을 포함하고 있다고 가정한다면, 정신은 아무것도 존재하지 않는 무로부터 2라는 숫자를 생성해내게 되는 것이다. 공집합은 그 안에 아무것도 담고 있지 않은 집합이지만 그 안에 아무것도 담고 있지 않은 집합의 집합인 것이다. (이러한 설명이 너무 많은 혼란을 주지 않았으면 한다!) 그리고 이 과정은 무한 반복될 수 있다. 그러한 방법으로 정신은 모든 자연수를 만들어낼 수 있지만 그것은 소위 말해 무로부터의 창조인 것이다. 즉 공집합에서 출발한 것이다. 폰 노이만의 논리를 빌리자면 아무것도 알지 못하는 무라는 지식에서 출발한다고 하더라도 놀랍게도 아주 많은 양의 정보에 도달할 수 있다. 무한개의 개수를 가진 모든 자연수는 전적으로 비어있는 집합으로부터 창조될 수 있다. 다른 말로 하자면, 0의 정보로부터 무한한 정보를 창조해낼 수 있는 것이다.

폰 노이만의 탁월한 관점에서 생각해본다면, 모든 연속적 창조는 그 이전의 창조에 달려 있다. 거기에는 길고 긴 상호 연관된 창조의 사슬이 존재한다. 매시간마다 정신은 각각 다른 방법으로 공집합을 바라보고 이때마다 새로운 숫자가 나타난다. 그러므로 상호 관계는 우리의 기술과 폰 노이만의 논리의 이해에 있어서 매우 궁극적인 역할을 한다. 그러나 폰 노이만의 논리 이외에도 그러한 상호 관계는 현실 세계에 있어서 아주 중요하며 상호 정보와 같은 것을 통해 나타낼 수 있다. 사실상 어떤 것과 사건들은 그 차체로는 의미가 없지만 그들 사이에 공유된 상호 정보만이 실제적인 것을 만들어낸다고 이야기할 수도 있다. 물리적 물체들의 모든 성질들은 그 자체의 존재를 포함해 그들 사이의 관계 속에 암호화되고, 그 정보 내에서 그들은 다른 물리적 물체들과 공유된다. 이것은 특별히 새로운 관점이라기보다 '관계주의relationalism'라고 알려진 잘 발전된 철학적 관점 중의 하나이다.

동양 종교와 철학은 관계주의적 사고에 핵심적 기반을 두고 있다. 특히 불교에서는 폰 노이만의 공집합과 유사한 '무無'라는 개념이 있다. 불교에서 말하는 무라는 것은 그 자체로 존재하지 않는 것이지만 다른 것들과의 관계를 통해 그 존재가 가능하다. 예를 들어, 의자를 생각해보자. 그것은 정말로 무엇일까? 철학의 큰 줄기 중 하나인 존재론은 존재라는 것이 무엇을 의미하는지, 무엇이 존재이며 그것이 어떠한 의미에서 진정한 존재인지에 관해 질문하는 논의다. 존재론을 공부하는 철학자들에게는 미리 사과하고, 내가 가지고 있는 최소한의 전문적 지식으로 계속 이야기해보고자 한다.

의자라는 것이 단지 팔걸이나 방석과 같은 부품들의 결합이라 생각해보자. 그렇다면 모든 부품들은 단지 각각의 명칭일 뿐이다. 팔걸이와 방석은 더 이상 그러한 맥락에서 독립적으로 존재하지 않는다. 즉 팔걸이는 의자라는 개념이 없이는 존재할 수 없으며 또한 팔이라는 개념과도 독립적으로 존재할 수 없는 것이다.

다른 어떤 것과도 독립적으로 의자를 정의함으로써 의자의 본질을 알고 싶다면 우리는 그저 의자를 원자의 집합들이 의자의 모양으로 존재한다고 이야기할 수밖에 없다. 하지만 궁극적으로 생각해보자면, 원자 역시 양전하와 음전하로 대전된 입자, 그리고 몇몇 중성의 입자들로 구성된 계를 의미하는 것이 아닌가. 만일 당신이 전자가 무엇인지 묻는다면 그 답은 작은 음전하로 대전된 입자라는 것이지만, 그것은 또한 어떻게 그러한 입자가 다양한 실험하에서 행동하는지를 우리에게 이야기해주는 하나의 큰 명명법이라고 할 수 있을 것이다. 예를 들면, 어떠한 입자들에게는 반발을 하고 어떠한 입자들은 당기는, 그러한 종류의 입자라는 것이다. 궁극적으로 그것은 우리가 그들과 상호작용시키고 조작시켰을 때 전자가 보여주는 다양한 종류의 행동들을 기술하는 어떤 명칭이다. 그 명칭이 없다면 우리는 전자를 다음과 같이 불러야 한다. "그 입자 말이죠, 우리가 Y의 실험을 했을 때 X라는 행동을 하며 Q쪽의 모습을 보였을 때 P라고 행동을 하는 입자입니다." 그렇기 때문에 우리는 전자라고 하는 명칭이 아주 편리하고 효율적이라는 것을 깨우칠 수 있다. 하지만 불교에서 이야기하듯이 우리는 그 물체와 그 물체가 가지는 성질을 혼동해서는 안 된다. 더욱이 중요한 점은 우리가 어떤 것에 이름을 붙였다고 해서 그것이 실재로 존재한다고 할 수도 없다는 것이다.

양자물리학은 그러한 점에서 실제로 불교에서 말하는 무라는 것과 크게 일치하는 점이 있다. 유명한 영국 천문학자인 아서 에딩턴은 다음과 같이 이야기한다.

입자라는 말은 현대물리학에서 살아남아 있기는 하지만 그것의 고전적인 의미는 거의 남아 있지 않다. 하나의 입자는 '변수들의 집합의 추상적 전달체'라고 이야기하는 것이 가장 적당하다. 그것은 또한 변수들의 집합에 의해 정의될 수 있는 점유 상태로 여겨질 수 있다. 그것은 아마도 실제적 입자로부터 수학적 허상을 구분해내는 일이 필요한 것처럼 보인다. 하지만 사실상 그러한 구분을 하기 위한 논리적 근거를 찾는 일은 쉽지 않다. 어떠한 입자를 발견한다는 것은 그 존재의 증명으로서 받아들여질 수 있는 어떤 효과를 관찰한다는 것을 의미한다.

에딩턴은 여기서 입자는 우리의 측정 결과들을 기술하는 데 사용되는 명칭들의 집합일 뿐이라고 주장한다. 그것뿐이다. 그 모든 것들은 측정과 명칭들 사이의 관계로 귀결된다. 이 세상에서 우리가 우리 주변에서 볼 수 있는 복잡성은 (적어도 생명과 관계되는 한에 있어서 시간에 따라 성장한다고 믿어지는 복잡성은) 단지 서로의 연관성이 점점 더 성장함으로써 나타난다는 것이다.

그러나 그러한 방법으로 모든 것을 생각한다면 과연 어떻게 우리가 자연에 내재된 법칙들을 분석할 수 있는 것일까? 그렇게 해서는 어떠한 방법으로도 사물의 본질에 도달할 수 없을 것이다. 존재하는 모든 것은 관습에 의해 존재하고 명명되며, 그렇기 때문에 외적인 요소에 의존하게 된다. 그렇기 때문에 불교인들은 그들의 가장 높은 경지를 말할 때 '무를 이루었다'라고 말하는데, 그것은 어떻게 서로의 관계들이 궁극적으로 형성되는지를 깨달았다는 것을 의미한다. 서양에 좀 덜 알려진 아드바이타 베단타라고 하는 힌두교의 철학은 우주와의 완전한 합일合—

을 강조한다. 그러한 관점에서는 독립적인 존재로서의 우리의 지각이란 단지 '마야Maya'라 불려지는 환상일 뿐이다. 전체로서의 우주 역시 단지 명칭으로만 존재하며 그 자체로서는 존재할 수가 없다. 자연이란 여태껏 인류가 관측한 모든 사실들의 합일 뿐이다.

우리는 원자와 같은 물질의 입자나 광자와 같은 우주에 존재하는 에너지가 그것을 검출해내는 복잡한 과정의 정확한 기술에 대해서만 정의될 수 있다는 점에 이르렀다. 만일 가이거 계수기Geiger counter와 같은 검출기가 어떤 반응을 한다면 입자는 측정된 것이다. 그 반응 자체는 자연을 이루고 있는 정보의 비트를 생성해낸다. 중요한 점은 입자는 검출기와 무관하게 존재하지 않는다는 것이다.

과연 그렇다면 정확히 무엇이 가이거 계수기와 같은 검출기의 반응을 만들어내는 것일까? 검출은 입자의 존재를 측정해낼 수 있는 실험적 능력의 양성적 결과이다. 이것은 실험 장비와 그 입자를 찾아내고자 하는 공간적 구간 사이에서 생성되는 특수한 상호작용에 의해 만들어진다. 그러한 상호작용은 정교하게 고안된 방법을 필요로 하는데, 왜냐하면 어떠한 종류의 상호작용은 우리가 측정을 하고자 하는 목적과 상관없이 만들어져서 관련된 정보를 주지 못하기 때문이다. 광자의 예로 돌아간다면, 빛살가르개는 광자의 존재에 대한 어떤 정보도 주지 못한다. 빛살가르개 속에 어떠한 요소도 지나갔는지 광자의 유무에 대한 기록을 남기지 않는다. 다른 말로 하자면 빛살가르개는 어떠한 반응도 만들어내지 못한다. 만일 우리가 광자의 검출을 원한다면 다른 종류의 도구를 사용해야 하는데 빛살가르개와 더불어 광자 증폭기 같은 기계가 있어야 한다. 광자 증폭기는 하나의 광자가 전자 하나를 때리는 경우 그

전자의 전기적 흐름을 거시적인 수준까지 증폭시킬 수 있도록 설계되었다. 그 결과를 우리는 귀로 들을 수도 있고 또는 우리가 감지해낼 수 있는 어떤 다른 효과를 내도록 설계할 수도 있다.

그러한 효과를 좀 더 자세히 들여다보자. 진정 그 검출기의 반응이 입자에 의한 것인지 우리는 질문할 수 있다. 그 질문의 답은 '아니다'이다. 그 이유는 양자물리학에 있어서는, 이미 이야기한 바대로, 그 입자가 동시에 존재할 수도 존재하지 않을 수도 있다. 여기서 말하는 것은 다른 장소에 동시에 존재하는 것이 아니라 한 지점에서 그 입자가 존재할 수도 그리고 동시에 다른 지점에 존재하지 않을 수도 있다는 것을 의미한다. 이것 역시 양자역학의 비결정성의 결과이다. 이것이 빛살가르개의 예에서는 무엇을 의미하는 것일까? 광자는 동시에 빛살가르개를 통과할 수도 혹은 반사될 수도 있으며, 이때 광자가 결과로서 검출되는 유일한 경우는 그 위치에 광자가 존재하는 때이다. 검출기가 반응을 하거나 하지 않거나 하는 것은 전적으로 무작위적인 사건이기 때문에 어떠한 방법으로도 예측이 불가능하며 같은 이유로 우리는 빛살가르개에서 반사되는 광자의 존재 여부도 예측할 수 없다. 그러한 이유로 입자의 존재가 반응을 만들어낸다고 이야기할 수 없으며 동시에 광자의 반사가 반응을 유도한다고도 할 수 없는 것이다. 그러한 반응에는 어떠한 원인도 존재하지 않으며 그곳에는 내재된 입자란 없는 것이다.

실제로 어떠한 입자도 없기 때문에 입자를 검출해내기 위한 복잡한 절차 없이는 존재하는 입자로 구성된 우주에는 아무것도 존재하지 않는다고 말할 수 있다. 검출 사건은 온전히 무작위적이며 드러나는 자연의 실체는 그러한 상호작용 내에서만 관측될 수 있는데, 물리법칙은 그 사건들 사이의 관계를 표현하며 정보를 생성해낸다. 만일 정보의 압축과 무작위성이 콜모고라프와 차이틴의 생각처럼 연결되어 있다면, 우리가 미래에 자연에 내재되어 있는 어떤 이론을 발견한다고 하더라도 여전히 유효한 것이 될 것이다.

자연은 양자적인 비트로 구성되어 있으며 원인 없는 검출에 의해 그 존재가 드러난다. 원인이 전혀 없는 검출은 아주 특이한 성질을 가지고 있는데 시간의 흐름 속에서 불연속적인 방법으로 존재한다는 것이다. 일단 어떤 사건이 기록되고 나면 그 사건은 우주 속에서 영원히 자리를 굳히게 된다. 그것은 우리가 과거라고 부르는 것의 구성 요소이다. 그러나 그러한 사건이 일어나기 전에는 언제 그러한 사건이 일어날지, 그리고 과연 그러한 사건이 일어날 것인가에 대한 불확실성이 존재한다. 모든 가능성은 동시에 존재하며 그 게임의 결과는 완전히 열려 있다. 사건의 발생은 우리가 미래라고 부르는 어떤 것에 속해 있다. 그러므로 자연의 중심에는 궁극적인 무작위성이 존재하며, 그것은 확정되고 변화하지 않는 과거와 유동적이며 변화무쌍한 미래 사이를 구분하게 해준다.

과거와 미래 사이의 구분은 측정에 의해 불연속적으로 분리되며 그 측정의 반응을 기록하는 관찰자에 대해 항상 상대적이다. 양자역학에 따르면, 관찰자와 외부 환경과의 상호작용을 조정할 수 있는 어떤 이는 그 측정 과정을 역으로 진행할 수 있는 능력이 있으며, 그러므로 관측자의 과거를 지울 수 있는 능력을 가지고 있다. 이 논의에는 아무런 모순도 없으며 이는 순전히 (관찰자에 의한) 지협적인 정보와 (관찰자와 환경의 조작을 통해 관측의 방향을 거스를 수 있는 존재에 의한) 거시적인 정보 사이에 상호작용이기 때문에 그렇다.

여기에 주목할 만한 놀라운 점이 있다. 위에서 고찰한 무에 대한 인식은 폰 노이만이 공집합으로부터 수가 만들어질 수 있다는 것을 이야기한 것과 매우 흡사하다. 이는 공집합에서 수를 만들어내는 것과 반대 방향의 논리로 이야기하고 있다. 폰 노이만은 공집합으로부터 자연수의 무한집합을 만들어낸 반면, 위의 논의에서는 거시적인 물체에서 시작해 그것을 분해해가면서 실제로 그 근본에는 아무것도 존재하지 않는다는 것을 발견했으며, 그러한 접근은 무작위성과 시작점 이전에 존재하는 정보라는 것은 없다고 이야기한다.

이것이 자연의 근본적 실체의 가리워진 단면이다. 우주에 존재하는 어떤 것도, 자연의 실체에 근본이 되는 어떤 것도, 우주에 존재하는 다른 물체들 사이에 상호 정보에 의해서만 존재할 수 있는 것이다. 그 저변에는 아무것도 존재하지 않으며 그 어떤 것도 근원이 되는 실체가 없고, 그러므로 모든 것은 무한 회귀한다. 모든 것은 그러한 방식으로 존재할 수밖에 없는데, 그렇지 않다면 무한대의 정보를 가지고 있는 유한한 우주에 대한 설명이 불가능하기 때문이다.

이 논리를 따르자면 우주의 진화를 실체적인 모든 가능성에서 시작하는 것으로 생각하는 것이 가장 정확할 것이며 우리를 둘러싼 자연현상은 그러한 진화 속에서 나타나는 현상인 것이다. 우주 생성의 최초 시점에는 모든 가능한 미래가 담겨 있기 때문에 우주 최초의 사건은 아무런 원인 없이, 즉 무작위적인 사건으로 발생했으며 그 사건이 우리에게 최초의 정보의 조각을 만들어준 것이다. 그러한 이유로 모든 가능했던 미래 중에서 현재를 살고 있는 우리는 처음의 가능성보다는 훨씬 제한된 적은 수의 가능성만을 갖게 되는데, 이는 최초의 사건이 현재 우리의 우주를 만들어내게 된 특정한 방식으로 발생했으며 그에 따르는 모든 연속적인 사건들은 최초의 사건을 과거의 사건으로 간직하게 되기 때문이다.

이것을 우리는 조각에 비유할 수 있다. 조각가는 돌덩어리에서 출발해 아름다운 조각상을 만들어내려 한다. 어떤 의미에서 처음의 돌덩어리는 모든 조각상을 만들 수 있는 가능성을 가지고 있다. 그것은 어쩌면 초기의 우리 우주와도 같아서 모든 가능한 자연의 실체들이 한꺼번에 동시에 존재하는 것과 같지만 그 시점에서는 실제로 발생하지 않은 일이다. 조각가는 작품을 만들 때 최초의 망치질을 통해 돌덩어리들을 깎아내기 시작한다. 예술가의 첫 번째 망치질은 대칭성을 깨고 최초의 돌덩어리가 가진 정보를 줄여나간다. 작업이 진행됨에 따라 더 이상 가능한 모든 조각상이 아닌 특정한 종류의 조각상만이 만들어질 수 있게 되고 그러기 위해서는 좀 더 많은 부분들이 깎여야 하는 것이다.

예를 들어, 다빈치상이 만들어지기 직전에 미켈란젤로 앞에 놓여 있는 6미터 높이의 돌덩어리를 생각해보자. 다빈치상은 르네상스 시절 천재 조각가의 명작으로, 현재 이탈리아 피렌체의 델아카데미아 박물관에 5미터 가량의 조각상으로 멋지게 보관되고 있다. 만일 그 천재의 첫 손길이 실수로 미끄러져서 그 조각상을 반으로 쪼개버렸다면 그 순간에 3미터 높이의 두 개의 돌덩어리만 남게 될 것이다. 그가 계속해서 조각상을 만든다면 그것은 더 이상 현재와 같은 다빈치상이 될 수 없다. 그가 계속해서 실수를 하는 경우를 생각해본다면 남은 조각으로 만들어질 수 있는, 혹은 만들어질 수 없는 조각에 영향을 미치게 되는 것이다. 그러므로 가능성은 계속해서 줄어들게 되는 것이다.

또한 그러한 일들이 계속된다면 그가 망치질을 하는 매 순간 조각가는 가능한 미래의 숫자를 점점 더 줄여나가게 된다. 일단 조각이 끝나고 난다면 그 가능성은 확정되고 만다. 물론 설령 그렇다고 할지라도 그 조각을 바꾸게 만드는 일은 계속해서 일어날 수 있으며 궁극적인 종착역에는 결코 도달할 수 없는 것이다. 우리가 어떤 것의 끝을 생각할 때도 그 조각은 항상 새롭게 다듬어질 수 있다. 물론 더 이상 잘려져 나갈 수 있는 부분이 남아 있지 않을 때 어떤 일이 발생할지 생각해볼 수도 있다. 하지만 그러한 것이 정말 현실적인 생각일까? 우리가 이미 논의한 바 있듯이 그러한 일은 우주에서는 절대 일어날 수 없는데, 그것은 어떤 현상의 변화는 새로운 생각과 새로운 정보를 만들어냄으로써 자연의 모양을 결정하게 되기 때문이다. 조각가는 계속적으로 작고 작게 만드는 교정의 작업을 통해 항상 남겨진 무언가에 또 다른 다듬질을 하게 될 것이다.

우주에 대한 바로 그러한 생각이 과학이 작동되고 있는 방식의 정신을 온전히 말하고 있다. 우리는 우주에 대한 정보를 서로 다른 여러 가지 현상들을 관찰함으로써 수집하며 그러한 관찰이 우리가 인식하는 자연의 실체를 만들어내는 것이다. 그러한 방법으로 우리를 둘러싸고 있는 자연은 아주 구체적이고 결정적으로 나타난다. 그러나 우주로부터 우리가 획득할 수 있는 정보는 관찰자를 통해서 규정되기 때문에 어떻게 우리가 그 관찰자를 정의할 수 있느냐 하는 질문이 남는다. 과연 우리는 어떠한 의문도 없이 신뢰할 만한 관측을 하는 보편적 관찰자가 있다고 생각해볼 수 있는 것일까? 초자연적인 존재의 개념을 이야기하지 않는다고 하더라도 모든 서로 다른 관찰자가 자연을 정의하는 데 있어서 과연 똑같을 수 있는 것일까?

2장에서 우리는 칼비노의 카드 게임을 가지고 자연의 실체를 정의한 바 있다. 카드 게임에서 각 경기자는 관찰자를 의미하며 그들은 차례로 자연의 다른 면을 관찰하는 학문, 즉 경제학, 물리학, 생물학, 사회과학, 컴퓨터과학과 철학 같은 존재가 될 수 있었다. 각 관찰자들은 그들이 경험한 바를 카드를 나열함으로써 소통한다. 물리학은 사과를 떨어뜨렸을 때 그것이 바닥으로 떨어진다거나 물의 온도를 어떤 온도 이상으로 높이면 수증기가 된다고 하는 물리법칙에 관해 이야기할 것이다.

경기자들은 자기 자신의 이야기만 하는 것이 아니라 다른 경기자들의 이야기도 듣게 될 것이다. 그러한 방법으로 각 경기자들은 정보를 공유함으로써 더 정확한 실체를 드러나게 한다. 예를 들어, 물리학에 의해 드러난 카드들은 가장 빠르게 운동할 수 있는 속도는 빛의 속도라고 말한다. 그렇다고 해서 미래의 물리학이 어떠한 새로운 조건하에서는 물체가 빛보다 빠른 속도로 이동할 수 있다고 하는 카드를 보지 못할 것이라고 말할 수는 없다. 경기자들이 하는 이야기에 있어 일관성을 유지하는 한 우리가 관측하는 바에 대한 해석은 우리가 계속해서 더 많은 관찰을 함으로써 더욱더 정확한 것으로 진화하게 된다. 매일의 일상적인 대화처럼 이야기의 반 정도만 듣는다면 불가피하게 정보의 부분만을 전달하게 된다. 그러한 경우에서 전체적으로는 틀린 메시지를 받게 될지도 모른다. 하지만 불행하게도 정보의 내용을 다 알아차리기 전에 그 경기가 끝나기를 기다리기 위해서는 우주의 나이 만큼의 시간을 기다려야 할지 모른다. 물론 그 대신 우리는 우리가 할 수 있는 최선의 노력으로 계속해서 자연의 실체를 추정하려 할 것이다.

각 경기자들은 자신의 이야기들을 카드를 통해서 소통하려 한다. 그 카드들은 언어와 같이 이미 정의되어 있어서 각 경기자들이 그들의 이야기를 소통할 수 있도록 해준다. 우리는 그 카드들이 과연 어디에서 온 것인지 말할 수 있을까? 실제로 그럴 수 있다. 이 장에서 이미 이야기한 바와 같이 비록 정보가 따로따로 떨어진 단위로 생성된다고 하더라고 실제로 그 단위들은 근본적인 단계에서는 무작위성에 근거를 두고 있다. 그렇기 때문에 만약 그 카드들 자체에 어떤 무작위적인 요소가 있어서 어떨 때는 힘을 상징하는 카드가 어떨 때는 평화를 상징하는 경우가 있다고 한다면, 도대체 어떻게 그 카드가 일관된 내용을 담고 있다고 말할 수 있는 것일까? 물론 잘 정의되지 않은 카드들을 가지고 이야기하는 것은 불가능하다. 그것은 논리적이지 않기 때문이다. 비록 우리를 둘러싸고 있는 자연이 잘 정의된 것처럼 보일지 모르겠지만, 양자물리학이 말하는 바는 세상에 단 한가지도 우리하고 동떨어져서는 존재할 수 없다는 것이다. 우리가 살고 있는 자연적 실체란 단지 우리가 그것을 관찰했을 때에만 존재한다고 할 수 있다.

예를 들어, 빛의 입자인 광자가 당신의 화장실 거울에 있는 작은 유리 조각을 만났을 때를 생각해보자. 하나의 결과는 그 광자가 반사하는 것이고 다른 결과는 그 광자가 유리를 통과하는 것이다. 이때 양자물리학은 그 결과를 절대로 미리 예측할 수 없다고 이야기한다. 그 과정이 완전히 무작위적이기 때문이다. 하지만 우리가 광자를 관찰하지 않는다면 어떤 일이 발생할까? 그 경우 양자역학은 광자가 두 가지 길을 동시에 간다고 말할 것이다. 즉 동시에 유리에 반사되기도 하고 유리를 통과하기도 한다. 그것은 두 장소에 동시에 존재하는, 즉 두 개의 다른 실체성을 만들어낸다.

하지만 우리는 하나의 우주만을 볼 수밖에 없다. 한 사람이 동시에 다른 두 장소에서 존재하는 것을 결코 본 적이 없다. 그렇다면 어떻게 관측하는 행동이 두 개의 다른 실체로부터 하나의 실체가 나오도록 하는 것일까? 이것은 마술사가 존재하지 않는 카드 뭉치로부터 하나의 카드를 만들어내는 재주와 비길 수 있다. 좀 더 명확히 하기 위해 단순한 게임 하나를 생각해보자.

네 명의 경기자가 각각 네 장의 카드를 게임이 시작하기 전에 나누어 갖고 있다고 생각해보자. 그 게임의 목적은 다른 경기자들과 카드를 교환하는 중에 같은 숫자의 네 개의 무늬를 모으는 것이다. 그리고 가장 처음으로 그것을 모으는 사람이 승자가 된다. 물론 거기에는 몇 가지 규칙이 있다. 첫 번째 규칙은 당신이 적어도 그 카드 중 하나를 가지고 있을 때에만 다른 사람에게 카드를 요청할 수 있다는 것이다. 당신은 에이스를 가지고 있을 때만 에이스를 요청할 수 있다. 만일 그 사람이 '아니다'라고 말한다면 그것은 그 사람이 에이스를 가지고 있지 않다는 것을 의미하고 그 경기는 다른 사람에게 차례가 넘어간다. 만일 그 사람이 그 카드를 가지고 있다면 그 사람은 그 카드를 주어야만 하고 그러고 나면 당신은 같은 사람에게 혹은 다른 사람에게 같은 질문을 할 수 있는 선택권을 갖게 된다. 만일 당신이 에이스를 요청했다면 모든 다른 사람들은 그 순간 당장 당신에게 에이스가 있다는 것을 알게 된다. 그리고 차례로 다음 사람은 당신으로부터 무엇을 요청해야 하는지를 알게 된다. 물론 이것은 아주 간단한 게임이며 실제로는 단지 몇 번의 되풀이만으로도 승자가 결정된다.

놀라운 것은 실제로 그 경기를 하기 위해 카드조차도 필요가 없는 것이다. 이 점은 꽤 재미있다. 전체 게임은 경기자들의 머리 속에서 각 참여자들이 네 개의 임의의 카드를 가지고 있다고 상상함으로써도 가능하며, 이 경우 어떤 카드를 상상하든지 몇 개의 카드를 생각하든지 아무런 제한이 없다. 예를 들어, 한 사람은 세 장의 코끼리 카드와 악어 카드를 상상하는 반면, 다른 사람은 두 장의 에이스와 두 장의 사과 카드를 상상할 수 있다. 우리가 어떤 조건, 예를 들어 네 장의 같은 카드를 가지고 시작할 수는 없는 제한을 두는 이상 당신은 적어도 한 번 이상의 질문을 해야 한다. 놀랍게도 거기에는 무한대의 조합이 가능할 것 같지만 실제로 그렇지는 않고 항상 승자가 나올 수 있다. 단지 주의해야 할 한 가지는 비록 그들이 경기 중에 카드를 바꿀 수는 있지만 진행되어온 경기의 일관성에 영향을 줄 수 있는 어떠한 선택도 바꿀 수는 없다는 것이다. 예를 들어, 만일 당신이 다른 사람에게 카드를 요청한다면 당신은 적어도 그 종류의 카드를 한 장 이상 가지고 있어야 한다. 만일 다른 사람이 특정한 카드를 요청했다면 그들은 그 카드를 건네주어야만 하는 것이다. 이러한 일관성의 조건과 당신이 카드를 교환할 수 있는 능력만 가지고 있다면 게임이 진행됨에 따라 아주 빠르게 몇 개의 가능성들로 좁혀지게 된다. 질문을 하는 일과 답을 하는 일 모두 당신이 가진 카드와 다른 사람이 가지고 있는 카드에 영향을 미친다. 그러한 방법으로 실제의 카드가 없이 상상만으로도 경기를 할 수 있으며 궁극적으로 승리자를 확정할 수 있다.

이 경기에서의 지속적인 질문은 물리학에서의 실험과 유사한데, 실험을 할 때면 우리가 무한 가지 숫자의 가능성을 관측할 수 있지만 그 시스템과의 상호작용을 통해, 그리고 주어진 정보의 조건하에서 실험들을 조정함으로써 실험 결과의 가능한 집합은 줄어들게 되며 궁극적인 경기의 승리자로서 하나의 자연적 실체가 나타나게 되는 것이다. 그러한 실험은 역시 물리법칙에 해당하는 경기의 규칙과 같이 일관성이 있어야 한다. 그러므로 자연적 실체는 상상력의 카드 게임에서 생성되는 카드와 같은 방법으로 실험에 의해 창조된다. 이러한 비유법 속에서 독자들이 양자역학의 기묘함을 느낄 수 있었으면 하는 바람이다.

나는 우주에 있는 정보라는 것이 칼비노의 상상과 매우 유사하다고 이야기한 바 있다. 그것은 불연속적이며 (DNA와 생명에 관해 이야기할 때 어째서 그것이 유리한 것인지 살펴본 바 있다) 문맥에 따라서 다르게 해석될 수 있으며 유한하다. 칼비노의 카드 게임에 빠져있는 중요한 요소는 실제 상황에서는 카드라는 것이 없다는 사실이다. 자연은 시작할 때 카드를 우리에게 주지 않는다. 이것은 양자역학의 특별한 '불가' 정리와 같은 것인데 소위 말하는 숨은 변수를 배제해야 한다고 이야기한다. 우리는 측정을 통해서만 카드를 만들어낼 수 있다.

카드와 우주 안의 정보 사이의 비유는 이미 우리가 이야기한 적 있는 방법으로 칼비노의 카드 게임의 조합인 것이다. 각 경기자가 다른 종류의 카드를 가지고 있고 각 카드는 미리 정해진 의미를 갖지 않는다고 상상해보자. 그것은 조각을 하기 전에는 어떠한 모양도 가질 수 있는 돌덩어리인 것과 같이 우리는 자연을 정의할 수 있는 초기 조건을 가지고 시작한다. 이는 경기의 시작에는 모든 가능한 자연적 실체들이 모두 존재하기 때문인 것이다.

당신의 카드를 모으기 위해 다른 사람들에게 질문을 하는 것과 같이,

당신의 인생극장은 예측할 수 없는 방법으로 펼쳐질 것인데, 당신의 미래는 다른 사람이 어떤 카드를 가지고 있다고 당신에게 이야기하느냐에 따라 바뀌게 된다. 그 과정은 그들이 이미 이야기한 바 있는 이야기의 일관성에 의해서만 결정된다. 예를 들면, 물리학이 낙하하는 사과는 땅으로 떨어진다는 것을 이야기했다면 이후에 사과가 떨어지면서 땅으로 향하지 않는다고 그 이야기가 바뀔 수는 없는 것이다. 그 사건은 정의되고 소통되며 기록되고 더 이상 바뀔 수가 없다. 만일 어떤 다른 경우에 사과가 땅으로 떨어지지 않는다는 것을 발견했다고 하더라도 그것은 경기자의 이야기와 모순되는 것이 아니며 단지 어떠한 조건에서는 사과가 땅으로 떨어지지 않을 수도 있다고 하는 새로운 통찰을 더하게 되는 것이다.

카드가 없이 하는 카드 게임의 중요한 점은 아무런 바탕이 없는 곳으로부터 출현한다는 것이다. 우리는 아무런 정보가 없이 시작한다. 혹은 모든 가능성이 열려 있다는 면에서는 더 정확하게는 무한대의 정보에서 시작한다. 카드가 어떻게 정렬되든 그것이 무엇을 상징하든 그 모든 것이 가능하다. 그 시점에서 우리는 질문을 시작하고 규칙이 생기기 시작한다. 질문은 아주 단순한 규칙에 의해 영향을 받기 때문에 특정한 종류의 자연을 만들어내게 되는데 그것은 그 질문이 이루어지기 전에는 존재하지 않는 것이다. 전형적인 카드 게임에 있어서 모든 카드들은 그것이 나눠지는 순간에 결정되지만 우리의 경기에서는 그 점이 명확하지 않다.

최초에 아무런 카드가 없이 카드 게임을 한다고 하는 민감한 문제를 이야기함에 있어서 영국의 화학자 피터 앳킨스Peter Atkins은 다음과 같이 설명한다. "태초에는 아무것도 존재하지 않았다. 완전한 공백이며 단순한 빈 공간이 아니다. 거기에는 공간이라는 것도 없으며 시간이라는 것도 존재하지 않고, 그러한 이유에서 그것은 시간이 생기기 이전의 이야기이다." 그렇다면 공간이라는 것은 (그러므로 카드는) 유사한 방법으로 창조되었으며 나머지는 다 역사의 일면일 뿐이다. 이러한 사건은 매우 호소력이 있지만 문제는 세상의 모든 것을 만들어내기 위한 초기의 태동을 어떤 존재하는 이론을 가지고 정량화하는 일은 매우 어렵다. 그러한 태동의 크기와 확률을 정의하기 위해서 우리는 더 많은 정보를 필요로 하는데, 예를 들면 그 경기의 중요한 규칙인 양자역학에 대한 이해와 같은 것이 바로 그것이다.

어떤 사건을 기술하기 위해서는 물리법칙이 필요한 것처럼 그 사건들 자체는 그것이 발생하기 위해 반대로 물리법칙을 필요로 한다. 그렇다면 과연 무엇이 먼저일까? 만일 물리법칙이 먼저 존재했고 그것이 사건들이 어떻게 펼쳐질지를 구술하고 있다고 상상해본다면 그것이 정말로 일관성이 있는 것일까? 물리법칙이 어떤 법칙이 되기 위해서는 그러한 법칙을 따라 일관된 결과들을 만들어내는 사건이 존재하기 때문이다. 그러므로 사건들은 법칙이 쓰여지기 위한 재료인 것이다. 물리법칙이 최초의 근원이 되기 위해서는 그 법칙을 따르는 사전의 사건이라는 것이 존재하지 않음을 의미하며, 그렇기 때문에 그것이 법칙인지 아닌지 하는 의문은 여전히 남아 있게 된다. 이미 우리가 살펴본 바와 같이 상호 정보는 전체 정보가 없는 곳에서도 존재할 수 있으며 사건은 이전에 이미 존재하는 법칙이 없이도 발생할 수 있다.

라이프니츠의 논리에 따르면, 우주에서 가능한 가장 간단한 상태는 아무것도 담고 있지 않는 것이며 그렇기 때문에 그는 우리가 어떤 것을 보고 있다는 사실이 신의 존재를 가장 잘 증명한다고 믿었다. 그러나 우리의 관점에서는 최초에 아무것도 없었다는 것은 정보가 없었다는 것을 의미한다. 섀넌의 이론적 관점에서 생각해본다면, 그 사실은 전체 우주는 0의 엔트로피라는 것을 의미한다. 어떠한 결과로 일어나는 정보의 습득이 필연적으로 신의 존재를 말하지는 않는데, 왜냐하면 상호 정보는 궁극적으로 전체 정보가 0으로 남아 있다고 하더라도 국소적으로 생성될 수 있기 때문이다.

우리는 우리의 모든 자연을 그러한 방법, 즉 두 개로 구분되기는 하지만 서로 연관되는 지식이라는 관점에서 살펴봄으로써 재구성할 수 있다. 우리는 이전에 아무런 원인이 없이도 우주 안에서 일어나는 상호 정보의 자발적인 생성이라는 사건을 경험할 수 있다. 그러한 시작은 양방향으로 상호작용한다. 한편에서는 우리의 관측과 여러 가지 가정, 그리고 그에 대한 논증을 통해 우주에 존재하고 있는 정보를 자연법칙의 집합으로 압축할 수 있다. 그러한 법칙은 우리의 모든 관측을 그 안에 담고 있는 가장 짧은 프로그램이다. 다른 한쪽으로는 그러한 프로그램을 자연을 바라보는 우리의 관점으로 만들어내기 위해 이용할 수 있다. 그러한 관점은 어떠한 것이 가능하며 어떠한 것이 가능하지 않을지를 우리에게 알려주며, 다른 말로 하자면 우리의 한계를 명확하게 해준다.

우주는 무에서 시작하기는 했지만 거대한 양의 잠재적 정보를 가지고 출발했다. 우주의 방향성을 주었던 가장 중요한 사건은 최초의 대칭성의 붕괴이며 이것은 조각가의 최초의 손길에 비유될 수 있다. 그러한 행동은 완전히 무작위적이라 생각할 수 있는데 이는 아무런 원인이 없이 발생했을 뿐만 아니라 어째서 우주가 다른 방식이 아니라 지금과 같은 방식이 되었는지를 결정하는 것이었다. 이러한 첫 번째 사건은 연속적인 사건들을 촉발시켰으며 하나의 법칙이 결정되고 나면 우주의 나머지 부분들은 그와 일관된 방식으로 진행하게 된다. 칼비노의 카드 게임처럼 이야기의 다음 부분은 이전의 이야기와 일관성이 있어야 한다.

이것이 최초의 지식의 시작점이다. 우리는 자발적이지만 일관된 방식으로 우주의 정보를 자연법칙의 집합으로 압축하는데 그러한 자연법칙들은 실험하고 잘못된 것은 버려감으로써 진화한다. 인간이 생물학적인 정보의 압축을 통해 진화하는 것처럼, 즉 변화하는 환경에 계속적으로 적응해나감으로써 자연과 우주에 대한 이해는 더 나은 방향으로 조합되어 진화되고 더욱더 정교한 자연법칙으로 압축된다. 이것이 자연법칙의 출현 방식을 말해주고 있으며 그것들이 바로 지식의 근원이 되는 물리적 · 생물학적 · 사회과학적 원리들인 것이다.

지식의 두 번째 방향은 첫 번째 방향을 뒤집어보면 된다. 일단 우리가 자연법칙을 알고 나면 우리는 우리의 자연을 정의하기 위해 무엇이 가능한 것이고 무엇이 불가능한가 하는 방식으로 그 의미에 대해 탐구하게 된다. 우리의 자연이 무엇이건 간에 그러한 법칙들에 대한 우리의 이해를 바탕으로 한다는 것은 필요한 진리이다. 예를 들면, 만일 우리에게 자연선택설이라고 하는 지식이 없었다면 모든 종들은 독립적으로 창조되었을 것이며 아무런 명백한 연관성이 없는 것처럼 보일 것이다. 물론 이것은 우리가 우리의 자연에 대한 이해에 부합하지 않는 사건을 발견했을 때에는 그 법칙으로 돌아가서 그 법칙을 변경하고, 그래서 다시 새로운 자연에 대한 이해가 그 사건을 설명하는 식으로 매우 역동적으로 진행될 것이다.

그러한 양방향의 근간에는 자연적 실체에 드리워진 빈 공간, 즉 그들이 생성되고 그것을 바탕으로 운영되는 빈 공간이 있다. 첫 번째 방향을 따른다면 우리는 결국 아무것에도 이르지 못할 것이며 궁극적으로는 아무런 실체도 법칙도 없는 무법칙에 도달하게 된다. 두 번째 방향은 우리를 무에서부터 끌어내어 전체가 모두 서로 연결된 자연에 대한 관점을 만들어낸다.

그렇기 때문에 그 두 가지 방향성은 서로 다른 방향을 가리키고 있는 것처럼 보인다. 첫 번째는 단순한 지식으로 정보를 압축시키고 두 번째는 그 결과로 나오는 법칙들을 아름다운 자연의 세계로 풀어낸다. 그러한 의미에서 모든 자연은 어떤 자연법칙의 집합으로 암호화되어 있는 것이다. 그렇기 때문에 우주에 존재하는 정보에는 전반적인 방향성이 존재하며 그것은 무질서도, 즉 엔트로피가 증가하는 방향으로 움직이고 있다. 이것이 우리에게 우주의 잘 정의된 방향성을 주게 되는데, 바로 이것이 일반적으로 이야기하는 시간의 방향성이다. 그렇다면 과연 어떻게 우리의 지식에 두 가지 방향성이 시간의 방향성과 관계되는 것일까?

지식의 첫 번째 방향성은 맥스웰의 유령과 같이 행동한다. 그것은 지속적으로 시간의 방향과 싸움을 하고 지칠 줄 모르게 무질서한 것들을 의미 있는 어떤 것으로 압축한다. 그것은 무작위적으로 보이는 것들은 서로 연결해나가며 원인이 없는 것처럼 보이는 일들을 서로 상호 연관된 사실의 꾸러미로 만들어낸다. 그러나 두 번째 지식의 방향은 무질서도를 증가시키는 방향으로 작용한다. 우리의 자연에 대한 관점을 바꾸어 새로운 자연에 대한 인식을 갖게해줌으로써 이전에 제한적인 관점에 비해 훨씬 더 많은 일들을 우리가 할 수 있음을 두 번째 방향성은 이야기해주고 있다.

우리 내부에, 그리고 우주에 존재하는 모든 물체에는 그러한 두 가지 성향이 함께 존재한다. 그렇기 때문에 새로운 정보들과 그로 인해 우주 속에서 창조된 무질서, 그리고 그것들에 규칙의 집합으로 질서를 부여하려는 우리의 노력은 계속적인 갈등을 만들어내는 것이 아닐까 한다. 만일 그렇다면 이 전투에서 과연 우리는 이길 수 있는 것일까? 과연 우리는 어떻게 그러한 우주와 경쟁할 수 있는 것일까?

- 과학적 지식은 자연과의 대화를 통해 이루어진다. 우리는 다양한 현상을 통해 예-아니오로 답할 수 있는 질문을 한다.

- 이러한 방법으로 정보는 무의 정보로부터 창조된다. 어둠 속에서 이리저리 질문을 던져봄으로써 우리의 이해를 높일 수 있는 시금석을 설정하게 된다.

- 이러한 귀납적인 방법은 물리 이론을 형성하는 근간이 되는데, 나는 이를 물리학의 어두운 면이라 부른다. 이는 세상에 대한 더욱더 나은 모델을 만들어내기 위해서 어떠한 것은 필요가 없다는 식으로 기술한다. 물리법칙들은 대개 필요 없는 요소가 배제될수록 훨씬 더 궁극적인 것이 된다. "그런 일이 일어나는 한 어떤 과정은 존재할 수 없다"고 말하는 것이 그러한 기술의 전형적인 예가 될 것이다.

- 궁극적인 진리에 도달하기 위해 부정적인 방법을 사용하는 일은 종교에서도 종종 있는 일이다. 초기 기독교에 카파도니아 신부의 예와 힌두교의 아드바이타 베단타가 두 가지 좋은 예이다.

- 우리가 가진 자연에 대한 이해의 전부는 추측과 논박이라는 과정을 통해 우리의 관찰을 압축하고, 그러한 압축을 통해 우리는 무엇이 가능하고 무엇이 불가능한가를 추론해낸다.

에필로그

이 책에서 나는 우리가 살고 있는 자연의 모든 것이 정보로 이루어져 있다는 것을 논의했다. 생명의 진화에서부터 사회질서의 역동성까지, 그리고 양자 컴퓨터의 작동까지도 정보의 조각이라는 말로 모두 이해될 수 있다. 최근의 자연의 요소들을 모두 알기 위해서는 섀넌이 이야기한 정보라는 개념을 확장해야 할 필요가 있었고, 그의 비트라는 개념을 양자적인 비트인 큐빗이라는 개념으로 확장시켰다. 양자론에서 큐빗은 우리의 측정 결과들은 근본적으로 무작위적이라는 사실과 결합해 생각될 수 있다.

하지만 그렇다면 큐빗을 어디에서 오는 것일까? 양자론은 그러한 질문에 답할 수 있게 해준다. 하지만 그 답은 우리가 예상했던 것과는 사뭇 다른 것이었다. 큐빗은 그 무엇으로부터 기인한 것이 아니다! 정보가 존재하기 위해서 어떠한 사전의 정보도 필요하지 않다는 것이다. 정보는 무에서부터 창조될 수 있다. 아주 대답하기 어려웠던 '법칙 없는 법칙'에 대한 질문에 답을 구하는 과정에서 정보라는 것이 현재의 법칙을 설명하기 위해 더 궁극적인 법칙을 필요로 한다는 무한 회귀의 사슬을 끊어내고 있다는 것을 우리는 발견했다. 정보의 특징은 궁극적으로 양자론에 대한 우리의 이해로부터 기인하고 있으며 이는 자연에 대한 우리의 관점을 통합할 수 있는 개념, 즉 물질이나 에너지와 같은 개념으로부터 정보라는 것이 구분된다는 것을 말해준다. 그러므로 정보는 사실상 아주 특이한 것이다.

자연을 정보로 보는 관점은 자연의 진화에 있어서 두 개의 조금 다른 방식으로 우리를 이끌어간다. 방향성이라고 이름 붙일 수 있는 그 방식은 꼬리의 꼬리를 물고 있지만 서로 다른 방향을 향하고 있다. 첫 번째 방향은 세상이 열역학 제2법칙에 따라 정렬되어 있으며 우주에 생성되는 모든 정보들은 잘 정의된 원리들의 집합들로 압축된다는 것이다. 두 번째 방향성은 우리가 볼 수 있는 자연은 그러한 원리들로부터 생성된다는 것이다.

우리가 생성되는 모든 정보들을 더 효율적으로 압축할수록 무엇이 가능하고 무엇이 가능하지 않은지 그 실체를 더 빨리 확장시킬 수 있다. 하지만 두 번째 방향성이 없이는, 자연에 대한 기본적인 관점이 없이는 우주를 기술할 수조차 없다. 자연에 근거를 두고 있지 않은 우주는 그 일부분조차 받아들일 수 없다. 결국은 자연을 벗어나 있는 것에 대해 우리는 결코 알 수 없다. 우리는 우리가 무엇을 모르고 있는지조차 모르고 있다!

하지만 그것을 뛰어넘어 우리가 알지 못하는 것을 알아내려는 시도를 할 수 있다. 자연에 대한 우리의 관점을 만들어내는 두 번째 방향이 첫 번째 방향, 즉 우주가 우리에게 주는 정보의 압축에 영향을 미친다는 것은 어떤 영향을 미치는 것일까? 그러한 관계가 여태껏 우리가 논의해 온 자연의 진화에 있어서 아주 중요한 요소라는 것은 그리 놀라운 사실이 아니다. 자연에 대해 탐구함으로써 우주를 생성하는 정보를 바라보는 관점과 그 정보의 압축 방법을 더 잘 이해할 수 있었다. 그것은 반대로 자연에 대한 실재성에도 영향을 준다. 우리가 이해하는 모든 것들과 지식의 모든 조각들은 두 가지 방향성이 서로 영향을 주는 와중에 습득된다. 그것이 생명의 생물학적 번식이건, 천체물리학이건, 경제학이건, 혹은 양자역학이건 간에, 그 모든 것들은 자연의 지속적인 새로운 진화의 결과인 것이다. 그러므로 두 번째 방향이 첫 번째 방향에 영향을 받을 뿐 아니라, 반대로 첫 번째 방향도 두 번째 방향에 의해 영향을 받는다는 것은 자연스럽고 명확하기까지 하다.

하지만 실제로 그들이 서로 의존적이라면 그러한 사실을 어디서 발견할 수 있는 것일까? 불행하게도 그에 대한 명확한 답은 어디에서도 찾을 수 없다. 그러한 방향성은 독립적으로 존재할 수 없을 뿐만 아니라 상호 보완적인 성질에 의해 이미 결정된다. 일단 최초의 대칭성이 깨지고 나면 우리는 정보가 없는 곳에서부터 정보를 얻게 되고, 두 번째 방향성은 자체적으로 영속적인 순환성 내에서 그 역할을 하게 된다. 우리가 자연법칙을 만들어내기 위해서 정보를 압축하고 나면 자연법칙은 더 많은 정보를 만들어내게 되는데 그 만들어진 정보는 더 압축되어 자연법칙을 향상시키게 되는 것이다.

두 방향성의 역동성은 우주를 이해하기 위한 우리의 열망에 의해 발전한다. 자연을 더욱더 깊게 파고 들어갈수록 우리는 우주에 대한 더 나은 이해를 얻을 수 있을 것이다. 우리는 우주가 어떤 정도에 있어서는 우리 자신과 독립적으로 행동한다고 믿고 있고 열역학 제2법칙은 우주의 정보량이 점점 더 증가한다고 이야기하고 있다. 하지만 만일 자연에 대한 관점을 생성하는 두 번째 방향성이 우주의 일부분인 우리에게 영향을 미쳐서 또 다른 새로운 정보를 생성한다면 과연 어떻게 될까? 다른 말로 하자면, 우리의 존재를 통해 우리가 살고 있는 우주에 영향을 줄 수 있을까? 이것이 바로 제2법칙이 이야기하는 정보의 새로운 한 부분이며 우리로 하여금 정보를 생성하도록 만드는 것이다.

그와 같은 시나리오는 우리가 제시한 그림 안에서는 개념적으로 아무런 문제가 없다. 새로운 정보는 첫 번째 방향에서 추측과 논박의 방법으로 잘 정리될 수 있으며 자연의 기초 법칙으로 어떠한 새로운 정보도 모두 통합될 수 있다. 그렇다면 우주에는 우리가 우리 자신의 세상을 만들어낸 것과는 다른 또 다른 정보가 존재할 수는 없는 것일까?

만일 그것이 가능하다면 아주 놀라운 일이 될 것이다. 만일 우주에 존재하는 무작위성이 실제로 양자역학에 의해서 보여진 것처럼 만들어진 자연적 실체의 결과라면 그것은 우리가 우리 자신의 운명을 결정짓게 되는 것이다. 우리가 만들어 놓은 시뮬레이션 안에 우리 스스로가 존재하는 것과 마찬가지이다. 거기에는 우리 자신과 우리를 둘러싸고 있는 모든 것들이 프로그래밍되어 있다. 키아누 리브스가 주연한 〈메트릭스〉라는 영화를 생각해보자. 그는 시뮬레이션된 공간에서 살고 있는데 궁극적으로 현실 세계로 돌아가는 길을 안내받는다. 만일 우주의 무작위성이 우리 자신이 스스로 만든 자연에 기인한다면 우리가 거기서 빠져나갈 방법은 없다. 결국은 우리 자신이 우리가 살고 있는 세상의 창조자인 것이다. 그러한 가정하에서 키아누 리브스는 자기 자신의 현실 세계로부터 깨어나게 되고 자기 자신의 시뮬레이션을 프로그래밍하는 책상 앞에 앉아 있는 자기 자신을 발견하게 된다. 그러한 순환적인 굴레는 존 휠러에 의해 다음과 같이 이야기된다. "물리학은 관찰자의 참여를 만들어낸다. 관찰자의 참여는 정보를 만들어내게 되고 정보는 물리학을 만든다."

하지만 실체적 세상은 스스로 그 자체를 형성하기 때문에 우주를 생성하는 그 어떤 존재도 필요로 하지 않는다. 또한 이는 당연히도 우주 안에 속해 있는 우리가 자체적으로 생성된 우주가 진실인지 아닌지를 알 수 없다는 것을 의미한다. 이 책의 논리를 따르자면 우리가 말할 수 있는 것은 우리의 세상 밖에 우리가 이해할 수 있는 추가적인 기술이란 절대 있을 수 없으며 그것은 단지 공허한 무의 세상인 것이다. 그러한 것들은 궁극적인 법칙이나 초현실적인 존재가 끼어들어갈 만한 여지가 없어서 우리가 살고 있는 현실 세계의 밖에 존재할 수밖엔 없다. 우리가 살고 있는 세상의 모든 것들은 관계를 통해 서로 연결된 거미줄 같은 네트워크를 통해서만 존재를 하며, 그 네트워크를 구성하는 기본 단위가 정보의 조각인 것이다. 우리는 정보를 가지고 우리를 둘러싸고 있는 세상을 재구성하기 위해 정보를 처리하고, 합성하며, 관찰 과정을 거친다. 정보라는 것은 아무것도 존재하지 않는 무에서부터 자발적으로 출현하기 때문에 우리는 그것을 우리의 자연에 대한 관점을 새롭게 하는 데 반영한다. 자연법칙은 정보에 대한 정보이며 그 바깥 쪽에는 단지 어둠만이 있을 뿐이다. 이것이 바로 자연을 이해하는 올바른 방법이다.

지금으로부터 2,500년 전, 우리보다 훨씬 먼저 이와 똑같은 관점을 이야기한 『도덕경』의 문구를 인용하며 이 글을 마치고자 한다.

　　말로 이야기될 수 있는 도는 더 이상 영원한 도가 아니다.

　　이름 붙여질 수 있는 이름은 더 이상 영원한 이름이 아니다.

　　명명할 수 없는 것이 하늘과 땅의 존재이다.

　　이름 붙여진 것은 수천 가지의 어머니이다.

　　추구될 수 없는 것은 신비스러움을 간직한다.

　　추구하는 자는 명백하게 볼 수 있다.

　　그 두 가지는 같은 곳에서 나왔지만 다른 이름을 가지고 있다. 이는 어둠으로 나타난다.

　　어둠 속에 어둠이여, 모든 신비로 통하는 문이여.

참고문헌

Chapters 1~2

1. E. J. Larson and L. Witham "Scientists are still keeping the faith" (*Nature*, 386, 435, 1997).

   이 논문은 과학자들의 종교에 대한 통계자료를 제시한다. 그렇지만 정확한 단어 선택에 따라서 반응이 극명하게 달라질 수 있으므로, 이런 통계자료에 대해서는 조심스러워야 한다. 예를 들어, '당신은 신의 존재를 믿습니까?' 또는 '당신은 초자연적인 것을 믿습니까?' 또는 간단히 '당신은 종교적입니까?' 모두가 다른 통계 결과를 이끌어낼 수 있다.

2. I. Calvino, *Castle of Crossed Destinies* (Vintage Classics, 1997).

   최고의 이탈리아 작가에 의해 쓰여진 삶에 대한 창조적인 우화. 칼비노의 카드 게임은 이 책에서 우리가 지식을 얻고 현실을 더 잘 이해하는 방법에 관한 주요한 비유로써 사용됐다. 다양한 작가들은 우리가 실행하는 게임들을 이용해 삶에 대한 다양한 비유들을 제공해 왔다. 그 중에서도 칼비노의 카드 게임은 내게 더 풍부하고 더 통찰력 있는 비유였다.

3. W. Poundstone, *Recursive Universe* (William Morrow, 1984).

   유창하고 일반적인 방법으로 우주를 디지털적 관점에서 논한 가장 유명한 책. 내가 알고 있는 한, 우주를 거대한 정보처리 장치로 생각한 첫 번째 사람은 폴란드의 컴퓨터 과학자인 콘라드 주세Konrad Zuse이다. 이 사람의 수학은 2차세계대전 때 연합군의 암호를 풀어내는 활동의 도구가 되었다. 그렇지만 불행하게도 그는 암호 해독에 대한 어떤 이해하기 쉬운 설명도 쓰지 않았다. 다른 주목할 만한 주역으로는 토마소 토폴리 Tommaso Toffoli와 에드워드 프레드킨Edward Fredkin이 있다.

Chapter 3

1. S. Wrathmell, *Leeds* (Pevsner Architectural Guides, Yale University Press, 2008).
   2004년에서부터 2009년까지 나의 고향이었던 영국의 도시, 리즈의 건축과 문화 유산에 대한 하나의 완벽한 가이드.

2. J. R. Pierce, *Information, Signals, Noise* (Dover, 1973).
   피어스는 내가 아는 한 정보이론에 대해 가장 이해하기 쉬운 설명을 써오고 있다. 이 책은 수학에 대한 기초적인 지식을 조금 필요로 한다. 오직 기초적인 지식만 있으면 어려움 없이 읽어낼 수 있을 것이다. 만약 내 저서에서 제시된 정보이론의 요소들을 더 깊이 알아보는데 흥미가 있다면 난 맹렬히 적극적으로 피어스의 책을 읽을 것을 권장한다.

3. C. E. Shannon and W. Weaver, *Mathematical Theory of Communications* (University of Illinois Press, 1948).
   정보이론의 바이블. 이 책은 섀넌의 논문 원본과 위버의 코멘트를 포함하고 있다.

4. E. C. Cherry, "A history of the theory of information" (*Proceedings of the Institute of Electrical Engineering*, 98, 383, 1951).
   나의 기술(설명 순서)은 섀넌으로 시작하여 정보의 저명한 이론들을 설명하려고 계획되었다. 그러나 이 책은 저명한 이론들을 이끈 기본 아이디어들에 대한 역사를 매우 세세하게 설명한다. 다소 다른 강조와 함께 더 짧아진 리뷰는 초기의 정보이론인 피어스J.R. Pierce가 쓴 *IEEE Transactions on Information Theory*, 19, 3(1973)이다.

Chapter 4

1. J. von Neumann, *Theory of Self-Replicating Automata*, edited and compiled by W. Burks (University of Illinois Press, 1963).

경제와 양자론, 수학에서 개척적인 논문을 쓴 뒤로 폰 노이만의 관심을 생물학적인 질문으로 넘어갔다. 이 책은 복제에 대한 폰 노이만의 아이디어의 독창적인 설명이 설명하게 포함되어 있다. 대부분의 폰 노이만의 작품과 마찬가지로 수학적으로 더 예리한 독자들에게는 좋은 읽을거리가 될 것이다.

2. E. Schrödinger, *What is Life?* (Cambridge University Press, 1946): 서인석 역, 2007, 『생명이란 무엇인가』, 한울.

물리학과 생물학과의 밀접한 관련을 강조한 아름답게 쓰여진 물리학의 대중적인 작품. 비록 이 책에서 선보인 슈뢰딩거의 많은 아이디어들이 추월당하고 있지만, 이 책은 여전히 강력히 추천되고 있다.

3. J. Monod, *Chance and Necessity* (Vintage, 1971): 조현수 역, 2010, 『우연과 필연』, 궁리.

이 책에서 생명이란 맥스웰의 유령의 재생산으로 구성한다고 여긴다. 노벨 생물학상 수상자에 의해 열정적으로 논의되고 아름답게 설명된 글.

Chapter 5

1. B. Russell, *Free Man's Worship* (Routledge, 1976).

토마스 헨리 헉슬리Thomas Henry Huxley의 불가지론 전통 내에서 러셀은 자유로운 사람이 과학적인 지식의 빛의 받아들여야 하는지, 받아들이면 안 되는지에 대해 설명한다. 〔불가지론은 몇몇 명제—대부분 신의 존재에 대한 신학적 명제—의 진위 여부를 알 수 없다고 보며 사물의 본질은 인간에게 있어서 인식 불가능하다는 철학적 관점이다.─옮긴이) 이 책은 과학자들과 철학자들이 열역학 제2법칙에 대해서 갖고 있는 신념에 대한 러셀의 인용을 담고 있다.

2. P. Atkins, *Creation* (Oxford University Press, 1978).
이 책은 어떻게 제2법칙에 의해 포착된 카오스의 성향이 진화의 주요한 동력이 되는지를 아름답게 논한다. 앳킨스는 카오스에 대해 부정하지 않으며 오히려 무질서는 카오스의 바다에서 오아시스로 여겨질 수 있는 삶을 일으킨다고 보았다. 이 책에서는 또한 무無로부터 우주의 물리적 창조를 생산하려는 주요한 노력이 눈에 띤다. 그러나, 내 책에서 논했듯이, 앳킨스가 그린 세상은 모든 현상에 스며드는 정보라는 주요한 개념을 놓치고 있다. 리차드 도킨스가 말한 지금까지 쓰여진 것들 중 가장 유명한 과학 책이 바로 이 책이다.

3. T. Norretranders, *The User Illusion: Cutting Consciousness Down to Size* (Penguin Press Science, 1998).
이 책은 맥스웰의 유령이 가진 모순과 연산의 결과들을 세세하게 서술한다. 반면 이 책은 정보이론의 측면에서 의식을 이해하려는 지금까지의 최고의 시도들 중 하나다. 노렌트란더스에 따르면, 우리의 뇌는 현실의 묘사를 우리 머리 안에 이미지들로 만들어 낸다. 현실 중의 한 면은 우리 자신이고 우리 스스로의 진화된 이미지들은, 간단히 말해서, 우리 내면이다. 『사용자의 환상』라는 이 책의 제목은 컴퓨터 역시 우리가 그것을 사용하기 쉽다고 생각하게 하기 위해 그것 자체의 환상을 만든다는 사실을 뜻한다. 그래서 우리는 컴퓨터들을 파일들과 폴더, 프로그램, 일상들 등의 데스크 탑으로 생각한다. 그러나 컴퓨터들이 하는 모든 것은 간단히 0과 1의 고속 처리이다. 이제 모든 컴퓨터들의 안에는 폴더와 파일들, 프로그램들이 있다. 이것이 바로 우리를 위한 접속 통로이다. 이와 마찬가지로 우리의 의식은 우리에게 우리 스스로의 접속 통로를 제공한다. 이것이 내면에 있는 모든 것이고, 이 책이 주장하는 것이다.

Chapter 6

1. R. J. Kelly, "A new interpretation of information rate", (*Bell Systems Technical Journal*, 35, 916, 1956).
   이는 섀넌의 정보이론의 첫 번째 응용으로 섀넌의 이론을 도박에 적용한 책이다. 이 책의 두드러진 특징 중 하나는 최상의 능력(이 경우에는 최상의 금전적 수익)에 이르기 위해서 '에러 정정'이 필요하지 않다는 주장이다.

2. E.O. Thorp, *The Mathematics of Gambling*.
   소프의 라스베가스에서의 준비와 경험을 기초로 기록했다. 매우 쉬운 언어로 쓰여졌으며 많은 독자들에게 접근 가능하도록 온라인으로도 찾아볼 수 있다.

3. K. Sigmund, *Games of Life* (Oxford University Press, 1993).
   만약 당신이 생존하기 위해 환경에 대항해 베팅하는 유기체와 카지노에서 행해지는 베팅을 비교 유추하는 것에 매력을 느낀다면, 이것은 생물학에서 훨씬 더 종합적인 맥락으로 게임이론이 하는 역할의 윤곽을 보여주는 완벽하고 저명한 책이다.

Chapter 7

1. T. Harford, *The Logic of Life* (Little Brown, 2008).
   셸링의 기본적 아이디어들을 논하는 절을 포함한다. 책은 아름답게 쓰여졌으며 다양한 일반적인 모제들을 경제학자의 관점으로부터 조사했다.

2. M. Buchanan, *Nexus: Small Worlds and the Groundbreaking Science of Networks* (W.W. Norton, 2002): 강수정 역, 2003, 『넥서스: 여섯개의 고리로 읽는 세상』, 세종연구원.
   이 책은 사회학 분야에서 현대의 수학적 방법들을 통한 최신의 저명한 해석이다. 뷰캐

널은 기자이며 이 책은 매우 이해하기 쉬운 입문서이다. 만약 더 자세한 것을 원한다면, 난 A.L. Barabési, *Linked: The New Science of Networks* (Plume, 2003)을 추천한다. 바라바시는 일반적인 네트워크의 물리적 특징에 관한 연구에 매우 큰 공헌을 하고 있는 과학자이다.

3. J. E. Stiglitz, *Globalization and Its Discontents* (W.W. Norton, 2003): 송철복 역, 2002, 『세계화와 그 불만』, 세종연구원.
이 책은 세계화의 사회경제적인 영향을 다루는 책이다. 노벨 경제학상 수상자로서 스티글러츠는 어떻게 세계화 추세를 빈부 격차를 증가시키기보다는 모두에게 더 좋은 방향으로 향하게 할지 조언을 제공할 뿐만 아니라 세계화에 대한 찬반 양론을 조심스럽게 고찰한다. 그렇지만 그는 정보이론과의 어떠한 연관도 말하지 않는다.

4. T. L. Friedman, *The World is Flat* (Farrar, Straus and Giroux, 2005): 김상철 · 이윤섭 역, 2005, 『세계는 평평하다』, 창해.
상호 연관된 세계가 의미하는 것을 기술한 한 저널리스트의 개인적인 해석. 제목인 '평평함Flatness'은 정확히 모든 사람들은 그 이외의 사람들과 연관되어 있고 모든 변화는 매우 빠른 속도로 전파된다는 사실을 뜻한다. 역시 정보이론에 대한 어떠한 언급 없이 이 세계 안에서의 상호 연관성에 관한 개인적 해석이다.

Chapter 8

1. W. Heisenberg, *physics and Philosophy* (George Allen and Unwin, 1959): 구승회 역, 2011, 『하이젠베르크의 물리학과 철학』, 온누리.
양자역학의 기본 교리와 어떻게 이것이 고전철학을 변화시켰는지에 대한 해설. 하이젠베르크라는 선구자에 의해 쓰여진 역작이다.

2. B. Clegg, *The God Effect* (St. Martin's Press, 2006).

이 책은 이론적 · 실험적인 얽힘entanglement 현상에 대해서 이루어진 최근의 작업들에 대한 이해하기 쉬운 서문을 포함하고 있다. 최근에 이해되는 양자역학에 대해 흥미를 가진 모든 이들에게 강력히 추천한다.

3. S. Singh, *The Code Book* (Fourth Estate, 2000): 이원근 · 강희정 역, 2003, 『코드북: 고대 이집트 문자에서 양자 암호문에 이르기까지 흥미로운 암호의 역사』, 영림카디널

역사적 배경과 함께 암호 해독에 대하여 설명하는 저명한 책으로 많은 흥미로운 예들이 제시된다. 작가는 또한 양자 암호 해독의 기초에 대해 살핀다.

Chapter 9

1. D. Deutsch, *The Fabric of Reality* (Allen Lane, The Penguin Press, 1997).

네 개의 지식의 기둥들(양자물리학, 생물학의 이기적 유전자, 칼 포퍼의 추측과 반박, 보편적 계산에 대한 튜링 이론)을 통해 우리가 최근에 이해하는 현실에 대해 창의적으로 설명하는 책이다.

2. H. Everett, *Relative State Interpretation of Quantum Mechanics* (Princeton University Press, 1973).

섀넌의 정보 이론을 양자역학에 적용한 첫 번째 응용. 에버렛에 따르면 , 측정 결과들은 사실 관측자와 피관측물의 상호작용에 의해 저장된다. 상호작용은 섀넌의 공식들을 사용해 측정된다. 전반적인 우주의 상태는 다른 하부 체계들 사이에 서로 연관되어 있는 상태들의 거대한 조합으로 제시된다. 중요한 점은 다른 것들과 상호 보완적인 하나의 상태라는 것이다. 그러므로 이것이 바로 에버렛의 논문 제목이다. 이러한 우주의 상호 관계적인 견해는 내가 이 책의 마지막 장에서 제공하는 견해의 기반을 형성한다.

3. G. R. Fleming and G.D. Scholes, "Physical chemistry: Quantum mechanics for plants", (*Nature*, 431, 256, 2004).

생물학 분야에서 양자 효과의 잠재적 가능성에 대해 한 쪽짜리로 쓴 대중 친화적인 글. 최근 성장하고 있는 연구 영역이다.

Chapter 10

1. P. Watson, *Ideas* (Phoenix, 2005): 남경태 역, 2009, 『생각의 역사: 사람이 알아야 할 모든 것』, 들녘.

서구 문명의 발전에 기여한 세 개의 주요한 아이디어들을 논하는 책. 과학적 방법 또는 추측과 논박의 방법이 이들 가운데 하나이다.

2. M. Schroeder, *Fractals, Chaos, Power Laws: Minutes from an Infi nite Paradise* (W. H. Freeman, 1992).

슈뢰더는 무작위성 뒤에 숨은 간단한 아이디어들을 흥미로운 방법으로 전달하는데 그의 영리함은 심지어 전문가들에게도 즐거움을 남긴다. 강력히 추천된다.

3. K. Popper, *Conjectures and Refutations* (Routledge, 2002): 이한구 역, 2001, 『추측과 논박: 과학적 지식의 성장』, 민음사

포퍼는 과학자들이 사용하는 귀납법의 강한 방어법을 만들어와서 과학자에게 가장 사랑받는 철학자다.

4. G. Chaitin, *Collection of Essays* (World Scientific, 2007).

정보이론적 방법 안에서 무작위성을 관찰하는 주제에 관한 논문집. 솔로모노프의 귀납적 추리의 정석적인 이론 (*Information and Control*, 7, 1 (1964)) 작업과 매우 관련된 논의이다.

5. V. Vedral, 50th Anniversary Issue of the *New Scientist* (2006).

물리적 관점에서 결정론과 무작위성에 관해 청탁받아 쓴 내 논문. 이 책의 어떤 부분들은 이 논문을 기초로 하고 있다.

Chapter 11

1. Archimedes, *The Sand Reckoner*. (웹에서 번역본을 찾을 수 있다.)

고대 그리스 수학자에(모든 시대를 통틀어 최고의 수학 천재들로, 아르키메데스를 중심으로 뉴턴과 가우스, 이 세 명이 꼽힌다)의해 행해진 예지력 있는 계산들을 담고 있는 논문. 그는 아테네의 왕에게 그의 우주의 크기 측정 뒤에 숨은 추론을 제공한다. 그는 우주의 크기에 모래알(아마도 그 당시에 가장 작은 물질로 여겨지던 것)의 개수에 대입한다. 어떻게 그가 당시에는 상상할 수 없었던 큰 숫자들을 열거했는지는 매우 흥미롭다. 그리스인들은 0에 대한 개념을 갖고 있지 않았다는 것을 기억하라. 그래서 그는 백만을 1,000,000이라고 쓸 수 없기에 매우 창의적인 나름의 수체계를 사용했다.

2. L. Smolin, *Three Roads to Quantum Gravity* (Basic Books, 2002): 김남우 역, 2007, 『양자 중력의 세 가지 길: 리 스몰린이 들려주는 물리학 혁명의 최전선』, 사이언스 북스.

베켄슈타인의 범위[엔트로피의 상극한-옮긴이]와 엔트로피와 사이의 관계에 대한 대중적 해석.

3. J. Barbour, *The End of Time* (Oxford University Press, 2001).

이 책은 모든 의미들은 사건들의 연관성에 있기 때문에 시간은 그 자체로 존재하지 않는다는 것에 대해 논의한다. 즉 상관관계를 떠나서 존재하지 않는다는 것이다. 최근의 책 식으로 의역하면, 시간은 단지 상황과 우주 사이의 상관관계들의 양이다. 이 책은 잘 알려진 D. N. Page and W.K. Wootters, *Physical Review D*, 27, 2885 (1983)이라는 논문을 기초로 한다.

Chapter 12

1. D. Turner, *The Darkness of God* (Cambridge University Press, 1995).

   이 책은 중세의 그리스도교 신비주의에 대해 설명한다. 오늘날에 우리가 인지하는 신비주의와는 대조적으로, 중세의 변종 그리스도교는 신에 필수적으로 근접하기 위해서 매우 이성적이며 이른바 '신비로운 경험들'을 지양한다. 요점은 과학적 방법과 비슷한 그들이 발명했던 부정법의 지속적인 응용이다.

2. C. G. Jung, *Synchronicity-An Acausal Connecting Principle* (Routledge and Kegan Paul, 1972).

   이 논문은 무작위적이라고 생각되었던, 그러나 자발적으로 일어나지는 않는 사건들이 과학적인 인과관계의 원리를 넘어 추가적인 원리들에 의해 연관되어 있다는 것을 논의한다. 융의 환자들 중에 양자 물리학자들(울프강 파울리Wolfgang Pauli, 양자물리학의 발견자들 중 가장 유명한 물리학자)이 있었는데, 이러한 사실 때문에 융은 현대물리학에서 우연이라는 것이 중요한 역할을 한다는 사실에 상당히 익숙했었다. 그가 어떻게 보이지도 않는 우연과 압도적인 결정론 사이에서 그의 길을 찾아갈 수 있었는지 그 지적 여정을 지켜보는 것이 매우 흥미롭다.

3. O. Ulfbeck and A. Bohr, "Genuine fortuitousness. Where did that click come from?" (*Foundations of physics*, 11, 757, 2001).

   여기서 저자들은 무작위성이 양자역학의 핵심으로서 인정받아야 한다고 주장한다. 이는 원인과 결과 사이가 필연적으로 연결되어서는 안 된다는 것을 의미한다. 자연의 결과로서 관측 결과들은 우연에 불과하며 입자들의 근본적인 존재에 기여할 수 없다. 이러한 시각은 이 책의 마지막 장에 길게 논의되어 있다.

4. V. Vedral, "Is reality a quantum hocus pocus?", (*Straits Times*, 23 February 2008).

이것은 내가 양자적 게임 카드를 묘사했던 첫 번째 논문이다. 내 친구이자 런던 대학의 물리학자인 자넷 앤더스Janet Anders는 나에게 게임 자체를 소개해주었다. 게임을 이용한 양자물리학의 다른 비슷한 설명으로 존 휠러가 처음으로 게임과 '스무고개 놀이'를 연관지어 서술한 바 있다. 여기서의 아이디어는 한 사람이 어떤 사물을 상상하고 다른 사람이 '예-아니오' 질문들을 물음으로써 사물을 추측하는 것이다. '그것은 작나요?' 또는 '그것은 물질인가요?' 등등. 질문들이 진행되면서 추측하는 사람은 가능성의 범주를 좁혀가고, 스무 개의 질문 뒤에는 바른 답을 내리는 위치에 있게 된다. 두 사람 간의 유사점은 게임을 바꿈으로써 일어난다. 그래서 첫 사람은 처음에 어떤 상상도 하지 않고 그의 스무 가지 질문들에 대한 연속적인 대답을 통해서 이미지를 진화시킨다. 이것은 물론 추측하는 사람을 어렵게 만들지만, 만약 좋은 질문들이 기술적으로 선택이 되어진다면, 마지막엔 매우 작은 선택의 가능성을 이끌어낼 수 있다.

찾아보기